Ailke Heidemann

Kooperative Projektabwicklung im Bauwesen unter der Berücksichtigung von Lean-Prinzipien – Entwicklung eines Lean-Projektabwicklungssystems

Internationale Untersuchungen im Hinblick auf die Umsetzung und Anwendbarkeit in Deutschland

Reihe F, Forschung

Institut für Technologie und Management im Baubetrieb,
Karlsruher Institut für Technologie
Prof. Fritz Gehbauer, Prof. Sascha Gentes (Hrsg.)

Heft 68

Das Institut für Technologie und Management im Baubetrieb (TMB) befasst sich in Forschung und Lehre mit dem gesamten Bereich des Baubetriebs von der Maschinen- und Verfahrenstechnik bis hin zum Management der Projekte, Facilities und Unternehmen.
Weitere Informationen und Kontakte unter www.tmb.kit.edu.

Eine Übersicht der Institutsveröffentlichungen finden Sie am Ende des Buches.

Kooperative Projektabwicklung im Bauwesen unter der Berücksichtigung von Lean-Prinzipien – Entwicklung eines Lean-Projektabwicklungssystems

Internationale Untersuchungen im Hinblick auf die Umsetzung und Anwendbarkeit in Deutschland

von
Ailke Heidemann

KIT Scientific Publishing

Dissertation, Karlsruher Institut für Technologie
Fakultät für Bauingenieur-, Geo- und Umweltwissenschaften
Tag der mündlichen Prüfung: 23. Juli 2010

Hauptreferent: Prof. Dr.-Ing. Fritz Gehbauer, M.S.
Institut für Technologie und Management im Baubetrieb
Karlsruher Institut für Technologie (KIT)

Korreferent: Univ.-Prof. Dr.-Ing. Rainard Osebold
Institut für Baumaschinen und Baubetrieb,
Rheinisch-Westfälische Technische Hochschule Aachen (RWTH)

Impressum

Karlsruher Institut für Technologie (KIT)
KIT Scientific Publishing
Straße am Forum 2
D-76131 Karlsruhe
www.ksp.kit.edu

KIT – Universität des Landes Baden-Württemberg und nationales
Forschungszentrum in der Helmholtz-Gemeinschaft

KIT Scientific Publishing 2011
Print on Demand

ISSN 1868-5951
ISBN 978-3-86644-583-3

Vorwort des Hauptreferenten

Das gegenwärtige System der Vergabe von Aufträgen sieht vor – jedenfalls im öffentlichen Bereich – dass die Planer und Ausschreibenden in der Lage sind, auch hoch komplexe Projekte in einer Ausschreibung so zu definieren, dass Angebote auf vergleichbarer Basis erwartet werden können. Es geht weiter davon aus, dass spätere Veränderungen und Optimierungen nicht zulässig sind, weil ja die Planer und Ausschreibenden schon für ein „optimales" Projekt bezahlt worden sind. Diese „perfekte" Ausschreibung ist jedoch bei großen, komplexen Projekten völlig unmöglich. Die Folge davon ist, dass Anbieter aus dieser Lage den Nutzen ziehen, ihr Angebot in der Folge aufzubessern, in dem sie Nachträge stellen. Die damit verbundenen Auseinandersetzungen sind in keinem Fall projektdienlich. Der Lean Construction Ansatz aus USA sieht hingegen vor, die Ausführenden frühzeitig in den Planungsprozess zu integrieren und damit eine Projektoptimierung zu erreichen. Ein ähnlicher Ansatz ist im Alliancing-System aus Australien verwirklicht. In diesen Vorgehensweisen und den damit verbundenen neu entwickelten Vertrags- und Vergabeformen wurde erreicht, dass die Projekte ihre Ziele besser erreichen und insgesamt wesentlich verbesserte Projekterfolge erzielt worden sind. Voraussetzung hierfür war, dass die frühzeitig eingebundenen Ausführenden mit einem Anreizsystem dazu angeregt wurden, die Projektkosten zu senken und gleichzeitig die Qualitäten zu erhöhen. Diese frühzeitige Einbindung und das Anreizsystem stehen im Widerspruch zu den in Deutschland geltenden Ausschreibungs- und Vergaberegeln. Angesichts der im internationalen Bereich mit diesen neuen Vorgehensweisen erreichten Erfolge stellt sich Frau Heidemann die Aufgabe, zu untersuchen, worin diese liegen und welche Hindernisse in Deutschland vor der Anwendung der neuen Vorgehensweisen stehen. Zu diesem Zweck analysiert sie einige Projekte in USA und Australien, um den darin liegenden Fortschritt sichtbar zu machen. Gleichzeitig stellt sie fest, dass die dort gemessenen Erfolge unter sehr unterschiedlichen Kriterien gemessen werden und damit nur schwer vergleichbar sind. Daher stellt sie sich als weiteres Ziel, ein System zu entwickeln, nach dem international die Erfolge solcher Projekte messbar werden.

Nach der Einführung geht Frau Heidemann auf das Lean Management ein. Das Lean Management ist Grundlage für die in USA neu entwickelten Vertrags- und Vergabeformen. Gleich im Anschluss daran werden im Kapitel 3 die Grundsätze des in Deutschland vorgeschriebenen Vergabewesens dargelegt und damit die Gegensätze deutlich gemacht. Im Kapitel 4 werden die neuen Vertragsformen aus USA und Australien dargelegt und auch herausgearbeitet, dass das in Deutschland mittlerweile diskutierte und in Pilotprojekten angewendete Partnering deutlich unterschiedlich ist. Im Kapitel 5 werden die eigenen Untersuchungen in Projekten der USA dargelegt und im Kapitel 6 deren Ergebnisse beschrieben, insbesondere im Zusammenhang mit der neuen Vertragsform „Integrated Form of Agreement". Im Kapitel 7 werden die in Australien untersuchten Projekte beschrieben und im Kapitel 8 deren Ergebnisse zusammengefasst, sowohl in der Vergabe als auch in der vertraglichen Gestaltung. Auf die Organisation, die mit solchen neuen Verträgen verbunden sein muss, wird ebenfalls eingegangen. Im Kapitel 9 werden die wesentlichen Merkmale des Lean Project Delivery Systems USA und des damit verbundenen neuen Vertrages (Integrated Form of Agreement) dargelegt und mit den in Australien aus ähnlichen Überlegungen heraus entwickelten Allianzen verglichen. Aus der Synthese dieser Vergleiche und Beobachtungen wird das eigene Lean Projektabwicklungssystem entwickelt (Kapitel 10). In diesem System gibt es Komponenten, die auch unter dem gegenwärtig geltenden deutschen Vergaberecht umsetzbar sind, diese werden ausdrücklich hervorgehoben, und Komponenten, die erst nach Anpassung der Vertragssysteme umsetzbar sind. Diese Umsetzung ist nur möglich, wenn die Erfolge anderer Systeme nachweisbar sind. Dieser Nachweis ist jedoch schwer zu führen, weil in den beobachteten Projekten die Ergebnisse unter sehr unterschiedlichen Kriterien und Umgebungsbedingungen zu Stande kamen. Daher wird als wesentlicher Bestandteil der Arbeit eine Matrix zur Messung quantitativer Ergebnisse vorgeschlagen. Fazit und Ausblick runden die Arbeit ab.

Frau Heidemann stellt sich als Ingenieurin die Frage, wie Projekte besser abgewickelt werden können. Sie ist dabei auf die neuen Vorgehensweisen und Vertragsformen in USA und Australien gestoßen. Diese erfordern intensives Beschäftigen mit vertragsrechtlichen Aspekten. Diese wurden diskutiert und einer eingehenden Analyse unterzogen. Gleichwohl ist diese Arbeit eine Ingenieurarbeit, die die vertragsrechtlichen Gesichtspunkte vor dem Hintergrund der ingenieurmäßigen Optimierung betrachtet. Nur vor diesem Hintergrund hat sie die vertraglichen Gesichtspunkte analysiert. Sie hat damit die Grundlagen erarbeitet, auf denen künftige vertragsrechtliche und ablauftechnische Optimierungen diskutiert werden können.

Obwohl in der Zielstellung ähnlich, bestehen jedoch wesentliche Unterschiede zwischen dem amerikanischen Ansatz „Integrated Form of Agreement" und dem australischen Ansatz „Alliancing". Frau Heidemann hat zum ersten Mal gleichzeitig beide Vorgehensweisen und vertraglichen Gestaltungen untersucht, gegenübergestellt und zur weiteren Diskussion, insbesondere in Deutschland, aufbereitet. Diese Analyse und Gegenüberstellung wird internationale Beachtung finden. Von internationaler wissenschaftlicher Bedeutung ist auch ihr System einer einheitlichen Strukturierung und Auswertung der Ergebnisse der neuen Vorgehensweisen. Auch diese ist so noch nie präsentiert worden. Die praktische Bedeutung in Deutschland liegt insbesondere darin, dass herausgearbeitet wurde, was die Erfolgsfaktoren der internationalen Projekte sind und welche Hindernisse in Deutschland existieren. Damit werden die Entscheidungsträger in Deutschland angeregt, bei der

Entwicklung und Durchführung großer, komplexer Projekte über Veränderungen nachzudenken.

Fritz Gehbauer

Vorwort der Verfasserin

Die vorliegende Arbeit entstand während meiner Tätigkeit als wissenschaftliche Mitarbeiterin am Institut für Technologie und Management im Baubetrieb am Karlsruher Institut für Technologie (KIT).

An erster Stelle danke ich dem Hauptreferenten Herrn Prof. Dr.-Ing. Fritz Gehbauer sehr herzlich für das mir entgegengebrachte Vertrauen und die Möglichkeit, eine Dissertation im Themenfeld Lean Construction zu verwirklichen.

Herrn Prof. Dr.-Ing. Rainard Osebold danke ich für die Übernahme des Korreferats, seine fachliche Unterstützung sowie seinen Einsatz im Rahmen des Promotionsverfahrens. Ebenfalls möchte ich mich bei Herrn Prof. Dr.-Ing. Dipl.-Wi.-Ing. Kunibert Lennerts und Herrn Prof. Dr.-Ing. Sascha Gentes für ihr Mitwirken am Promotionsverfahren bedanken.

Herrn Prof. Glenn Ballard von der University of California, Berkeley, USA, danke ich für die Möglichkeit, einen dreimonatigen Austausch wahrzunehmen sowie seinen fachlichen Input. Darüber hinaus möchte ich dem Team des Cathedral Hill Hospitals danken, insbesondere Herrn Paul Reiser und Herrn David Long. Herrn Jim Ross und Herrn Michael Kalinowski danke ich für die Unterstützung im Rahmen meines Aufenthaltes bei dem West Gate Freeway Allianz Projekt in Melbourne, Australien. All denjenigen, die mich auf verschiedenen Projekten im In- und Ausland fachlich unterstützt haben, danke ich hiermit.

Ein herzlicher Dank gilt auch meinen Kollegen am Institut für Technologie und Management im Baubetrieb für die gute fachliche Zusammenarbeit und Unterstützung, im Besonderen Hagen Engelmann, Michael Ott und Marco Zeiher.

Für die finanzielle Unterstützung zur Durchführung eines Auslandsaufenthaltes an der University of California, Berkeley, USA, bedanke ich mich hiermit ausdrücklich beim Karlsruhe House of Young Scientists (KHYS) des KIT.

Besonders danke ich meiner Mutter, die mich all die Jahre gefördert hat und mir damit diesen Weg ermöglicht hat. Besonders großer Dank gilt meinem Mann, der mich während der Promotion stets unterstützt und motiviert hat.

Ailke Heidemann

Kurzfassung

Internationale Studien belegen, dass ein kooperatives und vertrauensvolles Verhältnis zwischen den Projektbeteiligten am Bau Grundvoraussetzung für die erfolgreiche Umsetzung von Projekten ist. Darüber hinaus haben eine frühzeitige Integration aller Projektbeteiligten, insbesondere der ausführenden Firmen, sowie eine gemeinschaftliche Projektabwicklung von der Planung über die Ausführung bis hin zur Fertigstellung einen wesentlichen Anteil am Projekterfolg, der sich sowohl im finanziellen als auch im zeitlichen Projektergebnis positiv widerspiegelt. Auch in Deutschland ist erkannt worden, dass hohes Konfliktpotenzial dem Projekterfolg schadet.

Lean Management im Bauwesen ist ein Ansatz, die gemeinschaftliche Projektabwicklung unter dem Fokus der Kundenorientierung zu fördern, um das Gesamtprojekt in Planung und Ausführung zu optimieren. Dabei arbeitet der Bauherr mit den Projektbeteiligten in einem integrierten Team zusammen. Entscheidungen werden gemeinsam im Team getroffen, Lösungen gefunden und Risiken vermieden bzw. gemeinsam getragen. Während in Deutschland bisher nur gelegentlich einzelne Werkzeuge des Lean Management im Bauwesen Anwendung finden, hat international, insbesondere in den USA, das Lean Project Delivery System bereits Erfolge verzeichnet.

Vor diesem Hintergrund ist es Ziel der Arbeit, aufbauend auf internationalen Untersuchungen, ein kooperatives Projektabwicklungssystem zu entwickeln, das die grundlegenden Prinzipien einer Projektorganisation im Sinne des Lean Management enthält, dazu die entsprechende Vergabe- und Vertragsstrategie definiert und darüber hinaus die Anforderungen an die interne Organisation des Bauherrn darstellt. Dazu sind im Rahmen dieser Arbeit in Form von internationalen Fallstudien das Lean Project Delivery System, der dazugehörige Vertrag – die Integrated Form of Agreement – sowie Allianzverträge analysiert worden. Im Vordergrund der Untersuchungen stand dabei die Identifizierung der wesentlichen Merkmale und Erfolgsfaktoren.

Die Untersuchungen im Rahmen dieser Arbeit haben gezeigt, dass in einer gemeinsamen Planung in einem Team verschiedener Disziplinen ein hoher Projekterfolg liegt, der sich sowohl in den Kosten, der Bauzeit als auch in anderen Bereichen wie u.a. Sicherheit, Qualität und Zufriedenheit der Beteiligten messen lässt. Darüber hinaus konnte festgestellt werden, dass zu einer ganzheitlichen Umsetzung des Lean Management im Bauwesen das Lean Project Delivery System durch eine „passende" Vergabe- und Vertragsstrategie unterstützt werden muss. Dabei ist die Vergabestrategie auf die Auswahl eines kompetenten Teams zu richten, das aufgrund von Erfahrungen und Leistungen sowie der Fähigkeit, gemeinsam mit dem Bauherrn zusammenzuarbeiten und das Gesamtprojekt zu optimieren, ausgewählt wird. Die Auswahl anhand eines reinen Preiswettbewerbs ist dabei nicht zielführend. Zur Unterstützung der gemeinschaftlichen Projektabwicklung enthält der Vertrag neben der üblichen kommerziellen Strategie auch eine Verhaltensstrategie. Letztere ist auf die Lean-Prinzipien, die Prinzipien des Bauherrn und die Projektziele abzustimmen. Die kommerzielle Strategie ist gekennzeichnet durch ein gerechtes Vergütungssystem in Kombination mit einem Anreizsystem.

Das im Rahmen der Arbeit entwickelte Lean-Projektabwicklungssystem stellt die Grundlage für die Umsetzung des Lean-Ansatzes mit der dazugehörigen Projektorganisation, der Vergabestrategie und den vertraglichen Grundlagen dar und gibt darüber hinaus Empfehlungen für die interne Organisation des Bauherrn. Es dient Auftraggebern dazu, Lean Management im Bauwesen auf Projekten umzusetzen und ist insbesondere für die Realisierung großer, komplexer Projekte geeignet, bei denen das Bau-Soll vorab schwer bestimmbar ist und die daher besonders von einer gemeinschaftlichen Projektabwicklung profitieren. Zur Messung quantitativer Daten ist auf der Grundlage der erarbeiteten Haupteinflussfaktoren für die Lean-Projektabwicklung eine Matrix entwickelt worden, die für die Messgrößen Kosten und Zeit in Bezug auf die Haupteinflussfaktoren vergleichbare Kennzahlen liefert. Darüber hinaus werden im Rahmen der Arbeit auch die wesentlichen Einschränkungen aufgezeigt, die öffentlichen Auftraggebern bei der Realisierung ihrer Bauvorhaben aufgrund der Vergabe- und Vertragsordnung für Bauleistungen (VOB) gegeben sind. Dabei ist gemäß den Regelungen der VOB derzeit weder eine Vergabe anhand ausschließlich qualitativer Kriterien zulässig noch die Vergütung gemäß einem Selbstkostenerstattungsvertrag und einem dazugehörigen Anreizsystem. Die strikte Trennung zwischen Planung und Vergabe verhindert die frühzeitige Integration der Projektbeteiligten und somit die im Rahmen einer gemeinschaftlichen Projektabwicklung unter Lean-Prinzipien erzielbaren Erfolge für öffentliche Bauherrn.

Abstract

International studies outline that the basis for a successful construction project is a cooperative and trustful relationship between the project participants. Furthermore, the success of a project is greatly influenced by the early integration of all project participants especially contractors and implement a cooperative project delivery which starts early in the design phase and continues until the completion of the project. The success of the project is reflected in the financial budgets as well as schedule. In Germany as well as globally a high potential of conflicts endangers the success of a project.

Lean Construction is an approach which enhances cooperative project delivery with a focus on the optimization of the whole project rather than pieces of the project during design as well as construction. The project participants work together with the clients as an integrated team. Decisions are made within the team, solutions are found in cross functional teams and risks are carried together or eliminated. In Germany, the implementation of Lean Construction is not as well developed as in some international settings. Presently in Germany, only single tools of Lean Construction are implemented. The implementation of Lean Construction is far more developed in the United States. Early results and successes can be demonstrated with the implementation of a new type of contract with the Lean Project Delivery System.

This thesis will describe the development of a Lean System which consists of three parts: 1) a cooperative project delivery system, based on lean principles, 2) a contract mechanism which supports the project delivery and, 3) a corresponding procurement strategy. Furthermore, specifications for the internal project organizations based on the clients´ perspective will be given. In order to achieve these objectives, international case studies have been conducted to analyze the Lean Project Delivery System, the corresponding contract – the Integrated Form of Agreement – and a different type of a relational contract, called an Alliancing agreement. The main focus of the case studies is to identify the fundamental characteristics and factors of success.

As a result of this thesis, a cooperative design phase including cross functional team members leads to a highly successful project which can be measured by outstanding performances regarding schedule, budget as well as, areas such as safety, quality and the satisfaction of the team. Furthermore, the findings in this thesis reinforce that the Lean Project Delivery System needs to be supported and supplemented by a corresponding contract and a procurement strategy. The procurement strategy should define a process which guarantees the selection of team members by qualitative criteria such as experience, performance and capacity, as well as, the ability to work with the client in a cooperative matter. A selection process based on pure price competition does not meet the required criteria for the creation of a successful team. In addition to the commercial terms which are defined in any type of contract, the contract should also define behavioral aspects. These should be based on lean principles, core principles of the client´s organization and the project goals. The behavioral strategy lay the foundation for the attitude and behavior within the team. The commercial strategy should contain a fair compensation for the participating companies combined with an incentive program. The incentive program incentivizes the partners to reach outstanding project results as a team and also rewards their efforts as a team.

The Lean System which has been discussed within this thesis builds the basis for a holistic implementation of Lean Construction by describing the corresponding project organization, the client´s internal organization, the procurement strategy and the contractual framework. It is developed for the purpose of clients who want to implement Lean Construction on their projects. Large, complex projects with a scope of work that is difficult to define, are especially suited for this system due to the fact that those projects profit most from the cooperative approach. A matrix has been developed to measure quantitative data on the basis of the identified key result areas within the lean project delivery. This matrix demonstrates how to allocate measurements in cost and time to the corresponding key result areas and, also, to make project results comparable. Furthermore, this thesis highlights the main constraints and restriction which are given for public clients by the German legislation, the VOB. At present neither the German procurement rule or the VOB allow a selection process based solely qualitative criteria, nor the remuneration of reimbursable costs combined with an incentive program. Currently, the VOB prescribes a separation between the design and the construction phase. Public clients are currently not able to organize projects with early integrated and cooperative teams and therefore miss the opportunity to participate in the successes that can be attained by a cooperative project performance based on lean principles.

Inhaltsverzeichnis

Abbildungsverzeichnis

Tabellenverzeichnis

Abkürzungsverzeichnis

AAA	Alliancing Association of Australasia
AGB	Allgemeine Geschäftsbedingungen
AGK	Allgemeine Geschäftskosten
AIA	American Institute of Architects
AK	Aktuelle Kosten
ALT	Alliance Leadership Team
AMT	Alliance Management Team
APM	Alliance Project Manager
ATV	Allgemeine Technische Vertragsbedingungen
BGB	Bürgerliches Gesetzbuch
BIM	Building Information Modeling
BP	British Petroleum
bzw.	beziehungsweise
CBA	Choosing by Advantages
CHH	Cathedral Hill Hospital
CHMOB	Cathedral Hill Medical Office Building
CM	Construction Management
CPMC	California Pacific Medical Center
CPR	California Prison Health Care Receivership Corporation
DSE	Department of Sustainability and Environment
DTF	Department of Treasury and Finance
DVA	Deutscher Vergabe- und Vertragsausschuss für Bauleistungen
ECC	Engineering and Construction Contract
ECS	Engineering and Construction Subcontract
ENR	Engineering News-Record
etc.	et cetera
evtl.	eventuell
ggf.	gegebenenfalls
GBE	Government Business Enterprise Plan

GMP	Garantierter Maximalpreis / Guaranteed-Maximum-Price
GU	Generalunternehmer
GU-A,A	GU-Ausführungsplanung
GU-E,A	GU-Entwurfsplanung
GÜ	Generalübernehmer
GWB	Gesetz gegen Wettbewerbsbeschränkungen
HOAI	Honorarordnung für Architekten und Ingenieure
IFOA	Integrated Form of Agreement
IGLC	International Group for Lean Construction
IMVP	International Motor Vehicle Program
IPD	Integrated Project Delivery
JV	Joint Venture
KPI	Key Performance Index
KRA	Key Result Area
KVP	Kontinuierlicher Verbesserungsprozess
LC	Lean Construction
LCI	Lean Construction Institute
LCS	Lean-Construction-System
LMB	Lean Management im Bauwesen
LPD	Lean Project Delivery
LPDS	Lean Project Delivery System
LPS™	Last Planner System™
LRM	Last Responsible Moment
MCOS	Minimum Conditions of Satisfaction
MIT	Massachusetts Institute of Technology
MW	Melbourne Water
NEC	New Engineering Contract
NEC ECC	NEC Engineering and Construction Contract
o.g.	oben genannten
ÖPP	Öffentlich Private Partnerschaften
OPS	Outturn Performance Score

OSHPD	Office of Statewide Health Planning and Development
PDCA	Plan-Do-Check-Act
PDP	Project Development Phase
PEA	Prozentsatz erledigter Arbeiten
PLT	Program Leadership Team
PMT	Program Manager Team
PPC	Project Partnering Contract
PQ	Präqualifikation
PSC	Professional Services Contract
RFI	Request for Information
SAT	Study Action Team
SMCCV	Sutter Medical Center Castro Valley
SPC	Specialist Sub-Contract
TOC	Total Outturn Cost
TPM	Total Productive Maintenance
TPS	Toyota Produktionssystem
TU	Totalunternehmer
TÜ	Totalübernehmer
TVD	Target Value Design
TVF	Transformation Flow Value
u.a.	unter anderem
UCSF	University of California, San Francisco
VEP	Value Engineering Proposal
VgV	Verordnung über die Vergabe öffentlicher Aufträge
VOB	Vergabe- und Vertragsordnung für Bauleistungen
VOF	Verdingungsordnung für freiberufliche Leistungen
VOL	Verdingungsordnung für Leistungen
VSM	Value Stream Mapping
VWD	Viskoses Wanddämpfungssystem
WGF	West Gate Freeway
WPT	Wider Project Team

z.B.	zum Beispiel

1 Einleitung

1.1 Ausgangssituation

Die deutsche Bauindustrie hat sich im vergangenen Jahrzehnt überwiegend in der Rezession befunden. In den ersten Jahren nach der Wiedervereinigung sprunghaft angestiegen, ist die Baunachfrage von 1995 bis ins Jahr 2005 stetig gefallen. Seit 2006 ist ein leichter Aufwärtstrend zu erkennen, der allerdings durch die Finanzkrise im Jahr 2008 und die damit verbundene konjunkturelle Lage in Deutschland gedämpft wurde. Ergebnis der jahrelangen Rezession ist ein starker Konkurrenzkampf um Bauaufträge. Dieser spiegelt sich in niedrigen Angebotspreisen, der Reduzierung der Gewinnmargen der Anbieter und daraus resultierend in einer steigenden Anzahl an Nachträgen wider. Zwischen Auftraggebern und Auftragnehmern kommt es immer häufiger zu Streitigkeiten über Änderungen des Bau-Solls und Preis. Unter den Wettbewerbern kann eine Projektabwicklung unter partnerschaftlichen Aspekten meist nicht mehr stattfinden.

In internationalen Studien ist festgestellt worden, dass ein kooperatives und vertrauensvolles Verhältnis zwischen den Projektbeteiligten für die erfolgreiche Umsetzung von Projekten die Grundvoraussetzung ist.[1] In England wurde zu Beginn der 90er Jahre des letzten Jahrtausends eine Kommission gegründet, um einen neuen innovativen Bauvertrag zu entwickeln. Ziel war zum einen die Verbesserung der Projektausführung und zum anderen die Förderung stärkerer Beziehungen zwischen den Projektbeteiligten. Daraus ist der NEC Engineering and Construction Contract (NEC ECC) entstanden, dessen erste Version 1993 veröffentlicht wurde. Zeitgleich mit der Veröffentlichung des NEC ECC wurde von der britischen Regierung eine von Sir William Latham geleitete Studie in Auftrag gegeben. Ziel der Studie war es, die Probleme der Bauindustrie zu erfassen, den Grund für die mangelnde Effizienz zu erkennen und Vorschläge zur Verbesserung zu machen. Aus der Studie ging der Report „Constructing the Team“ hervor, der dreizehn Elemente definiert, die für einen erfolgreichen „modernen Vertrag“ notwendig sind.[2]

Aus einer ähnlichen Situation heraus sind die in Australien mittlerweile häufig verwendeten Projektallianzen entstanden: British Petroleum (BP) war auf der Suche nach einem Vertrag, der eine Umgebung schafft, die auf einer verlässlichen Zusammenarbeit, der Entwicklung von Beziehungen und Vertrauen basiert.

In Deutschland haben insbesondere die Auftraggeber versucht, mit partnerschaftlichen Ansätzen das Miteinander der Beteiligten und somit auch den Projekterfolg zu verbessern.

[1] COCKSHAW (1995).
[2] LATHAM (1994).

Sie haben die Wichtigkeit erkannt, auf das Know-how der Projektbeteiligten, insbesondere der ausführenden Firmen, bereits von Projektbeginn an zurückgreifen zu können.

Lean Management im Bauwesen ist ein Ansatz, um das gesamte Projekt gemeinschaftlich in Planung und Ausführung zu optimieren – unter Einbeziehung aller Projektbeteiligten zu einem möglichst frühen Zeitpunkt. Dabei steht die Kundenorientierung im Fokus. Der Auftraggeber und das Projektteam treffen gemeinsam Entscheidungen, finden Lösungen und vermeiden Risiken bzw. tragen diese gemeinsam.

Während in Deutschland dieser Ansatz noch relativ unbekannt ist und kaum Eingang in die Praxis gefunden hat, sind in den USA, Skandinavien und England bereits erste große Erfolge erzielt worden. Dort ist Lean Management im Bauwesen bereits eingeführt und mit Hilfe eines partnerschaftlichen Vertrags umgesetzt worden. Besonders im anglo-amerikanischen Raum sind sogenannte relationale Verträge verwendet worden. Relationale Verträge fördern die Optimierung des Gesamtprojektes durch Kooperation und Zusammenarbeit und wirken damit der Verfolgung einzelner Interessen entgegen.

1.2 Zielsetzung

Ziel dieser Arbeit ist es – aufbauend auf nationalen und internationalen Untersuchungen – ein kooperatives Projektabwicklungssystem zu entwickeln, das die grundlegenden Prinzipien einer Projektorganisation im Sinne des Lean-Gedankens enthält und die entsprechende Vergabe- und Vertragsstrategie definiert. Das kooperative Projektabwicklungssystem dient Auftraggebern dazu, Lean Management im Bauwesen auf Projekten umzusetzen.

Dazu werden zunächst die wesentlichen Lean-Prinzipien sowie die entscheidenden Managementprozesse, die für die Implementierung von Lean Management aus Auftraggebersicht notwendig sind, identifiziert. Anhand einer Fallstudie wird analysiert, was die Umsetzung der Lean-Prinzipien fördert. Neben der Identifikation und Analyse der entscheidenden Lean-Prinzipien und Management-Prozesse im Zusammenhang mit der Implementierung von Lean Management im Bauwesen, ist es notwendig, den Ursprung und die Grundprinzipien des Lean Management darzustellen. Weiterhin ist es erforderlich, die in Deutschland gebräuchlichen und darüber hinaus innovativen Vertragsformen systematisch darzustellen. Im Rahmen mehrerer internationaler Fallstudien werden verschiedene relationale Verträge daraufhin untersucht, inwieweit sie eine gemeinschaftliche Projektabwicklung fördern, das gemeinsame Projektinteresse in den Vordergrund rücken und damit auch letztlich das Projektergebnis positiv beeinflussen. Dabei werden die wesentlichen Kriterien für die Vertragsgestaltung aber auch für die Vergabestrategie identifiziert. Eine Gegenüberstellung mit den Vorgaben der VOB zeigt die Einschränkungen, die öffentlichen

Bauherren derzeit bei der Umsetzung einer gemeinschaftlichen Projektabwicklung unter Lean-Prinzipien vorgegeben sind.

1.3 Vorgehensweise und Aufbau der Arbeit

Nach dem einleitenden Kapitel 1 werden in Kapitel 2 die Grundlagen des Lean Management dargestellt, ausgehend vom seinem Ursprung bei Toyota bis hin zur Adaption auf das Bauwesen. Auf die Grundlagen des in Deutschland geltenden Bauvertragsrechts wird in Kapitel 3 eingegangen. Die wesentlichen Bestandteile der Ausschreibung sowie die verschiedenen Vertrags- und Vergabeformen werden thematisiert. Kapitel 4 untersucht innovative Vertragsformen, die in Deutschland bereits angewendet worden und zumindest in Ansätzen bekannt sind, sowie verschiedene Modelle relationaler Verträge im internationalen Bereich.

In Kapitel 5 folgt die Beschreibung eigener Untersuchungen an verschiedenen Projekten in den USA. Dabei wird eingangs die wissenschaftliche Methodik vorgestellt. Referenzprojekt für die Fallstudie ist das Cathedral Hill Projekt in San Francisco, USA.

In Kapitel 6 werden die Ergebnisse aus der Fallstudie und den weiteren Projekten getrennt nach zwei Themenschwerpunkten dargestellt. Dabei werden im ersten Themenschwerpunkt die Ergebnisse in Bezug auf das Lean Project Delivery System (LPDS) ausgearbeitet, indem insbesondere auf die Philosophie des LPDS und die verschiedenen beteiligten Teams eingegangen wird, bevor anschließend die Ausarbeitung der Ergebnisse in Bezug auf die angewendeten Methoden und Werkzeuge folgt. Der zweite Themenschwerpunkt umfasst die Analyse des Vertrags, der Integrated Form of Agreement (IFOA). Dort werden die Ergebnisse in Bezug auf die Ausschreibung und Projektabwicklung, die Vergütung und Risikoverteilung, die Streitbeilegung sowie das Auswahl- und Vergabeverfahren dargestellt.

In Kapitel 7 werden analog zu Kapitel 5 die Untersuchungen von Allianzverträgen in Australien vorgestellt. Die Ergebnisse aus den vor Ort durchgeführten Fallstudien und Interviews werden in Kapitel 8 dargestellt und sind in die Bereiche Projektorganisation, Vergabe und Vertrag sowie verschiedene Formen von Allianzen unterteilt.

Aufbauend auf den mit Hilfe der Fallstudien und der Interviews gewonnenen Ergebnissen findet in Kapitel 9 die Auswertung statt. Dabei werden das LPDS, die IFOA und die Allianzverträge getrennt voneinander in Bezug auf ihre wesentlichen Merkmale sowie ihre Erfolgsfaktoren und Potenziale ausgewertet und die Vertragsarten IFOA und Allianz gegenübergestellt. Darüber hinaus wird die Anwendbarkeit der Prinzipien des LPDS im Rahmen traditioneller Projektorganisationsformen untersucht und die Prinzipien, die der

IFOA sowie den Allianzverträgen zu Grunde liegen, mit denen anderer innovativer Vertragsarten verglichen. Abschließend wird der Spezialfall öffentlicher Auftraggeber untersucht. Für diesen werden die zu Grunde liegenden Unterschiede gegenüber privaten Auftraggebern identifiziert und anschließend werden die Möglichkeiten und Einschränkungen innerhalb der VOB dargestellt. Internationale Beispiele, die sich durch Ausnahmeregelungen im öffentlichen Bereich ergeben haben, werden aufgezeigt. Abschließend wird beispielhaft das Thema Partnering im privaten Sektor in Deutschland betrachtet.

In Kapitel 10 wird aufbauend auf den in den vorangegangenen Kapiteln erarbeiteten Ergebnissen ein Projektabwicklungssystem definiert, das in die Bereiche Lean Organisation, Vergabe, Vertrag und interne Organisation des Bauherrn unterteilt ist. Dazu werden jeweils für die Erfolgsfaktoren der einzelnen Bereiche dem Bauherrn Empfehlungen zur Umsetzung gegeben, insbesondere wird auf die damit verbundenen Herausforderungen eingegangen. Sofern Einschränkungen durch die VOB bei der Umsetzung der einzelnen Faktoren vorliegen, werden die Änderungen innerhalb der VOB aufgezeigt, die für eine vollständige Umsetzung notwendig wären.

Aufgrund der Schwierigkeit, die Projektergebnisse den Haupteinflussfaktoren der Lean-Projektabwicklung zuzuordnen, ist in Kapitel 11 eine Matrix erarbeitet worden, die den Zusammenhang zwischen diesen und den Messgrößen Kosten und Zeit darstellt.

In Kapitel 12 werden in Form eines Fazits die wesentlichen Aspekte der vorliegenden Arbeit zusammengefasst und ein Ausblick gegeben.

2 Lean Management

2.1 Ursprung des Lean Management

Lean Management geht auf das Toyota-Produktionssystem zurück, das von Taiichi Ohno, einem Projektingenieur bei Toyota, entwickelt wurde. Mit diesem System ist es Toyota gelungen, weltweit zum Klassenprimus in der Automobilproduktion zu werden und seine Führungsposition beständig und zielstrebig auszubauen. Das Toyota-Produktionssystem ist kurz nach dem zweiten Weltkrieg entstanden mit der Anforderung, kleine Stückzahlen unterschiedlicher Modelle bei geringer Nachfrage zu liefern. Das Ziel war es, durch konsequente Vermeidung von Verschwendung die Wirtschaftlichkeit der Produktion zu erhöhen. Während zu Beginn im Toyota-Produktionssystem alle Dinge beseitigt wurden, die Verschwendung bedeuteten, wurde gleichzeitig immer deutlicher, dass die Kunden individuelle Persönlichkeiten sind und sich durch individuelle Bedürfnisse unterscheiden. Daraus ist der Fokus auf die Kundenorientierung entstanden. Als weiterer Grundstein gilt die bedarfsgesteuerte Produktion, auch Pull-Produktion genannt, bei der die notwendige Menge, zum richtigen Zeitpunkt „herangezogen" („gepullt") wird. Dadurch kann ein Fertigungsfluss geschaffen werden, der eine gleichmäßige Produktion sicherstellt.[3]

Das Toyota-Produktionssystem beruht auf zwei Säulen: dem Just-in-Time-System und der autonomen Automation, d.h. der Autonomation mit menschlichen Zügen. Just-in-Time wird von Ohno folgendermaßen definiert: „...bei dem bei jedem Arbeitsgang genau das Teil vorliegt, das benötigt wird, genau im richtigen Moment und exakt der Menge, die man benötigt."[4] Die Autonomation ist die Übertragung der menschlichen Intelligenz auf die Maschine. Dieses Konzept ist bereits zu Beginn der Jahrhundertwende von Sakichi Toyoda eingeführt worden, als er vollautomatische Webstühle entwickelte, und ist seither auch unter dem Begriff *jidoka* bekannt. *Jidoka* sorgt für fehlerfreie Prozesse, indem die Fehler in den Prozessen direkt aufgedeckt und lokalisiert werden und durch Feedback eine schnelle Rückkopplung möglich ist, so dass zeitnah Maßnahmen ergriffen werden können. Dadurch wird die Produktion von fehlerhaften Produkten vermieden, so dass die Qualität gesteigert werden kann.[5]

Verschiedene Methoden sind in die Entwicklung des Toyota-Produktionssystem eingeflossen. Mit Hilfe der Technik der „fünf Warums" wird die Hauptursache eines Problems identifiziert, um so effektive Gegenmaßnahmen entwickeln zu können. Darüber hinaus wird

---

[3] Vgl. OHNO (1993).
[4] OHNO (1993), S.31.
[5] Vgl. WOMACK/JONES (2004), S. 404 und IVF (2007), S. 27.

in einem nächsten Schritt die vollständige Verschwendung identifiziert. Ohno hat die auftretende Verschwendung in der Produktion in die sieben häufigsten Arten unterteilt:

1) Überproduktion
2) Wartezeiten
3) unnötiger Transport
4) bei der Bearbeitung selbst
5) Lagerbestände
6) unnötige Bewegungen
7) fehlerhafte Produkte[6]

Unter Verschwendung wird alles verstanden, was Kosten erhöht, ohne Wertschöpfung zu bringen. Dazu gehören z.B. Personalüberschuss, Überbestand und überzählige Ausrüstung. Auch überflüssige Arbeiten, die z.B. durch einen Überschuss an Arbeitern entstehen, verursachen Energie- und Materialverbrauch und werden unter dem Begriff Sekundärverschwendung diskutiert.[7] Als weitere zu den von Ohno definierten sieben Arten der Verschwendung gilt das ungenutzte Potenzial der Mitarbeiter als achte Art der Verschwendung.

Für die Umsetzung des Toyota-Produktionssystems werden *kanbans* verwendet. Dieses Instrument sorgt für ein reibungsfreies Funktionieren des Toyota-Produktionssystems. *Kanban* ist japanisch und bedeutet Karte. Die Karte informiert über die vorgelagerte Produktion und Lieferung und regelt somit den „Pull" im Produktionssystem. Die dahinter stehende Idee ist vom amerikanischen Supermarkt auf die Produktion übertragen worden. Während die traditionellen japanischen Verkaufsmethoden vom Tür-zu-Tür-Verkauf, dem Direktverkauf und dem Straßenverkauf geprägt waren, bekommt in einem amerikanischen Supermarkt jeder Kunde, was er braucht, wann er es braucht und in der Menge, in der er es braucht. In einem Supermarkt werden die einzelnen Artikel aufgefüllt, sobald der Bestand unter ein bestimmtes Level fällt, damit steuert der Konsum die Regalbestückung.[8] Auf die Produktion übertragen ist daraus die Idee abgeleitet worden, den jeweils vorgelagerten Arbeitsgang eines Produktionsprozesses als eine Art Lager anzusehen. Folgendes Problem war noch zu lösen: Wie konnte es vermieden werden, dass der vorgelagerte Arbeitsgang gestört wurde, wenn ein nachfolgender Arbeitsgang auf einmal große Mengen entnommen hatte? Dieses Problem kann mit Hilfe der Produktnivellierung gelöst werden.

Das *kanban* ist das Kernstück des Toyota-Produktionssystems und verhindert Überproduktion. Auf einem Stück Papier befinden sich drei verschiedene Arten von Informationen:

[6] OHNO (1993), S. 48 und WOMACK/JONES (2004), S.409.
[7] Vgl. OHNO (1993), S. 83.
[8] Vgl. LIKER (2007), S. 48 ff.

die Entnahme-, Transport- und Produktionsinformationen. Auf einen Blick können so die Produktionsmenge, der Produktionszeitpunkt, das Produktionsverfahren, die Produktionsreihenfolge bzw. die Transportmenge, der Transportzeitpunkt, der Bestimmungsort, der Lagerplatz, die Transportmittel und weitere Angaben entnommen werden.[9] Beim Kanban-System gilt die Regel, dass bei einem Arbeitsgang nur die Stückzahl produziert wird, die vom nachfolgenden Arbeitsgang entnommen wird. Damit wird die Just-in-Time Produktion umgesetzt und Überproduktion vermieden.

Obwohl das Toyota-Produktionssystem innerhalb von Toyota bereits nach dem zweiten Weltkrieg erfolgreich umgesetzt wurde, hat es den Durchbruch bei anderen japanischen Unternehmen erst im Herbst 1973 nach der ersten Ölkrise geschafft.

Auch in der westlichen Welt ist das Interesse am Toyota-Produktionssystem erst nach 40 Jahren geweckt worden. Zwei Gründe sind für den sprunghaften Anstieg des Interesses zu Beginn der 90er Jahre entscheidend: zum einen die Erhöhung des Wettbewerbsdrucks in den westlichen Ländern durch zunehmende Konkurrenz aus Fernost und zum anderen das Interesse daran, den Schlüssel zum japanischen Erfolgsgeheimnis zu finden.[10] Der Wettbewerbsdruck hat sich erhöht, da besonders die USA aber auch europäische Märkte Marktanteile auf Binnenmärkten, aber auch auf angestammten Exportmärkten an fernöstliche Konkurrenz abgeben mussten. Hinzu kam, dass sich die USA zu Beginn der 80er Jahre in einer wirtschaftlichen Rezession befand. Aufgrund dieser Situation ist im Zuge der Diskussion um den Industriestandort USA das Massachusetts Institute of Technology (MIT) mit drei umfassenden Industrieforschungsprojekten beauftragt worden.

Eines dieser drei Forschungsprojekte war „The International Motor Vehicle Program“ (IMVP), dessen Ergebnisse in dem Buch „The Machine That Changed The World“[11] von Womack veröffentlicht wurden und als Auslöser der Lean-Diskussion gelten.[12] In der 1990 veröffentlichten Studie wurden erstmals die Ursachen und Hintergründe des japanischen Erfolgs analysiert und systematisiert. Das MIT hat in seiner Studie den Begriff „Lean Production“ geprägt, der im Deutschen meist mit dem Begriff „schlanke Produktion“ übersetzt wird[13] und das wesentliche Andersartige dieser neuen Vorgehensweise von Toyota beschreiben soll. Mit dem Wort „schlank“ wird aber die Bedeutung des Begriffes „lean“ nicht ausreichend getroffen. Der Ausdruck „lean“ steht nach Ohno „für die Effizienz der Prozesse, weitgehende Fehlerfreiheit der Produkte und Präzision bei Planung und Synchronisation

[9] Vgl. OHNO (1993), S. 52 ff.
[10] OHNO (1993), S. 10.
[11] Deutsche Übersetzung unter dem Titel: „Die zweite Revolution in der Autoindustrie: Konsequenzen aus der weltweiten Studie aus dem Massachusetts Institute of Technology“
[12] Vgl. GRAF (1996), S. 2.
[13] Vgl. OHNO (1993), S. 12.

parallel auszuführender Aufgaben..."[14] und wird daher bei den weiteren Ausführungen als Fachbegriff stehenbleiben, der nicht ins Deutsche übersetzt wird. Er steht für eine Organisation, in der Werte ohne Verschwendung geschaffen werden.[15]

Die Lean-Entwicklung hat nach der Veröffentlichung der MIT-Studie großen Anklang weltweit gefunden und dazu geführt, dass sich seit 1992 zahlreiche Industriesektoren mit dem Thema Lean auseinander gesetzt haben. Auch in Deutschland haben sich in den darauf folgenden Jahren besonders Automobilhersteller, aber auch andere Industriesektoren, mit der Entwicklung eines eigenen Produktionssystems beschäftigt. Schnell ist deutlich geworden, dass sich der Lean-Ansatz aus dem Produktionsbereich auch auf andere Bereiche mit z.B. organisationsinterner, funktionaler Prägung sowie auf administrative Bereiche bis hin zu „Non-Profit-Organisationen" und staatlichen Institutionen übertragen lässt.[16]

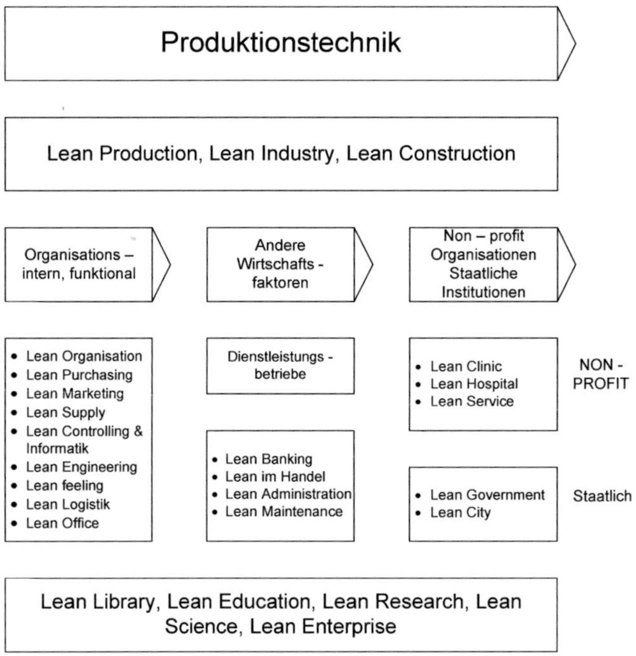

Abb. 1: Anwendungsbereiche des Lean Managements[17]

Die vorstehende Abbildung verdeutlicht die Vielzahl der Bereiche, in denen Lean Management bereits erfolgreich angewendet wird. Der Begriff Lean Management weist

[14] OHNO (1993), S.13.
[15] Vgl. WOMACK/JONES (2004), S. 8.
[16] Vgl. GRAF (1996), S. 5 ff.
[17] Vgl. GRAF (1996), S. 4 und www.lean-management-institut.de, Stand 16.05.09.

darauf hin, dass die Methodik auch außerhalb der Produktion auf weitere Bereiche anwendbar ist. Alle vom Anwendungsbereich unabhängigen Bereiche greifen auf die Prinzipien des Lean Management zurück. Jedoch sind für die verschiedenen Anwendungsbereiche unterschiedliche Werkzeuge entwickelt worden, die die Umsetzung gezielt unterstützen und je nach Unternehmen bzw. Einsatzbereich individuell umzusetzen sind. Auch wenn das Konzept des Lean Management in seinem Ursprung auf das Toyota-Produktionssystem zurückgreift, so enthält es wesentliche Elemente und Merkmale, die ihren Ursprung in der westlichen Welt haben. Das Konzept wurde nicht als ganzheitliches Modell eingeführt, sondern ist durch iterative Prozesse entstanden. So hat es sich durch Adaption und Integration in der westlichen Welt entwickelt.[18]

2.2 Prinzipien und Werkzeuge

Lean Management konzentriert sich auf die Wertschöpfung (aus Sicht des Kunden) und eliminiert die Verschwendung. Dadurch verkürzen sich die Durchlaufzeiten, die Bestände können gesenkt werden und die Produktivität wird gesteigert. Es können individualisierte, spezifische Produkte in höchster Qualität hergestellt werden.

Im Mittelpunkt des Lean Managements stehen zum einen der Kunde mit seinen individuellen Bedürfnissen zum anderen eine optimale und kontinuierlich verbesserte Organisation der Produktion und Logistik. Dem Konzept liegen fünf Grundprinzipien zu Grunde:

1. Spezifikation des Wertes
2. Identifikation des Wertstroms
3. Fluss (Flow) des Wertes ohne Unterbrechung
4. Ziehen (Pull) des Wertes durch den Kunden
5. Streben nach Perfektion[19]

Die einzelnen Grundprinzipien sind nacheinander durchzuführen und werden nachfolgend kurz erläutert.

Als Ausgangspunkt muss der Wert aus Sicht des Kunden, in diesem Fall des Endverbrauchers, definiert werden. Die Wertdefinition geschieht sinnvollerweise über ein spezifisches Produkt, welches den Bedarf des Kunden zu einem bestimmten Preis definiert.[20]

Als nächster Schritt folgt die Identifikation des Wertstroms. Dazu werden die spezifischen Tätigkeiten, die für die Konstruktion, die Bestellung und Bereitstellung erforderlich sind, für

[18] Vgl. GRAF (1996), S. 88.
[19] Vgl. WOMACK/JONES (2004), S. 16.
[20] Vgl. WOMACK/JONES (2004), S. 24.

jedes Produkt bzw. jede Produktfamilie einzeln analysiert. Es wird grundsätzlich zwischen drei Tätigkeitstypen unterschieden. Bei der eindeutigen Wertschöpfung kann der Tätigkeit direkt ein Wert zugeordnet werden, dann gibt es eine sogenannte Scheinleistung, auch *muda* Typ I genannt. Diese Tätigkeit erzeugt keinen Wert, ist aber für die Ausführung unerlässlich. Die sogenannte Blindleistung auch *muda* Typ II genannt, erzeugt keinen Wert und ist auch nicht für die Ausführung der Tätigkeit notwendig, so dass diese direkt eliminiert werden kann. [21] Am Beispiel der Herstellung einer Mauer besteht die eindeutige Wertschöpfung in der Verarbeitung der Steine zur Mauer, also im Prozess des Mauerns. Die Scheinleistung ist der Materialtransport, ohne den die Mauer nicht hergestellt werden kann, der allerdings nicht wertschöpfend ist. Wartezeiten, die z.B. für das Warten auf das Material aufgebracht werden, erzeugen weder einen Wert noch sind sie für die Ausführung der Tätigkeit notwendig und werden daher als Blindleistungen bezeichnet.

Ein weiteres Grundprinzip ist der Fluss (Flow): die wertschöpfenden Aktivitäten für spezifische Produkte müssen im Fluss sein. Die noch verbleibenden wertschöpfenden Aktivitäten vom Rohmaterial bis zum erzeugten Endprodukt sollen kontinuierlich fließen, nachdem der Wert für ein bestimmtes Produkt definiert worden ist und der Wertstrom aufgezeichnet wurde. So wird eine effiziente Arbeit sichergestellt, da zum einen die Produktivität erhöht wird und zum anderen die Fehler zurückgehen. Die besondere Herausforderung besteht hierbei, auch bei kleinen Losgrößen für einen kontinuierlichen Fluss zu sorgen. Toyota hat dies durch ein schnelles Umrüsten der Maschinen geschafft, so dass sogar eine Einzelstückfertigung möglich wurde.[22]

Das vierte Grundprinzip ist der Pull, das „Ziehen“: wenn die einzelnen Aktivitäten in einen kontinuierlichen Fluss gebracht worden sind, gilt es diese bedarfsgesteuert zu lenken. Dies geschieht mit dem Pull-Prinzip: die nachgeschaltete Stelle löst bei der vorausgehenden Stelle die Produktion dieses Vorgangs aus. Es wird nur das produziert, was der Kunde auch nachfragt. In dem Moment, indem der Kunde ein Produkt abruft, werden vom Kunden ausgehend, also in der Produktionskette von „hinten“, die einzelnen Produktionsschritte in Gang gesetzt, somit werden Über- und Fehlproduktionen vermieden. Beim Push-Prinzip hingegen, werden Produkte produziert, die nicht auf die Nachfrage des Kunden abgestimmt sind. Das Nachfrageverhalten des Kunden stabilisiert sich dadurch, dass der Kunde weiß, dass er das, was er gerne haben möchte, zeitnah bekommt.[23]

Das letzte der fünf Prinzipien ist das Streben nach Perfektion. Nachdem der Wert des Produktes genau definiert und der gesamte Wertstrom identifiziert wurde, alle wert-

[21] Vgl. WOMACK/JONES (2004), S. 51.
[22] Vgl. WOMACK/JONES (2004), S. 31.
[23] Vgl. WOMACK/JONES (2004), S. 34.

schöpfenden Schritte für dieses spezifische Produkt in einen kontinuierlichen Fluss gebracht wurden und der Kunde die Möglichkeit hat, das Produkt nach seinen Vorstellungen abzurufen (zu „pullen"), ist auch das Streben nach Perfektion nicht mehr unmöglich. Unter Perfektion wird verstanden, kontinuierlich an der Eliminierung der Verschwendung zu arbeiten, aber auch die Prozesse und internen Abläufe sowie die Wünsche der Kunden fortlaufend zu überprüfen, um auf Dauer wettbewerbsfähig zu bleiben.[24]

Nachdem nun die fünf Grundprinzipien des Lean Management vorgestellt wurden, wird nachfolgend auf die wichtigsten Werkzeuge für die Umsetzung eingegangen. Diese gehen von den bereits im Toyota-Produktionssystem verwendeten Werkzeugen aus und sind in der unten stehenden Abbildung dargestellt.

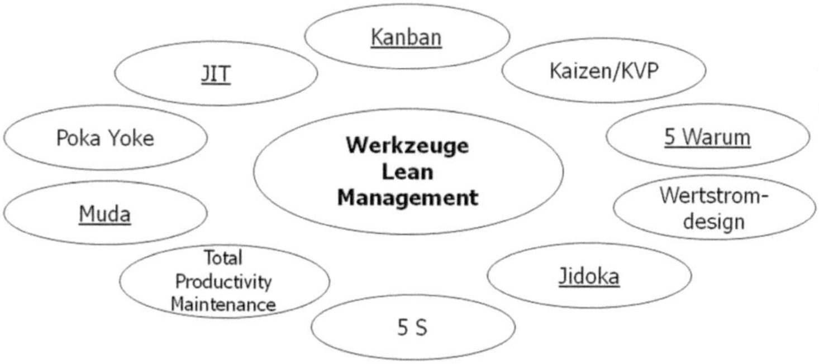

Abb. 2: Werkzeuge des Lean Management

Einige dieser Werkzeuge sind bereits einleitend in Kapitel 2.1 vorgestellt und beschrieben worden. Dies wird in der Abb. 2 dadurch verdeutlicht, dass die bereits erläuterten Begriffe unterstrichen dargestellt sind. Die übrigen in der obenstehenden Abbildung genannten Werkzeuge werden nun vorgestellt.

Mit Hilfe des Wertstromdesigns wird bereits in der Design- und Planungsphase gezielt die Ausarbeitung unter Berücksichtigung des Wertstroms geplant und somit sichergestellt, dass hier die einzelnen Arbeitsschritte auch einen Mehrwert erzeugen.

In der maschinellen Fertigung gehören zu den wichtigsten Werkzeugen, die zur Umsetzung des Flow benutzt werden: *poka-yoke, heijunka* und Total Productive Maintenance. *Poka-yoke* ist eine Fehlerkontrollvorrichtung bzw. ein Fehlerkontrollverfahren, das zur Vermeidung eines Fehlers während der Bestellung oder Herstellung dient. *Heijunka* dient der Schaffung einer einheitlichen Produktionsplanung. Ziel ist es, der längerfristigen Nachfrage zu entsprechen und Tagesschwankungen zu eliminieren. Unter Total Productive Maintenance

[24] Vgl. WOMACK/JONES (2004), S. 36.

(TPM) wird eine Reihe von Methoden verstanden, die sicherstellen sollen, dass in einem Produktionsprozess jede Maschine zu jeder Zeit funktionstüchtig ist, also keine Produktionsunterbrechungen vorkommen. Ein praktisches Werkzeug, das direkt in der Produktion verwendet wird, ist das *andon board.* Diese visuelle Kontrolleinrichtung, die sich üblicherweise im Produktionsbereich befindet, zeigt den Status der Produktion an und ermöglicht, dass eventuelle Fehler auf einen Blick ersichtlich sind.

Um das fünfte Prinzip „Streben nach Perfektion“ zu verwirklichen, gibt es verschiedene Werkzeuge. Dazu gehören u.a. *kaizen* und *„5S“* sowie *„5W2H“.* Unter dem japanischen Begriff *kaizen* wird ein kontinuierlicher Verbesserungsprozess (KVP) verstanden. Die kontinuierliche und schrittweise Verbesserung einzelner Aktivitäten dient der Reduzierung von Verschwendung und der Erzeugung von Mehrwert. Unter *„fünf S“* wird das Einrichten eines Arbeitsplatzes für visuelle Kontrolle und Lean Production verstanden. Die *fünf S* stehen für *Seiri, Seiton, Seiso, Seikutsu* und *Shikutsu. Seiri* bedeutet die Trennung von benötigten und nicht benötigten Teilen und Materialien und die Entfernung letzterer. *Seiton* steht für die ordentliche Anordnung der Teile, so dass sie leicht zu gebrauchen sind. *Seiso* meint die Durchführung einer Reinigungsaktion. *Seikutsu* bedeutet die wiederholte Ausführung der ersten drei S, um den Arbeitsplatz in einem ordentlichen Zustand vorzufinden, und unter *Shikutsu* wird die Gewohnheit verstanden, die ersten vier Prinzipien regelmäßig anzuwenden.[25] Die *„5W2H“*-Methode, im Deutschen auch „7W“-Methode genannt, steht für eine auf gezielten Fragestellungen beruhende Ideenentwicklung, die in Anhang 1 detailliert dargestellt wird.

2.3 Die Adaption auf das Bauwesen

Auch auf das Bauwesen sind die Methoden und Prinzipien des Lean Management adaptiert und Mitte der 90er Jahre unter dem englischen Begriff Lean Construction (LC) eingeführt worden. Es existieren zwei verschiedene Interpretationen des Begriffes LC. Während darunter zum einen die Anwendung der Lean Production auf das Bauwesen verstanden wird, sieht die International Group of Lean Construction (IGLC) „Lean Production als theoretische Inspiration für die Formulierung einer neuen, theorie-basierten Methodik für die Bauausführung, genannt Lean Construction.“[26] Im Deutschen ist die Lean Construction unter dem Begriff Lean Management im Bauwesen (LMB) verbreitet, da der Begriff LC im deutschen Sprachgebrauch oftmals fälschlicherweise mit „schlanker Konstruktion“ assoziiert wird.

---

[25] Vgl. WOMACK/JONES (2004), S. 404 ff.

[26] Vgl. KOSKELA/HOWELL/BALLARD/TOMMELEIN (2002), S. 212, "...the other interpretation views lean production as a theoretical inspiration for the formulation of a new, theory-based methodology for construction, called lean construction." (Übersetzung der Verfasserin)

1997 wurde von Gregory Howell und Glenn Ballard das Lean Construction Institute (LCI) in den USA mit dem Ziel gegründet, das Lean Management auf das projektorientierte Bauwesen zu übertragen. Der Lean-Grundgedanke, ein Produktionssystem zu schaffen, das Verschwendungen in Bezug auf Material und Zeit eliminiert und dabei das Ziel verfolgt, den Wert zu maximieren, sollte hiermit auch auf das Bauwesen adaptiert werden. Dabei ändert sich das Managementverständnis vom „Projektmanagement der Baustelle zum Produktionsmanagement auf der Baustelle."[27]

Während die Ursprünge des Lean Management, die Lean Production, ihre Anwendung in der Massenfertigung fand, steht das Bauwesen im Gegensatz zur stationären Industrie ganz anderen Herausforderungen gegenüber. Das Bauwesen ist geprägt durch eine Unikatfertigung, die an immer neuen Orten stattfindet. Damit entstehen auch geänderte Anforderungen an die Umsetzung des Lean Management. Wie in Kapitel 2.2 erwähnt, gelten die gleichen fünf Grundprinzipien.

2.3.1 Gemeinsame Werkzeuge

Es gibt Werkzeuge, die direkt und ohne große Einarbeitungen und Umstrukturierungen eingeführt werden können, bei anderen hingegen bedarf es einer speziellen Vorbereitung und Schulung. Die folgende Abbildung zeigt den Lean-Werkzeugkasten für das Planen und Bauen.

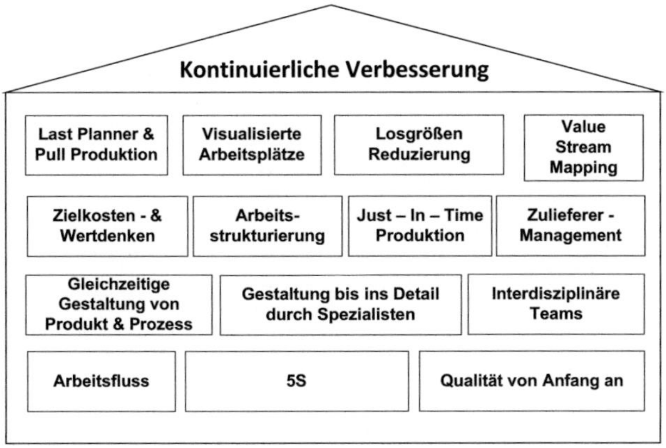

Abb. 3: Lean-Werkzeugkasten[28]

[27] GEHBAUER/KIRSCH (2006), S. 504.
[28] Vgl. GEHBAUER (2008), S. 18.

Einige Werkzeuge sind aus dem Lean Management bereits bekannt und können direkt im Bauwesen angewendet bzw. auf das Bauwesen übertragen werden. Zu den sogenannten gemeinsamen Werkzeugen zählen das JIT-System, das Wertstromdesign, 5S, 5 Warum sowie die Eliminierung von Verschwendung.

2.3.2 Neue Werkzeuge

Andere Werkzeuge sind speziell auf das Bauwesen abgestimmt worden. Zu den beiden wesentlichen Methodiken, die für das Bauwesen entwickelt worden sind, gehören das Last Planner System™ (LPS™) und das Lean Project Delivery System (LPDS).

Gregory Howell und Glenn Ballard, die Gründer des Lean Construction Institutes in den USA, haben das Last Planner System™ entwickelt. Sie haben herausgearbeitet, dass es sich bei den wesentlichen Komponenten des Flusses in einem Projekt – anders als beim Stückgut in der maschinellen Fertigung – um die Arbeit handelt, die von einer Person fertiggestellt und dann an den Nachfolger übergeben wird. Beim Just-in-Time-Prinzip werden Materialien übergeben, auf das Bauwesen übertragen, werden Arbeiten von einem Gewerk an das nächste übergeben. Erst ein verlässlicher Arbeitsfluss zwischen den Gewerken ermöglicht es, Schwankungen zu eliminieren und die Arbeit im Fluss des Wertschöpfungsprozesses zu übergeben.

Wie bereits in Kapitel 2.1 verdeutlicht, beruht das Toyota Produktionssystem (TPS) neben dem Just-in-Time-Prinzip auf dem Prinzip der Autonomation. Das Prinzip der Autonomation wird im Last Planner System™ dadurch verwirklicht, dass die Verantwortung für die Planung an die Person übertragen wird, die genauso wie der Fabrikarbeiter bei Toyota in der Lage sein muss, die Produktion anzuhalten, wenn die Arbeit nicht abgeschlossen ist oder die vorherige Arbeit Fehler aufweist. Diese Person wird der „Last Planner“ genannt. Das Last Planner System™ ist ein Produktionsplanungs- und Steuerungsinstrument, das insbesondere das Zieh-Prinzip im Bauwesen verwirklicht und alle Projektbeteiligten zu einer aktiven Zusammenarbeit anhält, mit dem Ziel, einen Prozess mit höherer Produktivität und einem verlässlicheren Arbeitsfluss zu schaffen.[29] Dabei benutzt das Last Planner System™ den konventionellen Terminplan oder auch Meilensteinplan und verfeinert diesen immer weiter.

Das wichtigste Kernelement des Last Planner Systems™ sind die Last Planner Sitzungen, in denen die Last Planner verschiedener Gewerke gemeinsam den Ablauf planen, indem sie Entscheidungen und Zusagen treffen. Wichtig für den Erfolg dieser Treffen ist es, dass verlässliche Zusagen getroffen werden. Dafür müssen die Teilnehmer in den Sitzungen zum

[29] Vgl. GEHBAUER (2006).

einen fachlich in der Lage sein, Entscheidungen treffen zu können und darüber hinaus befugt sein, Entscheidungen treffen zu dürfen. Je nach Projektphase werden monatliche, wöchentliche bzw. tägliche Treffen abgehalten, bei denen die Zusagen überprüft und die Gründe für nicht eingehaltene Zusagen festgehalten werden. Die Zuverlässigkeit der Zusagen spiegelt sich im sogenannten PEA-Wert wider, der den Prozentsatz der erledigten Arbeiten (PEA) angibt. Für nicht eingehaltene Zusagen wird der Grund festgehalten, das können z.B. fehlende Vorleistungen bzw. fehlende Unterlagen sein, fehlendes Personal, unvorhergesehene Bedingungen etc. Kennzeichnend ist, dass dadurch die Genauigkeit der Zusagen mit Fortschreiten des Projekts zunimmt. Das Last Planner System™ gilt als das Herzstück des Lean Management im Bauwesen.[30]

Bei näherer Betrachtung verschiedener Produktionstheorien hat Koskela festgestellt, dass die Produktion von drei verschiedenen Seiten zu betrachten ist: Transformation (transformation), Wert (value) und Fluss (flow). Gemäß der von Koskela entwickelten TVF-Theorie sind diese drei Elemente zu integrieren. Bei traditionellen Projektabwicklungen steht die Ausführung im Vordergrund, die Wertmaximierung sowie die Minimierung von Verschwendung werden vernachlässigt.

Beim Lean Project Delivery System (LPDS) werden die drei Ziele der TVF-Theorie (Transformation, Wert und Fluss) integriert und umgesetzt, indem sie strukturiert, kontrolliert und verbessert werden. Alle Systeme, die die TVF-Ziele verfolgen, können als LPDS bezeichnet werden, wobei anzumerken ist, dass der Grad der Umsetzung der Lean-Ideale unterschiedlich sein kann. Das LPDS ist ein ganzheitlicher Ansatz, der sich von der Definition des Projektes, über die Planungs- und Ausführungsphase bis hin zur Nutzung des Bauwerks erstreckt.

Ziel des LPDS ist es, die Arbeiten so zu gliedern und aufzubauen, dass die Lean-Ideale:

- Liefern von dem, was der Kunde wünscht
- im richtigen Augenblick
- ohne Verschwendung

bestmöglich umgesetzt werden. Während traditionelle Projekte in verschiedene Phasen (Planung, Vergabe und Ausführung) eingeteilt werden und voneinander getrennt vom jeweiligen Personenkreis bearbeitet werden, sind bei der Abwicklung im LPDS die Ausführenden bereits in die Entscheidungsprozesse während der Planung eingebunden.[31] In der Abb. 4 wird ein Modell für ein LPDS dargestellt.

[30] Vgl. KOSKELA/HOWELL/BALLARD/TOMMELEIN (2002), S. 212 und LICHTIG (2005a), S. 8f.
[31] Vgl. BALLARD (2008), S. 2 ff.; BALLARD/TOMMELEIN/KOSKELA/HOWELL (2002), S. 229 ff.

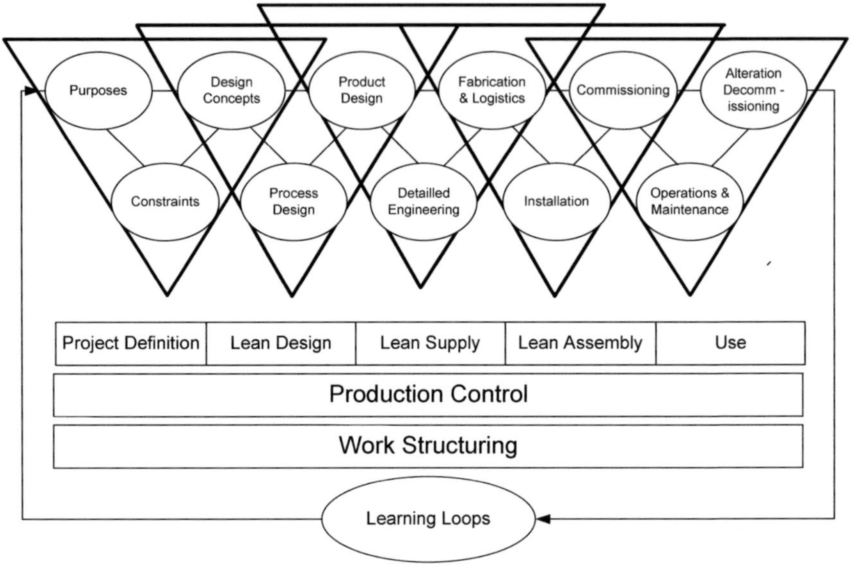

Abb. 4: Lean Project Delivery System[32]

Gemäß der oben dargestellten Abbildung wird das Projekt in fünf Phasen eingeteilt, von denen außer der Nutzungsphase vier Phasen zur Projektplanung und Ausführung gehören:

- Projektdefinition (Project Definition)
- Lean-Planung (Lean Design)
- Lean-Lieferung (Lean Supply)
- Lean-Ausführung (Lean Assembly)

Diese fünf Phasen sind durch Aufgaben definiert, die im Unterschied zu konventionellen Projektabwicklungsformen miteinander verzahnt und durch Rückkopplung miteinander verbunden sind. Dies wird in Abb. 4 durch sich überlappende Dreiecke dargestellt.

In der ersten Phase, der Projektdefinition, ist es Aufgabe des Projektteams, die Wünsche und Vorstellungen des Bauherrn herauszufinden und bei dessen Umsetzung zu helfen. Dafür ist es notwendig, die Anforderungen aber auch die Bedenken des Bauherrn sowie mögliche anderweitige Hindernisse zu kennen und dieses im Planungskonzept und den Planungskriterien festzulegen. Während bei traditionellen Projekten in dieser Phase üblicherweise ausschließlich der Architekt und der Auftraggeber eingebunden sind, werden bei dem LPDS Beteiligte aus allen Lebenszyklusphasen des Projektes eingebunden, dazu

[32] Vgl. BALLARD (2008), S.5.

gehören z.B. Beteiligte aus dem späteren Bauausführungsteam, aus der Instandhaltung sowie Endnutzer des künftigen Gebäudes.

In der nächsten Phase, der Lean-Planungsphase, wird fortlaufend nach Möglichkeiten gesucht, den Wert für den Bauherrn und damit den Kundennutzen zu erhöhen und Verschwendung zu reduzieren. Falls es notwendig ist, die Projektdefinition entsprechend anzupassen, wird wieder zurück in die Phase der Projektdefinition gegangen (Rückkopplung). In der Lean-Planungsphase wird das sogenannte Set-based Design, ein Schlüsselelement im Toyota-Produktionssystem, verwendet. Beim Set-based Design werden verschiedene Alternativen parallel betrachtet und ausgearbeitet. Die Entscheidung für eine Alternative geschieht erst zum spätest möglichen Zeitpunkt, der im Englischen als Last Responsible Moment (LRM) bezeichnet wird. Darüber hinaus werden Produkte und die dazugehörigen Prozesse gleichzeitig geplant, im Gegensatz zur traditionellen Projektabwicklung, bei der die Prozessplanung erst nach der Produktplanung erfolgt.[33]

In der dritten, der Lean-Lieferungs-Phase, werden mit Hilfe von Detailed-Engineering die einzelnen Produktelemente im Detail geplant, auch im Hinblick auf die spätere Logistik vor Ort. In diesen Prozess werden sowohl Produkt- und Planungsspezialisten als auch Endnutzer einbezogen. Kennzeichnend für den Lean Prozess ist, dass hier über die traditionellen Teams hinaus in interdisziplinären Teams gearbeitet wird. Idealerweise werden so bereits während der Planung alle späteren Nachunternehmer und Lieferanten, die eine Schlüsselfunktion im Projekt haben, eingebunden.

Ziel ist es, zu diesen Vertragspartnern längerfristige Beziehungen aufzubauen, die über das einzelne Projekt hinausgehen. Für die Umsetzung der Lean-Lieferung werden verschiedene Prinzipien und Techniken aus der Lean Production, z.B. Pull, Nivellierung der Bestellungen und JIT-Lieferungen genutzt. So soll mit Hilfe des LPS ein kontinuierlicher Fluss auf der Baustelle entstehen und die verschiedenen Baustoffe, Produkte und Materialien sollen erst bei Bedarf geliefert werden, um unnötige Transporte und Lagerungen zu verhindern. Lieferanten müssen sich auf kürzere Bestellzeiten und mehr Flexibilität einstellen.

Die vierte Phase, die Lean-Ausführung, beschäftigt sich mit der Vorfertigung, der Logistik, der Installation vor Ort auf der Baustelle bis hin zur Fertigstellung und Übergabe. Bei sämtlichen Entscheidungen während der Planung und auch der Ausführung wird immer auch bereits die Nutzung des Gebäudes mit bedacht.

Ballard definiert folgende Techniken zur Umsetzung des LPDS:

- Einbindung von Downstream Players in Upstream Entscheidungen

[33] Vgl. KOSKELA/HOWELL/BALLARD/TOMMELEIN (2002), S. 214 ff.

- Treffen / Festlegen von Entscheidungen zum spätest möglichen Zeitpunkt
- Abstimmung der verschiedenen Interessen zur gemeinsamen Projektoptimierung
- Gemeinsame Bestimmung, Einteilung und Festlegung von Puffern zur Minimierung von Schwankungen[34]

Bei traditionellen Projekten wird die tatsächliche Ausführung mit der geplanten verglichen und negative Abweichungen, bei denen Handlungsbedarf durch das Management besteht, werden festgehalten. Die Kontrolle im LPDS wird dagegen durch die systematische Verfolgung der Gründe und Ursachen nicht erledigter Arbeiten im LPS erreicht.

2.4 Stand des Lean Management im Bauwesen in Deutschland

Deutschland steht im internationalen Vergleich, insbesondere mit Ländern wie den USA, Großbritannien, aber auch den skandinavischen Ländern, in Bezug auf die Anwendung und Umsetzung von Lean Management im Bauwesen noch am Anfang. Aber auch in Deutschland sind erste Schritte bereits gemacht und einzelne Pilotprojekte erfolgreich durchgeführt worden. Besonders in der Planungsphase konnte festgestellt werden, dass oftmals Projekte und Ziele nicht klar definiert sind.[35]

Beim Umbau des Hambacher Schlosses im Jahr 2006 konnten die Steuerung und Produktion durch das LPS verbessert und eine Steigerung in der Verlässlichkeit der Zusagen festgestellt werden. Zwischen den Projektbeteiligten ist eine Vertrauenskultur entstanden. Durch die gemeinsame Planung während der Last Planner Sitzungen wurden ein stetiger Arbeitsfluss erreicht, potenzielle Fehler frühzeitig eliminiert und der aufgrund der 175-Jahrfeier des Hambacher Festes unverschiebbare Endtermin für die Fertigstellung der ersten Umbauphase eingehalten. Für die Umbauten in der zweiten und dritten Phase hat der Bauherr, der Landesbetrieb Bau des Landes Rheinland-Pfalz, die Anwendung des LPS von den beteiligten Firmen gefordert.[36]

Die DB-ProjektBau hat 2007 begonnen, das Last Planner System™ bei verschiedenen Pilotprojekten in der Ausführungsplanung und der Ausführungsüberwachung einzuführen. 2008 wurden in allen sieben Regionalbereichen der DB-ProjektBau Pilotprojekte durchgeführt. Der Einsatz des Last Planner Systems™ wurde als „taugliches Werkzeug“ befunden, so dass es konsequent im Vorstandsressort Infrastruktur der DB eingesetzt werden soll. Besonders positiv wurde aufgenommen, dass die Planung gemeinsam im Team mit den

[34] Vgl. BALLARD/KOSKELA/HOWELL/ZABELL (2001).
[35] Vgl. GEHBAUER (2008), S. 80.
[36] Vgl. LEHNE (2007), S. 23.

verschiedenen Beteiligten durchgeführt wird und so unnötige Puffer und Reservezeiten eliminiert werden können.[37]

Die meisten Pilotprojekte befanden sich in der Planungsphase (Leistungsphasen 2-5 gemäß der Honorarordnung für Architekten und Ingenieure (HOAI)) und das Last Planner System™ konnte sich auch hier, besonders wegen der Vielzahl und Komplexität der Genehmigungsprozesse, bewähren. Durch die Kommunikation und strukturierte Kooperation des Last Planner Systems™ ist es gelungen, die Kooperation zwischen den Projektbeteiligten über die internen Unternehmens- und Abteilungsgrenzen hinweg zu verbessern und somit die Prozesse planbarer und stetiger zu machen.[38]

Die DS-Prozessberatung GmbH und die fischer Consulting GmbH haben gemeinsam das „Lean-Construction-System“ (LCS) entwickelt, das bei dem Neubau der Wohnanlage Hohenzollernpark II in Holzgerlingen bei Stuttgart angewandt wurde. Zum Lean-Construction-System gehören verschiedene Elemente:

- Wertstromanalyse und Feinplanungsprozess, bei dem der Produktionsablauf in einzelne Prozesse zerlegt und bei dem jede Tätigkeit auf ihren wertschöpfenden, bedingt wertschöpfenden und verschwenderischen Anteil untersucht wird;
- das Logistik- und Flächenmanagement, mit dem Such- und Transportzeiten reduziert werden sollen;
- die Qualitätssicherung, wodurch unmittelbar nach dem jeweiligen Prozessschritt die Fehler und Qualitätsmängel direkt erkannt werden sollen, um diese nachfolgend direkt zu vermeiden;
- Kaizen-Workshops und kontinuierlicher Verbesserungsprozess (KVP), bei dem die Abläufe schrittweise und so die Prozesse kontinuierlich verbessert werden.

Nachfolgende Arbeitspakete wurden bei dem Projekt Hohenzollernpark II umgesetzt:

- Kleine Losgrößen als Grundlage für gezielte Produktivitätssteigerung
- Gemeinsame Feinplanung mit allen Beteiligten für einen optimalen Gesamtprozess
- Einführung von Qualitätsregelkreisen
- Kontrolle und Transparenz für alle Beteiligten über Kennzahlen
- Grundlage für eine schlanke Logistik
- Frühe Fehlererkennung und tagesaktueller Status

Durch Integration der bauausführenden Projektbeteiligten in die Planungsprozesse konnte eine flexiblere und besser auf die Baustelle ausgerichtete Planung und auch

[37] Vgl. DBWELT (2008).
[38] Vgl. GEHBAUER (2008), S. 80.

Baustellensteuerung erreicht werden. Der Erfolg des Gesamtbauwerks ist in den Vordergrund gerückt und die Einzelinteressen der verschiedenen Gewerke in den Hintergrund. Durch das Zusammenspiel aller Gewerke konnten Produktivitätssteigerungen von bis zu 50% erreicht und die Fehlerquote bei Teilabnahmen so deutlich verringert werden, dass Nacharbeiten kaum nötig waren.[39]

Die HOCHTIEF Construction AG führt derzeit fünf Pilotprojekte in Bingen, Köln, Hamburg, Düsseldorf und Berlin durch, bei denen Lean-Prinzipien auf Hochbau-Baustellen umgesetzt werden. Durch die Anwendung von KVP- und Just-In-Time-Prinzipien können die Zwischenlagerzeiten verkürzt und Materiallager minimiert werden. Durch eine Verbesserung der Baustellenlogistik konnte die Ordnung und Sauberkeit auf der Baustelle erhöht werden. Durch die Arbeitstaktung und räumliche Trennung der Einzelgewerke wurde die Qualität verbessert. Die Einführung der KVP-Prinzipien ermöglicht eine frühzeitige Ausbesserung bzw. Vermeidung von Ausführungsfehlern, so dass spätere Probleme und Kosten vermieden werden können. Um eine Verbesserung der Arbeitstaktung zu erreichen, wurden Soll-Prozesse definiert und Standards festgelegt. Visualisierungstafeln schaffen die nötige Transparenz, so dass Termine konsequent kontrolliert und eingehalten werden können. Die Veränderungen auf der Baustelle sind bei allen Beteiligten, Bauherr, Generalunternehmer und Nachunternehmern positiv aufgenommen worden.[40]

Zusammenfassend kann festgehalten werden, dass insbesondere das Last Planner System™, aber auch einzelne andere Werkzeuge aus dem Lean-Werkzeugkasten auf verschiedenen Projekten Anwendung gefunden haben. Ein ganzheitlicher Ansatz, bei dem das LPDS konsequent angewendet wird und eine frühzeitige Einbindung der verschiedenen Vertragspartner erfolgt, hat bisher noch nicht stattgefunden. Dafür müssen die äußeren Rahmenbedingungen stimmen und darüber hinaus die Unterstützung durch die Führung sowie der passenden Organisation innerhalb des Unternehmens gegeben sein.[41] Das deutsche Vergabewesen gibt derzeit eine klare Trennung zwischen Planung und Ausführung vor und fördert darüber hinaus die strikte Aufteilung der Bauleistung nach einzelnen Gewerken. Hier knüpft die vorliegende Arbeit an, indem sie aufzeigt, inwieweit auch in Deutschland die Anwendung des LPDS bereits in einem frühen Stadium der Planung möglich ist.

[39] Vgl. SCHMITT (2008), S. 28 ff.
[40] Vgl. SCHLOZ (2008), S. 68 ff.
[41] Vgl. GEHBAUER (2007), S. 4.

3 Vertragsgestaltung in Deutschland gemäß VOB

3.1 Allgemeines

Die Grundlagen der Vertragsgestaltung in Deutschland bilden in der vorliegenden Arbeit den Ausgangspunkt für eine mögliche Vertragsgestaltung im Rahmen von Lean Management im Bauwesen. Das private Baurecht wird in Deutschland im Bürgerlichen Gesetzbuch (BGB) geregelt. Demnach fällt der Bauvertrag in die Gruppe der Werkverträge, die in §§ 631-651 BGB geregelt werden. In einem Werkvertrag werden allgemein die rechtlichen Beziehungen zwischen dem Besteller und dem Hersteller einer vertraglich vereinbarten herzustellenden Sache bzw. der Veränderung einer Sache geregelt. Die Regelungen eines Werkvertrages sind nicht speziell auf die Belange des Bauwesens ausgerichtet und befassen sich auch nicht mit der Thematik der Ausschreibung und Vergabe. Daher gab es bereits seit Beginn der 20er Jahre des letzten Jahrhunderts Bestrebungen, eine Norm aufzustellen, die sich speziell mit der Thematik der Ausschreibung und Vergabe sowie dem Bauvertrag und den technischen Spezifikationen befasst. Daraus ist 1926 die Vergabe- und Vertragsordnung für Bauleistungen (VOB) entstanden, die bis 2006 noch Verdingungsordnung für Bauleistungen hieß. Sie wird vom Deutschen Vergabe- und Vertragsausschuss für Bauleistungen (DVA) herausgegeben und ist in drei Teile, die VOB/A, VOB/B und VOB/C, gegliedert.

Die VOB/A behandelt das Vorgehen vom Aufstellen der Leistungsbeschreibung und der Vergabeunterlagen bis hin zur Auswahl des Bieters. Auf die VOB/A wird in Kapitel 3.2 näher eingegangen.

Die VOB/B enthält die Allgemeinen Vertragsbedingungen für die Ausführung von Bauleistungen. Sie statuiert Regelungen für die gegenseitigen Beziehungen der Vertragspartner nach Abschluss des Bauvertrages. Damit die VOB/B gilt, muss sie als Abweichung zum gesetzlichen Werkvertragsrecht des BGB vereinbart werden. Öffentliche Auftraggeber sind gesetzlich verpflichtet, die VOB/B vertraglich zu vereinbaren.

Die VOB/C beinhaltet allgemeine technische Vertragsbedingungen (ATV) für Bauarbeiten aller Art. Ist die VOB/B vertraglich vereinbart, ist die VOB/C automatisch Vertragsbestandteil.[42]

Bei der VOB handelt es sich weder um ein Gesetz noch um eine Verordnung oder Satzung. Vielmehr handelt es sich um Allgemeine Geschäftsbedingungen, die zwischen Auftraggeber

---

[42] Vgl. KAPELLMANN/LANGEN (2008), Rdn. 17 f., S. 27 f.

und Auftragnehmer vereinbart werden. Die VOB ist nur in Deutschland gültig; allerdings werden in der VOB die EG-Richtlinien in nationales, also deutsches Recht umgesetzt.[43]

3.2 Ausschreibung und Vergabe

3.2.1 Allgemeines

In Deutschland ist die Vergabe in den „Allgemeinen Bestimmungen für die Vergabe von Bauleistungen", dem Teil A der VOB, geregelt. Die VOB Teil A regelt den gesamten Geschehensablauf der Vergabe von der Ausschreibung bis zum Abschluss des Bauvertrages. Die VOB Teil A ist für öffentliche Auftraggeber verbindlich. Andere Auftraggeber können, von einigen Ausnahmen abgesehen, Art und Ablauf der Vergabe selbst bestimmen. Allerdings orientieren sich in der Praxis viele an der VOB Teil A, schließen aber einzelne Regelungen aus, wie z.B. das Verbot der Preisverhandlung, das in § 24 VOB Teil A geregelt ist.[44]

Die VOB Teil A gliedert sich in vier Abschnitte:

1) Basisparagraphen
2) Basisparagraphen mit zusätzlichen Bestimmungen nach der EG-Baukoordinierungslinie („a-Paragraphen")
3) Basisparagraphen mit zusätzlichen Bestimmungen nach der EG-Sektorenrichtlinie („b-Paragraphen")
4) Vergabebestimmungen nach der EG-Sektorenrichtlinie (VOB/A-SKR)

Abschnitt 1 der VOB/A enthält die Basisparagraphen, nach denen die Vergabearten für öffentliche Auftraggeber in Öffentliche Ausschreibung, Beschränkte Ausschreibung und Freihändige Vergabe unterschieden werden. Die drei Vergabearten werden in Kapitel 3.2.3 dargestellt. Die Abschnitte 2 bis 4 setzen die EG-Baukoordinierungsrichtlinie und die EG-Sektorenrichtlinie in deutsches Recht um. Die Abschnitte 2 bis 4 stellen eigenständige Vergabeordnungen für den jeweiligen Anwendungsbereich dar, inhaltlich sind sie aufgebaut wie Abschnitt 1 der VOB/A. In Abschnitt 2 sind die Basisparagraphen um die sogenannten a-Paragraphen erweitert worden, in Abschnitt 3 um die sogenannten b-Paragraphen. Abschnitt 4 ist inhaltlich ähnlich wie Abschnitt 1 aufgebaut, allerdings mit vollständig neuen Formulierungen und ohne Basisparagraphen.

[43] Vgl. RUPPERT (2006), S. 4.
[44] Vgl. KAPELLMANN/LANGEN (2008), Rdn. 17, S. 27 f.

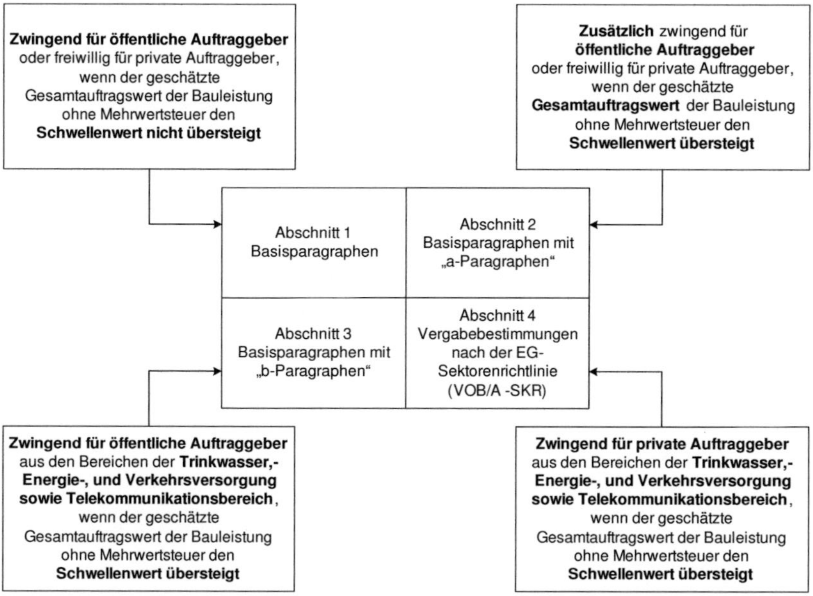

Abb. 5: Einordnung des Auftraggebers gemäß VOB/A

Abb. 5 zeigt die Anwendungsbereiche der Abschnitte 1 bis 4 der VOB/A. Welcher der vier Abschnitte im konkreten Fall anzuwenden ist, hängt von drei Faktoren ab:

- dem geschätzten Gesamtwert der Baumaßnahme, also dem Wert des schlüsselfertigen bzw. gebrauchsfertigen Bauwerks
- dem Bereich, in dem die Baumaßnahme durchgeführt werden soll
- vom Auftraggebertyp, der nach dem sogenannten sachlichen und persönlichen Geltungsbereich unterschieden wird.

Die Vergabe von Planungs- und Projektmanagementleistungen durch öffentliche Auftraggeber ist gemäß §§ 4 und 5 der Verordnung über die Vergabe öffentlicher Aufträge (VgV) entweder in Teil A der Verdingungsordnung für Leistungen (VOL/A) geregelt oder durch die Verdingungsordnung für freiberufliche Leistungen (VOF).[45] Für die Vergabe von Planungsleistungen kann die VOB nur angewendet werden, wenn die Planungsleistungen in Verbindung mit der Ausführung von Bauleistungen vergeben werden, und die Bauleistung zum Beispiel durch ein Leistungsprogramm beschrieben wird. Nach § 9 Nr. 10-12 VOB/A ist die Vergabe von Bauleistungen anhand eines Leistungsprogramms aber nur zulässig, wenn

[45] Vgl. LEDERER (2003), § 1 VOB/A, Rdn. 11; ESCHENBRUCH (2003), Rdn. 1282 ff.

dies insbesondere in technischer und wirtschaftlicher Hinsicht zweckmäßig ist. Die Vergabe von Planungsleistungen in Verbindung mit der Ausführung von Bauleistungen ergibt sich aus der gesetzlichen Regelung in § 99 Abs. 3 des Gesetzes gegen Wettbewerbsbeschränkungen (GWB) nach der Bauaufträge „Verträge entweder über die Ausführung oder die gleichzeitige Planung und Ausführung eines Bauvorhabens" sind und in Verbindung mit den Regelungen aus § 1 VOB/A. Das GWB gilt für die Vergabe von Bauleistungen oberhalb des Schwellenwertes. Dabei ist der Begriff Bauauftrag inhaltsgleich mit dem Begriff der Bauleistung zu verstehen. [46] Damit eine kombinierte Vergabe von Planungs- und Bauleistungen nach VOB/A zulässig ist, sind die Planungsleistungen im „unmittelbaren und unzertrennbaren Zusammenhang mit der in Auftrag gegebenen Bauleistung auszuführen."[47] Im Sinne der VOB/A § 1 gelten sie damit als Arbeiten jeder Art, „durch die eine bauliche Anlage hergestellt, Instand gehalten, geändert oder beseitigt wird." Demnach ist gemäß VOB bei Vergaben oberhalb des Schwellenwertes auch die Vergabe an einen Totalunternehmer zulässig, der für umfassende Planungsleistungen und Bauleistungen verantwortlich ist.

3.2.2 Grundsatz der Vergabe

Die Grundsätze der Vergabe sind in VOB Teil A § 2 geregelt. Daraus geht hervor, dass die Vergabe an einen fachkundigen, leistungsfähigen und zuverlässigen Unternehmer zu einem angemessenen Preis erfolgen soll. Grundsätzlich soll der Vergabe ein Wettbewerb vorausgehen. Kein Unternehmer darf diskriminiert werden und auf die Förderung ganzjähriger Bautätigkeit ist zu achten.[48]

Die Grundsätze der Vergabe lassen sich wie folgt zusammenfassen:

- Eignung der Bewerber (Fachkunde, Leistungsfähigkeit und Zuverlässigkeit)
- Angemessenheit der Preise (keine Bildung von Oligopolen, Schutz vor unseriösen Angeboten = Spekulationen)
- Wettbewerb mit gleichen Chancen für alle Bieter (z.B. Aufteilung in Lose, um „kleine" Bieter zu fördern)
- Bekämpfung ungesunder Begleiterscheinungen, wie z.B. wettbewerbsbeschränkendes Verhalten
- Förderung der ganzjährigen Bautätigkeit

Die Vergabe erfolgt gemäß VOB Teil A § 25 Nr. 3 Abs. 2 und 3 nach dem Grundsatz der Wirtschaftlichkeit. Wirtschaftlichkeit bedeutet die Auswahl des Angebotes, das das beste

[46] Vgl. FRANKE/MERTENS (2007), § 1 VOB/A, Rdn. 11; LEDERER (2003), § 1 VOB/A, Rdn.11;
[47] KORBION (2004), A § 1, Rdn. 31.
[48] Vgl. VOB/A 2008, § 2, Abs. 1-3.

Preis-Leistungs-Verhältnis bietet. Dabei sind zu berücksichtigen: Qualität, Preis, technischer Wert, Ästhetik, Zweckmäßigkeit, Umwelteigenschaften, Betriebs- und Folgekosten, Rentabilität, Kundendienst und technische Hilfe, Ausführungsfrist sowie auftragsbezogene Kriterien. Die in der VOB genannte Aufzählung der Kriterien ist weder abschließend, noch gibt sie eine Rangfolge der Kriterien vor. Der Auftraggeber ist nur dann verpflichtet, dem günstigsten Bieter den Zuschlag zu erteilen, wenn alle anderen Wertungskriterien inhaltsgleich sind.[49]

3.2.3 Vergabearten

Abschnitt 1 der VOB Teil A unterscheidet drei Vergabearten: die Öffentliche Ausschreibung, die Beschränkte Ausschreibung und die Freihändige Vergabe. Die VOB Teil A regelt in § 3 die verschiedenen Arten der Vergabe. Bei der Öffentlichen Ausschreibung wird eine unbeschränkte Anzahl an Unternehmen zur Angebotsabgabe aufgefordert. Es soll allen Unternehmen, die sich gewerbsmäßig mit der ausgeschriebenen Leistung befassen, die Möglichkeit gegeben werden, ein Angebot abzugeben.

Bei der Beschränkten Ausschreibung wird im Gegensatz zur Öffentlichen Ausschreibung nur eine beschränkte Anzahl an Unternehmen zur Angebotsabgabe aufgefordert. Die Beschränkte Ausschreibung kann nach einem Öffentlichen Teilnahmewettbewerb stattfinden, dies ist aber nicht zwingend. Die VOB definiert verschiedene Bedingungen, unter denen eine Beschränkte Ausschreibung zulässig ist. Es sollen in der Regel drei bis acht Bewerber zur Angebotsabgabe aufgefordert werden.

Bei der Freihändigen Vergabe werden Bauleistungen ohne ein förmliches Verfahren vergeben. Die Freihändige Vergabe ist nur zulässig, wenn sowohl die Öffentliche Ausschreibung als auch die Beschränkte Ausschreibung unzweckmäßig sind. Dieses ist z.B. der Fall, wenn nur ein bestimmter Unternehmer in Betracht kommt oder wenn die Leistung nicht eindeutig festgelegt werden kann. Bei der Freihändigen Vergabe sowie auch bei der Beschränkten Ausschreibung soll möglichst zwischen den Unternehmern gewechselt werden.[50]

In den Abschnitten 2 bis 4 der VOB/A werden die Vergabeverfahren Offenes Verfahren, Nichtoffenes Verfahren und Verhandlungsverfahren unterschieden. Das Offene Verfahren entspricht der öffentlichen Ausschreibung nach § 3 Nr. 1 Abs. 1 VOB/A, das Nichtoffene Verfahren im Wesentlichen der Beschränkten Ausschreibung nach Öffentlichem Teilnahme-

[49] Vgl. KRATZENBERG (2007), § 25 VOB/A, Rdn. 68, 70, 71 und 73.
[50] Vgl. VOB/A § 3 und § 8.

wettbewerb gemäß § 3 Nr. 1 Abs. 2 VOB/A.[51] An die Stelle der Freihändigen Vergabe gemäß Abschnitt 1 VOB/A tritt in den Abschnitten 2 bis 4 das Verhandlungsverfahren, bei dem sich „der Auftraggeber mit oder ohne vorherige Teilnahmeaufforderung an ausgewählte Unternehmen wendet, um mit einem oder mehreren über die Auftragsbedingungen zu verhandeln."[52] In den Abschnitten 1 bis 3 wird vorgegeben, unter welchen Bedingungen die definierten Vergabeverfahren angewendet werden müssen bzw. dürfen, während nach Abschnitt 4 die Vergabeart gemäß § 3 SKR Nr. 1 grundsätzlich frei gewählt werden darf.

3.2.4 Aktuelle Entwicklungen bei der Vergabe von Bauleistungen

3.2.4.1 Der wettbewerbliche Dialog

Der Wettbewerbliche Dialog ist am 30. Juni 2005 als vierte Vergabeart durch das ÖPP-Beschleunigungsgesetz[53] in das deutsche Vertragsrecht aufgenommen und in Abschnitt 2 der VOB/A § 3a Abs. 4 geregelt worden. Als Resultat der europäischen Vergaberechtsreform, bei der im Jahre 2000 ein Vorschlag für eine „Richtlinie des Europäischen Parlaments und des Rates über die Koordinierung zur Vergabe öffentlicher Lieferaufträge, Dienstleistungsaufträge und Bauaufträge" gemacht wurde, ist der Wettbewerbliche Dialog am 02. Dezember 2003 in das neue vergaberechtliche Regelwerk aufgenommen worden.[54]

Mit dem Wettbewerblichen Dialog als Vergabeverfahren soll in besonderer Art und Weise auf die spezifischen Bedürfnisse von vergaberechtlich relevanten Öffentlich Privaten Partnerschaften eingegangen werden. Der Wettbewerbliche Dialog wird definiert als „ein Verfahren, bei dem sich alle Wirtschaftsteilnehmer um die Teilnahme bewerben können und bei dem der öffentliche Auftraggeber einen Dialog mit den zu diesem Verfahren zugelassenen Bewerbern führt, um eine oder mehrere seinen Bedürfnissen entsprechende Lösungen herauszuarbeiten, auf deren Grundlage bzw. Grundlagen die ausgewählten Bewerber zur Angebotsabgabe aufgefordert werden."[55] Ziel des Wettbewerblichen Dialogs ist es, auch dem öffentlichen Auftraggeber Spielraum zu geben, neue und kreative Lösungen zu finden, die auf seine speziellen Bedürfnisse zugeschnitten sind und unter Einbringung der besonderen Fähigkeiten und des Know-hows spezialisierter Unternehmen gewonnen werden können. Das ÖPP-Beschleunigungsgesetz kommt besonders Öffentlich Privaten Partnerschaften zu gute. Der Grundgedanke vom ÖPP-Beschleunigungsgesetz ist es, durch „eine

[51] Vgl. VOB/A §§ 3a Nr.1, 3b Nr.1 und § 3 SKR Nr. 2.
[52] GWB § 101 Abs. 4.
[53] Gesetz zur Beschleunigung der Umsetzung von Öffentlich Privaten Partnerschaften und zur Verbesserung gesetzlicher Rahmenbedingungen für Öffentlich Private Partnerschaften.
[54] Vgl. HEIERMANN, S. 5 und KNAUFF (2004), S. 111.
[55] KNAUFF (2005), S. 250.

langfristig angelegte Kooperation der öffentlichen Hand mit Privaten vom Know-how und der größeren Flexibilität privater Akteure zu profitieren."[56]

Der Wettbewerbliche Dialog richtet sich gemäß Abschnitt 2 VOB/A an staatliche Auftraggeber, sofern sie nicht aus den Bereichen der Trinkwasser-, Energie- und Verkehrsversorgung sowie dem Telekommunikationsbereich kommen, und ist für die Vergabe von Liefer-, Dienstleistungs- und Bauaufträgen oberhalb des Schwellenwertes vorgesehen. Bedingung hierfür ist gemäß § 6a Abs.1 VgV, dass der Auftraggeber objektiv nicht in der Lage ist, die technischen Mittel anzugeben oder die rechtlichen und finanziellen Bedingungen des Vorhabens anzugeben. Aus der Gesetzesbegründung zu § 6a VgV ist die objektive Unmöglichkeit gegeben:

- wenn dieses der erste Auftrag seiner Art ist
- wenn es für den Auftraggeber mit unverhältnismäßig hohem Kosten- und/oder Zeitaufwand verbunden wäre, die für die Beschreibung notwendigen Kenntnisse zu erlangen
- wenn die Komplexität der Leistung, bei einer vorherigen Beschreibung der Bedingungen, den Wettbewerb erheblich einengt.[57]

Der Begriff der besonderen Komplexität ist den europäischen Richtlinienvorgaben entlehnt; die Richtlinienbestimmung und auch die nationale Umsetzung bleiben eine eindeutige Definition des „besonderes komplexen Auftrags" schuldig. In der Begründung zum ÖPP-Beschleunigungsgesetz werden folgende Aufträge als besonders komplex bezeichnet: bedeutende Infrastrukturprojekte, große Computernetzwerke oder Vorhaben mit komplexer Finanzierung, deren rechtliche und finanzielle Konstruktionen im Voraus nicht beschrieben werden können.[58]

Der Wettbewerbliche Dialog startet mit einer europaweiten Bekanntmachung, in der der staatliche Auftraggeber seine Bedürfnisse und Anforderungen nennt. Mit den ausgewählten Unternehmen eröffnet der staatliche Auftraggeber im Anschluss daran die Dialogphase und ggf. eine Angebotsphase. Die Dialogphase kann in mehrere aufeinanderfolgende Phasen unterteilt werden, damit der Auftraggeber ermitteln und festlegen kann, wie seine Bedürfnisse am besten erfüllt werden können. Die erste Dialogphase dient der Grobplanung, in der die grundsätzlichen Möglichkeiten der Realisierung diskutiert werden. Die zweite und ggf. weiteren Dialogphasen sind für die Fein- bzw. Detailplanung bestimmt. Die Anzahl der Teilnehmer kann – und sollte auch – zur Kostenreduzierung nach jeder Phase reduziert werden. Für Entwürfe, Zeichnungen, Berechnungen und sonstige ausgearbeitete Doku-

[56] SCHENKE/KLIMPEL (2006), S. 1492.
[57] Vgl. KUS (2006), S. 858.
[58] Vgl. HEIERMANN, S. 6 und KULLACK (2006), S. 16.

mente, die auf Anforderung des Auftraggebers angefertigt werden, steht dem Dialogteilnehmer eine Vergütung zu. Da ein echter Wettbewerb für die Durchführung des Wettbewerblichen Dialogs zwingende Voraussetzung ist, müssen in der letzten Dialogphase noch mindestens zwei Wettbewerber vorhanden sein. Zu Beginn jeder Dialogphase nennt der Auftraggeber die Auswahlkriterien. Diese können im Verlauf der Dialogphasen durch Unterkriterien präzisiert werden. Das von den Wettbewerbern eingebrachte Know-how ist durch gesetzliche Vorgaben (§ 6a Abs. 3 VgV) geschützt und darf somit vom Auftraggeber nicht ohne Zustimmung des Dialogteilnehmers weitergegeben werden.

Der Abschluss der Dialogphase erfolgt, wenn der Auftraggeber entweder eine Lösung gefunden hat, die seinen Bedürfnissen entspricht oder aber erkennbar ist, dass keine Lösung gefunden werden kann. Ist für den Auftraggeber eine Lösung erkennbar, so geben die noch im Dialog verbliebenen Teilnehmer auf Basis ihrer eigenen besten Lösung ihr endgültiges Angebot ab. In der Angebotsphase kann nicht über Preis oder Leistung verhandelt werden, es sind lediglich noch Präzisierungen, Klarstellungen und Ergänzungen zu den Angeboten möglich. Bewertet werden die Angebote nach den zuvor bekannt gegebenen Zuschlagskriterien, wobei der Preis allein kein Zuschlagskriterium sein kann, sondern das wirtschaftlichste Angebot zu wählen ist.[59]

Zusammenfassend ist festzuhalten, dass der Wettbewerbliche Dialog als vierte und neue Vergabeart die Zusammenarbeit zwischen öffentlichen Auftraggebern und innovativen Bietern fördert und somit eine bedarfsgerechte Gestaltung besonders komplexer Vergaben unterstützt. Er verbindet die Vorteile des Nichtoffenen Verfahrens mit denen des Verhandlungsverfahrens und ermöglicht die Erarbeitung optimaler Lösungen unter hohem Wettbewerbsdruck. Der relativ hohen Komplexität und dem hohen Aufwand für alle Beteiligten stehen gegenüber dem Verhandlungsverfahren eine hohe Transparenz und eine geringe Gefahr für wettbewerbsfremdes Verhalten gegenüber. Allerdings kann es zwischen Auftraggeber und Bieter zu einem Interessenkonflikt kommen, da der Auftraggeber ein starkes Interesse daran hat, die besten Lösungselemente herauszufiltern und diese einem Preiswettbewerb zu unterstellen, während der Bieter sein Know-how und seine Lösungsansätze schützen und als seinen eigenen Wettbewerbsvorteil nutzen will.[60]

Während der Auftraggeber lediglich seine Anforderungen, Bedürfnisse und Wünsche definiert und Termin- und Budgetvorgaben macht, unterliegt die Planung des Bauvorhabens im Wesentlichen dem Bieter. Mit Vertragsabschluss übernimmt er sämtliche Kostenrisiken der Planung und Bauausführung und trägt für seine eigenen Planungsleistungen das Risiko der technischen Richtigkeit und Vollständigkeit. Für den Auftraggeber wiederum bedeutet die

[59] Vgl. KUS (2006), HEIERMANN, FLECKENSTEIN (2006).
[60] Vgl. HEIERMANN, S.5; KNAUFF (2005), S. 256; TRAUTNER (2006), S. 91.

Durchführung des Wettbewerblichen Dialogs einen zusätzlichen Personalaufwand während der Angebotsphase. Allerdings können durch den Wettbewerblichen Dialog Planungsressourcen eingespart werden. Für den öffentlichen Auftraggeber ergeben sich zur Zeit noch Unsicherheiten aus dem herrschenden Vergaberecht, hier insbesondere durch das Fehlen eindeutiger und rechtssicherer vergaberechtlicher Vorgaben, Rechtsunsicherheiten bei der Durchführung und Gestaltung der Vergabe sowie geringe praktische Erfahrungen mit der Handhabung des wettbewerblichen Dialogs. An den öffentlichen Auftraggeber werden höhere Kompetenzanforderungen gestellt, da er in der Lage sein muss, die verschiedenen Lösungsvorschläge der Unternehmen in Bezug auf die Leistung und Wirtschaftlichkeit beurteilen zu können.[61]

Erste Untersuchungen in Deutschland zeigen, dass die erst wenigen Anwender die Vorteile des Wettweberblichen Dialogs darin sehen, das Projekt gemeinsam mit den Bauherrn weiterzuentwickeln, Gestaltungsspielräume zu nutzen und die Auswahlkriterien an ihre Bedürfnisse projektspezifisch anzupassen. Dabei hat sich gezeigt, dass der Preis gegenüber weiteren Kriterien, wie u.a. Betriebs- und Wartungskosten, technische Qualität, Funktionalität des Entwurfs, immer noch die größte Rolle spielt. Höhere Kosten für eine aufwändige Vergabe stehen bei Projektende reduzierten Baukosten gegenüber. Aber aus Sicht der Anbieter wird die Kostenerstattung während der Dialogphase als zu gering eingestuft.[62]

3.2.4.2 Präqualifikation

Deutsche Unternehmen können sich in Deutschland und auch europaweit präqualifizieren lassen. Unter einer Präqualifikation (PQ) von Unternehmen wird die vorgelagerte, auftragsunabhängige Prüfung der Eignungsnachweise eines Bieters im Rahmen eines Vergabeverfahrens entsprechend den in der VOB definierten Anforderungen verstanden. Nach § 8 Nr. 3 Abs. 2 VOB/A kann jeder an öffentlichen Aufträgen interessierte Bieter wesentliche Teile der Eignungsnachweise vorab erbringen, indem er sich in die Liste der präqualifizierten Unternehmen eintragen lässt. Das Präqualifikationsverfahren ist von einer konkreten Auftragsvergabe unabhängig und prüft und beurteilt, ob ein Unternehmen die grundsätzlichen Anforderungen an die Eignung hinsichtlich Fachkunde, Leistungsfähigkeit und Zuverlässigkeit besitzt. Anlass für die Einführung eines PQ-Verfahrens in Deutschland war, im Bereich öffentlicher Bauvergaben Einsparungspotenziale zu schaffen und das Vergabeverfahren zu beschleunigen, neben einer positiven Einflussnahme auf die Vergabeergebnisse. Unternehmen können sich für verschiedene der insgesamt 109 Leistungsbereiche präqualifizieren. Bauherren wird es dadurch ermöglicht, schnell Unter-

[61] Vgl. GRALLA/PALGEN (2007), S. 35; HEIERMANN, S.14; OSEBOLD/LOSKANT (2007), S.45.
[62] Vgl. OSEBOLD/LOSKANT (2009), S. 387 ff.

nehmen mit Angabe der Stadt und des Leistungsbereiches aus der PQ-Liste zu filtern. Auf den Ablauf des PQ-Verfahrens wird im Rahmen dieser Arbeit nicht näher eingegangen, vielmehr sollen die für die Unternehmer und Auftraggeber entstehenden Möglichkeiten und die derzeitigen Probleme dargelegt werden. Für beide Seiten stellt das PQ-Verfahren eine effektivere Teilnahme am Vergabeverfahren dar, allerdings lag die Anzahl der präqualifizierten Unternehmen Ende 2008 weit unter den Erwartungen.[63]

Die Unternehmen beklagen den Bürokratieaufbau und sehen die Notwendigkeit der PQ nicht, da es von den Kommunen zu wenig genutzt wird. Darüber hinaus werden an die Präqualifikation hohe Anforderungen von den präqualifizierenden Stellen gestellt und es entstehen durch eine Gebühr für die erstmalige Qualifikation sowie durch eine zusätzliche jährliche Gebühr hohe Kosten für die Unternehmer. Seit Beginn 2009 ist ein langsam steigendes Interesse wahrzunehmen, das auf die Einführung des Konjunkturpakets II und die damit verbundene Dringlichkeit in der Vergabe und Umsetzung zurückgeht.

In Europa gibt es drei unterschiedliche Verfahren zur Qualifikation von Unternehmen in der Bauwirtschaft. Dadurch ist es für Unternehmen, die europaweit anbieten und sich daher auch europaweit präqualifizieren wollen, ein sehr aufwendiges Verfahren. Für ein auf europäischer Ebene erfolgsversprechendes System ist es notwendig, eine Form der Präqualifikation sicherzustellen, die Bietern eine Vielzahl von Bewerbungen in sämtlichen EU-Mitgliedstaaten ermöglicht. [64] Internationale Erfahrungen zeigen, dass es durch Verwendung der Präqualifikation mit einer bedachten Auswahl der Anforderungskriterien öffentlichen Auftraggebern ermöglicht wird, Firmen auszuwählen, die auch tatsächlich in der Lage sind, die Arbeit auszuführen. Präqualifikation erfordert zusätzlich Zeit und Aufwand, bietet aber bei überlegter und sinnvoller Verwendung die Möglichkeit, signifikante Verbesserungen im Bereich der Qualität als auch im Grad der Erfahrung zu erreichen. Dies kann zu einer besseren Ausführung und weniger Streitigkeiten zwischen Bauherrn und ausführender Firma führen.[65]

3.2.4.3 Das Konjunkturpaket II

Für die Umsetzung des Konjunkturpakets II, das das Baugewerbe in den Jahren 2009 und 2010 mit 14 Milliarden € unterstützen soll, ist eine zügige Abwicklung nötig. Daher hat die Bundesregierung am 14.01.2009 beschlossen, das Vergaberecht für die Jahre 2009 und 2010 zu vereinfachen, d.h. dass ein erheblicher Teil des Vergaberechts schlicht nicht angewendet werden muss; zusätzlich dazu werden die Schwellenwerte angehoben. Unterhalb

[63] Vgl. KULLACK (2006a) und SESTERHENN (2009).
[64] Vgl. SESTERHENN (2009).
[65] Vgl. GEHRIG (2009), S. 8.

dieser Schwellenwerte kann die Vergabe ohne Nachweis eines Ausnahmetatbestandes in Form einer Beschränkten Ausschreibung oder Freihändigen Vergabe durchgeführt werden.

Für Bauleistungen gelten befristet auf zwei Jahre folgende Schwellenwerte:

- Beschränkte Ausschreibung: 1 Million €
- Freihändige Vergabe: 100.000 €

Die Kostengrenzen für „kleine Baumaßnahmen" des Bundes sowie für Zuwendungsbaumaßnahmen sind für einen Zeitraum von zwei Jahren von 1 Million € auf 5 Millionen € angehoben worden; unterhalb dieser Kostengrenzen ist ein vereinfachtes Verfahren möglich. Die Länder und Kommunen sind aufgefordert, ihre Vergabeverfahren ebenfalls durch Anhebung der Schwellenwerte zu erleichtern.

Die Beschleunigung der Umsetzung des Konjunkturpakets II wird neben der Anhebung der Schwellenwerte zusätzlich durch eine Verkürzung der Angebotsfrist gefördert. Gemäß § 18 Nr. 1 VOB/A reicht für die nationale Ausschreibung „auch bei Dringlichkeit" eine Mindestfrist für die Abgabe der Angebote von 10 Tagen. Durch eine Verkürzung der Frist für Teilnahmeanträge von 37 auf 10 Tage unter Voraussetzung der elektronischen Übermittlung der Vergabebekanntmachung und einer verringerten Frist von 40 auf 10 Tage für das Einreichen der Angebote ausgewählter Bewerber, kann das Nichtoffene Verfahren auf minimal 30 Tage verkürzt werden.[66]

3.3 Vertragsformen

Grundsätzlich unterscheidet die VOB drei Vertragsformen, die auf die speziellen Belange des Bauens ausgerichtet sind. Dieses sind der Leistungsvertrag, der Stundenlohnvertrag und der Selbstkostenerstattungsvertrag. Gemäß VOB/A § 5 sollen Bauleistungen in Form eines Leistungsvertrags vergeben werden, der Stundenlohnvertrag sowie der Selbstkostenerstattungsvertrag sind nur in Ausnahmefällen zulässig.

Der Leistungsvertrag kann ein Einheitspreisvertrag oder ein Pauschalvertrag sein. Beim Pauschalvertrag wird zwischen Detail-Pauschalvertrag oder Global-Pauschalvertrag unterschieden. Beim Einheitspreisvertrag wird nach der ausgeführten Menge abgerechnet, wogegen beim Pauschalvertrag der Preis pauschal berechnet wird. Daher werden Pauschalverträge auch „Pauschalpreisverträge" genannt, da nur der Preis pauschal ist, nicht aber die Leistung.[67]

[66] Vgl. ULMER (2009), S. 5 f. und S. 12 f.
[67] Vgl. DORNBUSCH/PLUM (2003), S. 11.

Beim Einheitspreisvertrag liefert der Auftraggeber mit der Ausschreibung auch die Ausführungsplanung, da diese notwendig ist, um Detail-Positionen auszuschreiben. Das Kennzeichen eines Einheitspreisvertrages ist ein detailliertes Leistungsverzeichnis, das in Teilleistungen gegliedert ist, deren Art und Mengen vorgegeben sind. Die Vergütung ist von der ausgeführten Menge abhängig und wird nach den im Vorfeld festgelegten Einheitspreisen vergütet. Der Auftragnehmer trägt somit das Einheitspreisrisiko.[68] Der Auftraggeber trägt die Verantwortung für die Richtigkeit und Vollständigkeit des Leistungsverzeichnisses. „Was nicht im Leistungsverzeichnis genannt ist, braucht ohne zusätzliche Vergütung auch nicht gebaut zu werden."[69]

Beim Pauschalvertrag verhält es sich anders. Der Detail-Pauschalvertrag hat genauso wie der Einheitspreisvertrag eine detaillierte Leistungsbeschreibung. Der Unterschied zum Einheitspreisvertrag liegt hier in der Vergütung. Diese ist pauschal und somit mengenunabhängig. Der Auftragnehmer trägt das Mengenermittlungsrisiko und das Pauschalpreisrisiko.[70] Der Auftraggeber trägt weiterhin die Verantwortung für die Vollständigkeit, da er mit dem detaillierten Leistungsverzeichnis das Bau-Soll im Detail vorgibt. Abweichungen hiervon lösen Ansprüche auf Mehrvergütung aus.[71]

Beim Global-Pauschalvertrag ist die Leistung zumindest in Teilbereichen pauschal. Die Leistungsbeschreibung ist funktional, der Auftragnehmer bekommt kein detailliertes Leistungsverzeichnis sondern eine funktionale Leistungsbeschreibung, aus der alle Leistungen abzuleiten sind, die zur Erstellung des funktionsgerechten Bauwerks gehören. Der Auftragnehmer hat die Komplettierungsverpflichtung, d.h. der Auftraggeber ist nicht mehr für die Vollständigkeit verantwortlich, da der Auftragnehmer planerische Aufgaben übernimmt. Die Ausführungsplanung und dadurch auch die Bau-Soll-Festlegungen werden damit auf den Auftragnehmer übertragen.[72] Die Vergütung erfolgt pauschal und unabhängig von Mengen und Komplettierungsaufwendungen. Der Auftragnehmer trägt neben dem Mengenermittlungs- und Pauschalpreisrisiko, das er auch beim Detail-Pauschalvertrag zu tragen hat, hier zusätzlich noch das Komplettierungsrisiko und das Schnittstellenrisiko.[73]

---

[68] Vgl. DORNBUSCH/PLUM (2003), S. 56.
[69] KAPELLMANN/LANGEN (2008), S.39.
[70] Vgl. DORNBUSCH/PLUM (2003), S. 56.
[71] Vgl. KAPELLMANN/LANGEN (2008), Rdn. 61, S.56.
[72] Vgl. KAPELLMANN/LANGEN (2008), Rdn. 61, S.57.
[73] Vgl. DORNBUSCH/PLUM (2003), S. 56.

4 Innovative Vertragsformen

4.1 Einführung

Im angelsächsischen Raum sind schon vor einigen Jahrzehnten innovative Vertragsformen entwickelt und angewendet worden. In den USA und auch in England haben sich einige dieser Vertragsformen, wie z.B. der GMP-Vertrag,[74] in Form von Musterverträgen etablieren können. Auch in Deutschland wird seit mehr als zehn Jahren versucht, einige dieser Vertragsformen auf das deutsche System zu übertragen und hier anzuwenden. Dies beruht auch auf der Erkenntnis, dass gerade im letzten Jahrzehnt das Streitpotenzial auf deutschen Baustellen gewachsen und gleichzeitig die Fähigkeit zur Konfliktbewältigung gesunken ist. Die folgende Grafik ist das Ergebnis einer Studie aus dem Jahr 2004, in der die Häufigkeit des Auftretens von Konfliktursachen und Streitgegenständen untersucht wurde.

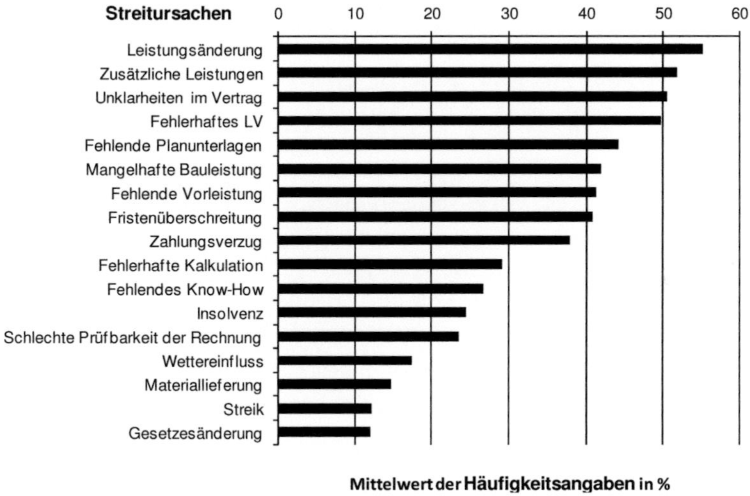

Abb. 6: Streitursachen nach Häufigkeit[75]

Es ist ersichtlich, dass Leistungsänderungen (55,1%) und zusätzliche Leistungen (51,9%) die häufigsten Konfliktursachen darstellen, gefolgt von Unklarheiten im Vertrag (50,6%) und einem fehlerhaften Leistungsverzeichnis (47,9%). Viele der dargestellten Streitursachen könnten durch eine verbesserte Planung und frühzeitige Einbeziehung der Projektbeteiligten vermieden werden.

---

[74] Die Abkürzung GMP steht im englischsprachigen Raum für Guaranteed-Maximum-Price.
[75] HAGHSHENO (2004), S. 130 f.; HAGHSHENO/KABEN (2005), S. 263 ff.

Innovative Vertragsformen wie der GMP-Vertrag, der CM-Vertrag [76] und verschiedene relationale Verträge bauen darauf auf.

4.2 GMP-Vertrag

Der Garantierte Maximalpreis-Vertrag (GMP-Vertrag, im englischen Guaranteed-Maximum-Price) wird bereits seit den 60er Jahren in den USA und in Großbritannien eingesetzt. Diese Vertragsform hatte bereits vor zehn Jahren einen Anteil am amerikanischen Bauvolumen von über 20%.[77]

Haghsheno definiert den GMP-Vertrag wie folgt: „Ein GMP-Vertrag ist ein Bauvertrag, bei dem die Vergütung der vertraglich geschuldeten Bauleistung auf Basis der tatsächlich angefallenen Herstellkosten zuzüglich einem Zuschlag für allgemeine Geschäftskosten sowie Wagnis und Gewinn erfolgt. Die Vergütung darf einen vertraglich festgelegten Zielpreis (GMP) nicht überschreiten. Im Vertrag wird für den Fall der Unterschreitung des Zielpreises eine Vereinbarung (Bonusregelung) bzgl. der Aufteilung der Einsparungen getroffen. Die Einsparungen werden als Differenz zwischen dem Zielpreis und der Summe aus Herstellkosten und Zuschlag ermittelt."[78]

Der GMP-Vertrag ist eine Kombination aus einem kostenbasierten Vertrag (Selbstkostenerstattungsvertrag) und einem preisbasierten Vertrag (Pauschalvertrag).[79] Es ist wichtig, den GMP-Vertrag als eigenständigen Vertrag vom GMP-Vergütungsmodell, das u.a. zur Vergütung bei Construction-Management-Verträgen verwendet wird, zu unterscheiden.

Der Garantierte Maximalpreis setzt sich aus den kalkulierten Baukosten, den Gemeinkosten, einer finanziellen Reserve, die gemeinsam mit dem Bauherrn vereinbart wird, und der GMP-Vergütung zusammen.[80] Als wichtigste Elemente des GMP-Vertrags gelten die Festlegung des Zielpreises und die Bonusregelung zur Aufteilung der Gesamteinsparungen. Würde die Bonusregelung für jede einzelne Einsparung gelten, die der Auftragnehmer bei Vergabegewinnen macht, müsste der Auftragnehmer eventuelle Vergabeverluste alleine tragen, so aber können eventuelle Vergabeverluste in die Gesamtsumme eingerechnet werden. Bei Einsparungen, die auf Änderungen oder Ideen des Auftraggebers zurückzuführen sind, profitiert der Auftragnehmer nicht. Führt eine Einsparung zu einer Minderung der Qualität, so ist dieser Fall vorab vertraglich festzuhalten.[81] Vertraglich eindeutig festzulegen ist auch, in

[76] Die Abkürzung CM steht im englischsprachigen Raum für Construction Management.
[77] Vgl. LÖGTERS (1998), S.172.
[78] HAGHSHENO (2004), S. 37 f.
[79] Vgl. HAGHSHENO (2004), S.29.
[80] Vgl. LÖGTERS (1998), S. 171.
[81] Vgl. HAGHSHENO (2004), S. 56.

welchen Fällen eine Anpassung des Zielpreises notwendig ist und in welchen Fällen (Art der Leistungsänderung bzw. –störung) der vertraglich festgelegte GMP unberührt bleibt.

Zur Bestimmung des GMP, kann auf eine von drei Methoden zurückgegriffen werden: die traditionelle GMP-Methode, die GMP-Budget-Methode und die GMP-Wettbewerb-Methode.[82] Bei der traditionellen GMP-Methode sucht der Auftraggeber einen geeigneten GMP-Partner aus und entwickelt mit diesem zusammen das Projekt. Der GMP-Partner schlägt einen Maximalpreis (GMP) vor, wenn ein Großteil der Planung abgeschlossen ist. Der Bauherr kann dem GMP entweder zustimmen und der Preis wird Vertragsbestandteil, oder er lehnt ihn ab und beendet damit die Zusammenarbeit. Der GMP-Partner erhält dann ein zuvor vereinbartes Honorar. Es muss vorab vertraglich geregelt werden, wie mit den Ideen des Vertragspartners im Falle seines Ausscheidens zu verfahren ist.[83] Da die Beauftragung in einer frühen Projektphase geschieht, erfolgt die Vergabe nicht aufgrund eines reinen Preiswettbewerbs, sondern u.a. aufgrund von Referenzen, Know-how des Auftragnehmers, personellen und finanziellen Kapazitäten. Weiterhin spielen die Höhe der Zuschläge für Allgemeine Geschäftskosten sowie Wagnis und Gewinn bei der Auswahl des möglichen GMP-Partners eine Rolle.

Bei der GMP-Budget-Methode wird der Maximalpreis für die Erstellung des Bauwerkes von dem Bauherrn vorgegeben. Die Auswahl des GMP-Partners erfolgt – Abschluss der Vorplanung und vor Beginn der Ausführungsplanung – durch einen Wettbewerb auf Grundlage einer funktionalen Leistungsbeschreibung. Entscheidend sind hier die Möglichkeiten zur Weiterentwicklung der Planung, zur Optimierung und Realisierung des Projektes. Der Bauherr muss über ein großes Know-how verfügen, um den Entwurf nach funktionalen Gesichtspunkten bewerten und auswählen zu können.

Bei der GMP-Wettbewerb-Methode entscheidet sich der Bauherr, nach dem Erstellen der Vorplanung und der Wettbewerbsdurchführung für den GMP-Partner.

Dem GMP-Vertrag liegen zwei Anreizmechanismen[84] zu Grunde: Optimierungsgewinne durch Kosteneinsparungen während der Planungs- und Ausführungsphase und Vergabegewinne bei der Vergabe an Nachunternehmer. Grundsätzlich gilt, dass zu Beginn der Planung die größten Optimierungsgewinne erzielt werden können und diese mit der Zeit sinken, d.h. je eher der GMP-Partner einsteigt, desto höher sind die potenziellen Einsparungen und umso höher auch seine Unsicherheit, was zu einem höheren Zielpreis führt. Vergabegewinne werden erst während der Bauausführung realisiert und sind daher bei allen

[82] Diese drei Bestimmungsmethoden sind auf GRALLA zurückzuführen und wurden den Überlegungen zahlreicher anderer Autoren zugrundegelegt. Vgl. GRALLA (1999), S.119 f.
[83] Vgl. JANITSCHKA (2003), S. 288 f.
[84] Vgl. GRALLA (1999), S. 120.

drei Methoden in gleichem Maße möglich. Zu betonen bleibt, dass die Vergabegewinne nicht zu Lasten der Qualität gehen dürfen.

Der GMP-Vertrag setzt auf ein kooperatives Verhältnis zwischen Bauherr und Auftragnehmer mit dem Ziel der Verringerung des Konfliktpotenzials. Dies hat sich allerdings nicht bewahrheitet. Haghsheno hat festgestellt, dass der „GMP-Vertrag keinen positiven Beitrag zur Reduzierung des Konfliktpotenzials von Bauprojekten leistet."[85]

In der Praxis in Deutschland hat sich gezeigt, dass die GMP-Verträge sich allein durch das Vergütungsmodell von gewöhnlichen (Global-)Pauschalverträgen unterscheiden und den Charakter des Zielpreises verloren haben. Die im angelsächsischen Raum verwendete zweistufige Beauftragung, bei der der potenzielle GMP-Partner frühzeitig in die Planung einbezogen wird, hat in Deutschland selten Anwendung gefunden. Die Auftraggeber sind oftmals mit der optimierten Planung aus der ersten Phase in den Wettbewerb gegangen und haben so den GMP-Partner für die zweite Phase gefunden.[86] Bei dieser Vorgehensweise reduziert sich das Interesse des Auftragnehmers, sein Know-how bereits in der Planungsphase einzubringen, da die Gefahr besteht, dass ein Konkurrent seine Ideen später umsetzen wird.

Im Rahmen der öffentlichen Vergabe ist der GMP-Vertrag unzulässig. Dies wird damit begründet, dass das Bau-Soll bei Vertragsabschluss nicht eindeutig festliegt; vielmehr ist es nach Vertragsabschluss im Rahmen der Projektabwicklung zu optimieren. Die dadurch mögliche Benachteiligung der nicht berücksichtigten Bieter ist für die öffentliche Vergabe von Bauleistungen nicht zulässig.[87]

4.3 Construction Management-Vertrag

Der Begriff Construction Management (CM) wird in der Literatur unterschiedlich definiert. Während Racky von einer Projektorganisationsform spricht, zu der das Vertragskonzept GMP gehört, spricht Bücker bei dem Begriff CM von einer Projektabwicklungsform und Cadez von einem Vertrag.[88] Im Nachfolgenden wird der Construction-Management-Vertrag als ein komplexer Global-Pauschal-Vertrag betrachtet.

Der CM-Vertrag entstand zu Beginn der 70er Jahre in den USA und resultierte wie auch der GMP-Vertrag aus den Bestrebungen, das kontroverse Verhältnis zwischen Auftraggeber und Auftragnehmer in ein partnerschaftliches Verhältnis zu bringen. Der Einsatz eines Construc-

[85] HAGHSHENO (2004), S. 154.
[86] Vgl. ESCHENBRUCH (2001), S. 586.
[87] Vgl. FRANKE/MERTENS (2007a), § 9 VOB/A, Rdn. 26.
[88] Vgl. RACKY (2001), S.79; BÜCKER (2005), S. 4ff; CADEZ (2001), S.30.

tion Managers bietet zahlreiche Optimierungsmöglichkeiten und unterstützt das Projektziel der Kosteneinhaltung.

Grundsätzlich wird zwischen zwei Typen des CM unterschieden. Der erste Typ ist das Construction Management mit Ingenieurvertrag auch CM „as adviser“ (UK) oder „Agency-CM“ (USA) genannt. Bei diesem Typ hat der Construction Manager ausschließlich mit dem Auftraggeber einen Vertrag. Das Construction Management mit Ingenieurvertrag entspricht in Deutschland zu großen Teilen dem klassischen Projektsteuerer. Demgegenüber steht der zweite Typ, das Construction Management mit Bauvertrag auch „Management Contracting“ (UK) oder CM „at risk“ (USA) genannt. In diesem Fall hat der Construction Manager auch die Bauleistung zu erbringen, entweder als Generalunternehmer mit eigener Bauleistung oder als Generalübernehmer ohne eigene Bauleistung. Der Unterschied zu einem Generalunternehmer nach deutscher Auffassung besteht in dem Leistungsumfang, der bereits vor Beginn der Bauausführung übernommen wird.

Unter vertraglichen Aspekten ist das Construction Management mit Ingenieurvertrag für öffentliche Auftraggeber gemäß der Verdingungsordnung für freiberufliche Leistungen (VOF) zulässig. Das Leistungsbild eines Construction Managers als Generalunternehmer (GU) mit eigener Bauleistung entspricht nach § 9 Nr. 10 VOB/A dem Leistungsbild eines bauausführenden GU als Auftragnehmer; in diesem Fall ist gemäß VOB/A ein klassischer Global-Pauschalvertrag vorgesehen. Der Construction Manager als Generalübernehmer ohne eigene Bauleistung wäre demnach gemäß § 8 Nr. 2 VOB/A unzulässig.[89] Anstelle des üblichen Preiswettbewerbs erfolgen Ausschreibung und Vergabe durch einen kombinierten Preis-, Leistungs- und Know-how-Wettbewerb. Es gibt drei Alternativen:

- zweiphasiges CM
- Vorgabe des GMP und Gestaltung der Ausführung durch den Construction Manager
- Vorgabe der Vorplanung und der gewählten Standards durch den Bauherrn und Einholung des GMP-Preises durch den Construction Manager.[90]

Beim Construction Management mit Bauvertrag gibt es unterschiedliche Möglichkeiten der Umsetzung. Bei allen Modellen ist der Construction Manager Mitglied der Design- und Ausführungsteams. Gleichzeitig versteht er sich als unabhängiger „Dienstleister“. Im Management Contracting ohne GMP wird der Construction Manager Auftraggeber der Nachunternehmer. Er haftet nicht für die Risiken der wirtschaftlichen Folgen der Nachunternehmervergabe sowie für die Risiken der Projektabwicklung und damit für die Folgen aus Nachunternehmerinsolvenzen, Schnittstellenrisiken und Nachträge.

[89] Vgl. RACKY (2003), S. 59.
[90] Vgl. RACKY (2003), S. 59.

Wird dagegen ein GMP vereinbart, erreicht der Auftraggeber damit eine „echte" Risikoabgrenzung. Der Auftragnehmer trägt in diesem Fall das Kosten- und Terminrisiko. Der Auftraggeber trägt teilweise das Schnittstellen-, Mengenermittlungs- und Insolvenzrisiko aus Nachunternehmervergaben, da die Ersparnisse gegenüber dem Maximalpreis zwischen Auftraggeber und Auftragnehmer zu einem vorab vereinbarten Schlüssel geteilt werden.[91]

Die enge Zusammenarbeit zwischen Bauherr und Construction Manager bei der Vergabe von Bauleistungen ist der Grund dafür, dass das Streitpotenzial bei Construction Management-Verträgen gegenüber anderen Vertragsarten am niedrigsten ist.[92] Allerdings stellt die Beteiligung des Bauherrn an der Auswahl der Nachunternehmer auch die Anforderung an den Bauherrn, dass dieser dafür technisch und fachlich gerüstet ist.

4.4 Relationale Verträge

4.4.1 Begriffsklärung und Definition

Der Begriffe Relational Contract, Relational Contracting und Relationship Contracting, die als Synonyme verwendet werden (im deutschen auch relationaler Vertrag genannt), gehen auf Ian Macneil zurück, der einer der Mitbegründer der Relational Contract Theory ist. Er beschreibt in zahlreichen Veröffentlichungen ein Spektrum an Verträgen, das von einem diskreten, transaktionalen Vertrag bis hin zu einem relationalen Vertrag geht. Damit ist die Theorie des klassischen und neo-klassischen Vertragswesens um den relationalen Vertrag erweitert worden.[93] Barbara Colledge definiert: „Relational Contracting ist eine Transaktion bzw. ein Vertragsmechanismus, der darauf ausgerichtet ist, der kommerziellen Verbindung zwischen den Vertragsparteien Anerkennung zu geben. Dabei werden Verantwortlichkeiten und Gewinne, die sich aus dem Vertrag ergeben, fair und transparent verteilt. Dieses geschieht mit Ausführungsmechanismen, die auf Vertrauen und Partnerschaft beruhen. So können die Arbeitsbeziehungen zwischen allen Projektbeteiligten während der Ausführungsphase verbessert werden und eine effiziente und effektive Bauweise kann ermöglicht werden, darüber hinaus können das finanzielle Ergebnis verbessert, Unfälle vermieden und Konfliktlösungen erleichtert werden."[94]

---

[91] Vgl. ESCHENBRUCH (2001), S. 588 f.
[92] Vgl. CADEZ (2001), S. 33; BÜCKER (2005), S.213.
[93] Vgl. MACNEIL (1974).
[94] Vgl. COLLEDGE (2004), S.1: „Relational Contracting is a transaction or contracting mechanism that seeks to give explicit recognition to the commercial "relationship" between the parties to the contract. In essence, responsibilities and benefits of the contract are apportioned fairly and transparently, with mechanisms for delivery that focus on trust and partnership. At a project level in construction, this can improve working relationships between all project stakeholders, can facilitate efficient and effective construction, can enhance financial returns and can minimize the incidence and make easier resolution of conflict." (Übersetzung der Verfasserin)

Relational Contracting basiert auf der Anerkennung und dem Streben nach Gewinnen auf beiden Seiten, also einer Win-Win-Situation durch mehr kooperative Beziehungen zwischen den Beteiligten. Relational Contracting umfasst und unterstreicht verschiedene Annäherungen, wie Partnering, Alliancing, Joint Venturing und andere kooperative Arbeitsarrangements sowie bessere Risikoverteilungs-Mechanismen.[95]

Relationale Verträge sind gewöhnlich Langzeitverträge, die sich im Laufe der Zeit entwickeln bzw. verändern und substanzielle Beziehungen zwischen den Partnern fordern.

Im Vergleich zu einem traditionellen Vertrag, der ex ante so spezifiziert wird, dass er ex post durch eine dritte Partei verifiziert wird, kann ein relationaler Vertrag auf Ergebnisse basiert sein, die allein durch die Vertragsparteien ex post beobachtet werden können, sowie auf Ergebnisse, die voraussichtlich sehr teuer sind, wenn sie bereits ex ante spezifiziert werden. Ein relationaler Vertrag erlaubt daher den Parteien, ihr detailliertes Wissen in verschiedenen Situationen zu nutzen und neue Informationen zu dem Zeitpunkt anzunehmen, zu dem sie zur Verfügung stehen. Daher kann ein relationaler Vertrag nicht durch eine dritte Partei erzwungen werden, sondern muss von den Parteien gewollt werden. Der Nutzen zukünftiger Beziehungen muss so groß sein, dass keine der Parteien das Angebot ablehnt.[96] Oftmals ist es schwierig zu bestimmen, wann die Transaktionen beginnen bzw. enden. Die Vereinbarung besteht darin, zusammenzuarbeiten um gegenseitig benötigte Ziele zu erreichen.[97]

Macneil versteht unter dem Begriff des Relational Contract einen komplexen Langzeitvertrag, während er unter diskreten Transaktionen einen einfachen punktuellen Austauschvertrag versteht.[98] Macneil unterscheidet zwischen zwei Polen im Vertragswesen: transaktional und relational. Die reinste Form eines transaktionalen Vertrages ist der Kauf einer Ware. Hier ist das Element des Austauschs klar definiert. Die Methode des Austauschs ist einfach. Als typisches Beispiel für einen relationalen Vertrag nennt er die Ehe. Hier sind die Ziele meist undefiniert, die Ergebnisse unsicher und die Dauer der Austauschbeziehung ist nicht definiert. Die Regeln ändern sich gewöhnlich während der Dauer der Ehe. Ein diskreter, transaktionaler Vertrag hat bestimmte Merkmale. Dazu gehören typischer Weise eine kurze Dauer, begrenzte personelle Interaktionen, genaue Bestimmung der Austauschobjekte sowie eine minimale Kooperation in der Zukunft. Relationale Verträge besitzen dagegen die gegenteiligen Merkmale.[99]

Macneil verdeutlicht den Unterschied zwischen einem transaktionalem und einem relationalem Vertrag anhand verschiedener Kriterien. Hier untersucht er zum einen den Typ

---

[95] Vgl. ROWLINSON/CHEUNG, 2004.
[96] Vgl. BAKER/GIBBONS/MURPHY (2001), S.39f.
[97] Vgl. MACAULAY (2003), S. 81.
[98] Vgl. MACNEIL (1987), S. 47.
[99] Vgl. SAKAL (2004), S.12.

der Beziehung. Während bei einem transaktionalen Vertrag eine begrenzte Anzahl an Personen beteiligt ist, ist die Anzahl der Personen bei einem relationalen Vertrag unbegrenzt. Der relationale Vertrag zeichnet sich im Gegensatz zum transaktionalen Vertrag durch ausführliche formelle und informelle Kommunikation aus, beim transaktionalen Vertrag ist diese begrenzt.

Bei einem reinen transaktionalen Vertrag steht auf der einen Seite vom Austausch das Geld, dem gegenüber muss auf der anderen Seite etwas stehen, das leicht monetär zu messen ist, sowohl zum Zeitpunkt der Planung als auch zum Zeitpunkt der Ausführung. Bei einem relationalen Vertrag ist es sowohl schwierig, den Austausch in Geld zu fassen als auch den Austausch selbst zu bewerten. Ein einleuchtendes Beispiel ist hier der Arbeitsvertrag. Der Vertrag wird als Beginn einer Langzeitbeziehung gesehen. Es ist allerdings unmöglich, genau zu wissen, was im Detail ausgetauscht wird. Das gilt sowohl für das Geld, das der Arbeiter möglicherweise in einigen Jahren bekommen wird, als auch für die Arbeit, die er dann verrichten wird. Es ist daher wichtig festzuhalten, dass bei einem relationalen Vertrag der Wert – sofern überhaupt möglich – sowohl monetär als auch nicht-monetär gemessen wird. Ein weiteres Kriterium zur Unterscheidung der beiden Pole ist die Dauer. Beim transaktionalen Vertrag ist der Zeitraum der Vereinbarung kurz, es liegt ein kurzer Zeitraum zwischen Vereinbarung und Ausführung und der Zeitraum der Ausführung ist ebenfalls kurz. Dagegen kann beim relationalen Vertrag die Vereinbarung einen längeren Zeitraum in Anspruch nehmen; es ist häufig schwer, den genauen Anfang der Beziehung zu benennen, das gleiche gilt für deren Ende. Betrachtet man das Extrem des relationalen Poles, so wird davon ausgegangen, dass die Beziehung schon immer existiert hat.

Ein weiteres Kriterium ist die Planung. Beim transaktionalen Vertrag liegt der Fokus auf der Substanz des Austauschs. Die Planung kann sehr umfassend und im Detail ausgeführt werden, die Planung ist absolut verbindlich. Dagegen liegt beim relationalen Vertrag der Fokus auf den Strukturen und Prozessen der Beziehung. Die Planung lässt sich aufgrund fehlender Unbekannter nur in einem sehr begrenzten Maße im Detail planen und ist daher erstmal nur vorläufig. Ein weiteres Kriterium sind die Projektbeteiligten. Während beim transaktionalen Vertrag der Austausch zwischen genau zwei Beteiligten stattfindet, ist es beim relationalen Vertrag erstrebenswert, mehr als zwei Beteiligte zu haben. In einem transaktionalen Vertrag wird die Zukunft in der Gegenwart festgehalten, während beim relationalen Vertrag die Gegenwart in die Zukunft reflektiert wird. Bei einem transaktionalen Vertrag wird davon ausgegangen, dass dieser alle Eventualitäten regelt und daher werden keinerlei Probleme erwartet. Beim relationalen Vertrag wird davon ausgegangen, dass Probleme auftreten und diese gemeinschaftlich und kooperativ gelöst werden.

Bei traditionellen Verträgen werden die Risiken an die Auftragnehmer übertragen. Diese geben sie gegebenenfalls weiter an ihre Nachunternehmer. Am Ende sind die Risiken oftmals bei den Parteien lokalisiert, die am wenigstens dafür geeignet sind, die Risiken und die Umstände, die zu den Risiken führen, zu kontrollieren. Dies ist teilweise darauf zurückzuführen, dass schlechte Marktbedingungen die Auftragnehmer dazu gezwungen haben, diese Risiken zu übernehmen, damit sie überhaupt einen Auftrag bekommen. Bei einer guten Marktlage hätten die Auftragnehmer sich die Übernahmen der Risiken teuer bezahlen lassen, aber bei sinkender Nachfrage waren sie dazu nicht in der Lage.[100]

Der relationale Vertrag zielt darauf ab, Risiken in erster Linie zu lösen bzw. zu vermeiden. Risiken, die dennoch vorhanden sind, sollen vom Team gemeinsam getragen und dort lokalisiert werden, wo sie am besten optimiert und getragen werden können. Zu den Schlüsselmerkmalen des relationalen Vertrags gehört, dass sich das Projektteam dazu verpflichtet, gemeinsame Ziele und Visionen zu verfolgen und gleichzeitig die individuellen Erwartungen und Werte der einzelnen Projektbeteiligten zu akzeptieren. Relationale Verträge fokussieren Teamwork und Zusammenarbeit mit dem Ziel, das Projekt als Gesamtes zu optimieren.

Weltweit sind in den letzten Jahren verschiedene Ansätze entstanden, um die Probleme zu lösen, die derzeit in der Bauindustrie herrschen: Komplexität der Projekte, Unsicherheit, fehlendes Vertrauen und eine Vielzahl an Konflikten zwischen den Projektbeteiligten. Notwendig ist die Integration folgender Bereiche:

- Vertragsreform
- Verhinderung und Lösung von Streitigkeiten
- Management Philosophie[101]

die bisher überwiegend separat betrachtet worden sind. Nachfolgend werden verschiedene relationale Verträge aus England, Australien und den USA betrachtet.

4.4.2 Allianzen

Alliance Contracts oder auch Alliance Contracting werden im Deutschen Allianzverträge genannt. Unter einer Projektallianz wird der Zusammenschluss von einem oder mehreren Auftraggebern verstanden, die mit einem oder mehreren Service-Anbietern (Bauunternehmen, Architekten und Lieferanten) eine Allianz auf Grundlage einer Allianzvereinbarung treffen mit dem Ziel, ein bestimmtes Projekt mit herausragenden Ergebnissen zu liefern.[102]

[100] Vgl. MILES/BALLARD (1997), S. 109.
[101] Vgl. SAKAL (2004), S. 7.
[102] Vgl. ROSS (2000), S. 3, WILKE (2008), S. 2.

Grundsätzlich wird zwischen strategischen Allianzen und Projektallianzen unterschieden. Strategische Allianzen werden zwischen zwei oder mehreren Unternehmen gebildet und gehen über gewöhnliche Geschäftsbeziehungen hinaus. Ziel ist eine langfristige Zusammenarbeit, um strategisch signifikante Ergebnisse zu erreichen, gegenseitig voneinander zu profitieren und so den eigenen Wettbewerbsvorteil zu erhöhen.[103] Projektallianzen sind dagegen zeitlich begrenzt und werden nur für die Dauer eines Projektes geschlossen. Im Rahmen dieser Arbeit werden ausschließlich Projektallianzen betrachtet.

Projektallianzen gehören zur Vertragsform der relationalen Verträge. Heute werden Projektallianzen sowohl im privaten als auch im öffentlichen Sektor insbesondere in Australien angewendet. Die ersten Allianzverträge wurden von British Petroleum (BP) entwickelt. Aufgrund der Auftragslage zu Beginn der 90er Jahre – immer kleinere und unrentablere Anlagen in der Nordsee zu führen – sah BP den einzigen Ausweg darin, die hohen Projektentwicklungskosten zu reduzieren. Während herkömmliche Geschäftsstrategien auf Wettbewerb und Risikotransfer beruhten und oftmals zu Misstrauen und Konflikten führten, ist BP neue Wege gegangen. Sie waren davon überzeugt, dass nur eine enge Zusammenarbeit mit ihren Unternehmern BP erfolgreich machen kann.[104]

Für ihr erstes Projekt, das Andrew Field Projekt, hat BP ein Programm zur Gewinn- und Verlustbeteiligung entwickelt. Das Programm basierte darauf, alle nicht versicherbaren Risiken zwischen allen Beteiligten aufzuteilen und Zielkosten zu setzen, die vom gesamten Team entwickelt wurden. Über- oder Unterschreitungen der Zielkosten wurden vom gesamten Team gemeinsam getragen. Das Rechnungswesen basierte auf dem Open-Book Prinzip. In einem weiteren Schritt hat BP die Auswahlkriterien für die Projektbeteiligten geändert. Anstatt wie gewöhnlich aufgrund von Preisen die Auswahl zu treffen, hat BP die sieben Hauptunternehmen anhand ihrer Qualifikation und Erfahrung ausgewählt. Nachdem dieses Pilotprojekt überaus erfolgreich gelaufen ist, haben sich Projektallianzen in Australien zuerst im Anlagenbau verbreitet. Ende der 90er Jahre ist mit dem Bau des Northside Storage Tunnel das erste Infrastrukturprojekt im öffentlichen Sektor mit einem Allianzvertrag abgewickelt worden. Seitdem haben Allianzverträge insbesondere im öffentlichen Sektor an Bedeutung gewonnen. Allianzverträge werden vor allem für große, komplexe Projekte verwendet, bei denen das Bau-Soll vorab nicht klar definiert werden kann.[105]

Das Grundprinzip beim Allianzvertrag ist die Bildung einer fiktiven Projektgesellschaft, die als gemeinsames Ziel den Gesamtnutzen des Projekts verfolgt. Hinzu kommen ein innovatives Risikoverteilungs- und Vergütungssystem, deren Verteilung anhand von Key Performance

[103] Vgl. ELMUTI/KATHAWAL (2001), S. 205 f.
[104] Vgl. SAKAL (2004), S. 23 f.
[105] Vgl. SAKAL (2005), S. 69 und ROSS (2009), S. 8.

Indicators (KPI) erfolgt. Jede Allianz wird von Grund auf neu gebildet; dies bezieht sich sowohl auf die Projektbeteiligten als auch auf die Prinzipien und Ausrichtung der Allianz, letztere werden erst durch das Team gemeinsam festgelegt. Somit sind die Vertragsinhalte noch weit mehr als bei traditionellen Vertragsmodellen auf das Projekt zugeschnitten. Daher gibt es auch keinen Muster- oder Standard-Allianzvertrag. Zusätzliche Merkmale sind in einer Reihe von kommerziellen Vereinbarungen geregelt, dazu gehören u.a. Streitverbot, Rechtsmittelverzicht sowie das Einstimmigkeitsgebot.

Sämtliche Entscheidungen werden für den Gesamtnutzen des Projektes getroffen. Eine Gleichbehandlung aller Projektbeteiligten steht hierbei im Vordergrund und alle haben das gleiche Stimmrecht. Alle Transaktionen unterliegen dem Open-Book-Prinzip. Die Verantwortlichkeiten sind klar geregelt, es herrscht eine „no-blame-culture“. Eine offene und ehrliche Kommunikation prägt die Arbeit. Innovative Ideen sowie das Ziel, außergewöhnliche Ergebnisse zu erreichen, werden gefördert. Am Ende des Projektes wird der Erfolg oder Misserfolg gemeinsam von allen Projektbeteiligten getragen.[106]

Der Allianzvertrag wird im Rahmen einer Fallstudie in Kapitel 8 näher analysiert.

4.4.3 NEC

Die Veränderungen in der weltweiten Bauindustrie über die letzten Jahrzehnte sind auch in England spürbar gewesen. Umso erstaunlicherweise ist es jedoch, dass sich die Werkzeuge und Methoden für die Planung und Ausführung von Bauprojekten nicht entsprechend mit verändert haben. Bauverträge in England haben sich seit 1860 nicht mehr weiterentwickelt. Sir Alan Cockshaw, der ehemalige Präsident der Institution of Civil Engineers hat festgestellt, dass „Projekte in der Zukunft nur erfolgreich sein werden, wenn die Beziehungen zwischen dem Bauherrn, dem Planer, der ausführenden Firma und dem Lieferanten enger als je zuvor sind…“[107]

1985 ist in England damit begonnen worden, einen neuen Vertrag zu entwickeln, der auf alle Arten von Bauprojekten angewendet werden kann und der darüber hinaus in einer auch für den Anwender gut verständlichen Sprache gestaltet ist. Als Ergebnis ist daraus 1993 unter dem Begriff New Engineering Contracts (NEC) eine Sammlung von Mustervertragsbedingungen für die Abwicklung von Bauprojekten entstanden. In England spielen Muster- bzw. Standardvertragsbedingungen eine große Rolle, da die Rechts-grundlagen in erster Linie auf dem Fallrecht basieren. Hier haben sich die Grundsätze des Vertragsrechts im

---

[106] Vgl. GEHLE/WRONNA (2007), S. 3 ff.; ROSS (2009), S. 2 ff.

[107] Vgl. COCKSHAW (1995), „projects of all kinds will only be successful in the future if the relationships between the client, the designer, the contractor and the supply chain are closer than ever before…” (Übersetzung der Verfasserin)

Laufe der Zeit durch Fallentscheidungen der Gerichte entwickelt und sind nicht, wie es in Deutschland durch das Bürgerliche Gesetzbuch der Fall ist, im Gesetzbuch verankert.

Parallel zur Veröffentlichung der NEC Standardvertragsbedingungen ist von der britischen Regierung eine Studie in Auftrag gegeben worden. Diese Studie sollte einerseits die problematische Natur der Bauindustrie untersuchen – insbesondere auch im Hinblick auf den Mangel an Effektivität – andererseits Verbesserungen zur Beseitigung aufzeigen. Das Ergebnis dieser Studie ist der 1994 veröffentlichte Latham-Report „Constructing the Team", in dem Sir William Latham dreizehn Bestandteile eines erfolgreichen modernen Vertrags definiert. Der NEC-Vertrag wird in dieser Studie ausdrücklich genannt und empfohlen, die Bezeichnung des Vertragswerks jedoch bemängelt.[108] In einer zweiten Ausgabe wurden die Vertragsbedingungen für das Verhältnis zwischen Auftraggeber und Auftragnehmer in Engineering and Construction Contract (ECC) umbenannt, um so die Breite der Verwendungsmöglichkeiten im Bauwesen zum Ausdruck zu bringen. Die Bezeichnung NEC wurde von da an als Markenname für die gesamte Vertragssammlung verwendet, zu der u.a. die Engineering and Construction Subcontracts (ECS) für die Vergabe an Nachunternehmer und der Professional Services Contract (PSC) für die Vergabe von Ingenieur- und Planungsleistungen gehören.

Die NEC-Verträge basieren auf:

- Klarheit und Einfachheit in der Sprache
- Flexibilität in der Verwendung und
- Förderung eines guten Projektmanagements.

Selbst Übersetzungen in andere Sprachen werden leicht gemacht. Die einzelnen Paragraphen sind so kurz wie möglich gefasst und Querverweise sowie mehrdeutige Wörter werden dadurch überwiegend vermieden. Von komplizierten, juristischen Formulierungen wird weitest gehend abgesehen.

Die NEC-Verträge bieten eine große Flexibilität bezüglich des Einsatzgebietes und können im Gegensatz zu traditionellen Verträgen für eine Vielzahl von Projekten genutzt werden. Sie eignen sich für die Anwendung von verschiedenen Vertragsmodellen, d.h. sowohl für Design-Bid-Build-Verträge als auch für Design-Build-Verträge und bieten eine Auswahl an verschiedenen Vergütungsmodellen. Sie sind im Jahr 2000 bereits in über 20 Ländern weltweit angewendet worden.

Die im NEC-Vertrag geregelten Prozesse sind so entworfen worden, dass deren Umsetzung die Effektivität des Projektmanagements unterstützt und nicht behindert. Traditionelle

[108] Vgl. LATHAM (1994).

Verträge sind dazu da, Konflikte und Streitigkeiten zu lösen, d.h. der Vertrag kommt erst zum Einsatz, wenn es bereits zu spät ist. Ein NEC-Vertrag dagegen ist so entwickelt worden, dass er das Projektmanagement bei der Ausführung unterstützt und dadurch ein nützlicher Teil des Projektes wird, der Auseinandersetzungen vorbeugen soll. Im Falle von Streitigkeiten ist vertraglich geregelt, wie diese beizulegen sind. Grundsätzlich wird bei jeder Baumaßnahme bereits vorab ein Schiedsrichter ernannt.[109]

Der ECC setzt sich aus drei Komponenten zusammen: den Kernklauseln, den Hauptoptionen und den Nebenoptionen. Die Kernklauseln kommen bei allen Verträgen zur Anwendung. Mit der Wahl der Hauptoptionen wird die Ausrichtung des Vertrags in Bezug auf die Vergütungs- und Zahlungsmodalitäten getroffen. Es kann zwischen Leistungsverträgen, Zielpreisverträgen und Selbstkostenerstattungsverträgen gewählt werden. Die Nebenoptionen sind projektspezifisch und können nur in Zusammenhang mit einer oder mehreren Hauptoptionen getroffen werden. Zu den Nebenoptionen gehören beispielsweise Vereinbarungen in Bezug auf Sicherheiten oder Haftungsbegrenzungen.[110]

Bei der Veröffentlichung des ersten Entwurfs des NEC-Vertrages war der Hauptkritikpunkt, dass die Sprache zu einfach und zu wenig juristisch war und der Vertrag somit Schwierigkeiten haben könnte, vor einem Gericht standzuhalten. Die Intention dieses Vertrags ist allerdings, den Vertragspartnern die besten Voraussetzungen zur Erreichung der Projektziele zu geben.[111]

4.4.4 PPC 2000

Der Project Partnering Contract (PPC) 2000 ist im September 2000 in England von Sir John Egan als erster Partnering-Standardvertrag veröffentlicht worden und seither auf verschiedenen Projekten angewendet worden. Der PPC 2000 ist ein Mehrparteien-Vertrag, bei dem das gesamte Projektteam – das aus dem Bauherrn, dem Architekten sowie dem Bauunternehmer, Beratern und Schlüssel-Nachunternehmern besteht – ein und denselben Vertrag unterzeichnet, so dass für alle die gleichen Vertragsbedingungen gelten. Vorteile eines Mehrparteien-Vertrags sind die Vermeidung von Schnittstellen, aus denen sowohl Lücken als auch Duplikate entstehen können, und die Förderung eines stärkeren Verbunds zwischen den Projektbeteiligten. Der Bauherr muss nicht zwischen verschiedenen Vertragsparteien vermitteln. Durch die Unterzeichnung eines gemeinsamen Vertrags besteht zwischen den Vertragsparteien Klarheit darüber, wer welche Rolle und welchen Verantwortungsbereich hat.

[109] Vgl. GERRARD (2005); SAKAL (2004); HAGHSHENO (2003).
[110] Vgl. HAGHSHENO (2003), S. 258 ff.
[111] Vgl. GERRARD (2005), S. 82.

Der PPC2000 Vertrag setzt die Schlüsselempfehlungen aus dem Bericht „Constructing the Team" von Sir Michael Latham um:

- Verpflichtung aller Beteiligten, in einer Atmosphäre gegenseitigen Respekts fair miteinander umzugehen – einschließlich der Nachunternehmer und Lieferanten
- Zusammenarbeit im Team, motiviert durch gemeinsame Anreizmechanismen
- Klar definierte Zuständigkeiten und Verpflichtungen
- Einfache, verständliche Sprache
- Definition der Schlüsselfunktion mit klarer Abgrenzung der Rolle des Bauherrn
- Passende Verteilung der Risiken
- Unabhängige Schiedsrichter, falls keine Einigung erreicht werden kann
- Klare Festlegung der Zahlungsziele[112].

Um den größtmöglichen Projekterfolg zu erlangen, werden die Projektbeteiligten zum frühestmöglichen Zeitpunkt ausgewählt und bereits in die Planung mit einbezogen. Der Generalunternehmer wird nicht aufgrund eines Pauschalpreises, sondern auf Grundlage finanzieller und qualitativer Kriterien ausgewählt.

Verschiedene Prozesse sind durch den PPC2000 Vertrag etabliert, die sowohl in der Planungs- als auch der Bauphase gelten. Dazu gehören:

- ein Frühwarnsystem, das eventuelle Probleme während der Ausführung identifizieren soll
- die Etablierung einer Kerngruppe, die Entscheidungen trifft
- ein vertraglich bindender Bauzeitenplan
- vereinbarte Anreizmechanismen
- eine klare Entscheidungsregelung für den Streitfall und ein Partnering-Berater, der der Kerngruppe beratend zur Verfügung steht.

Obwohl einige Elemente des PPC2000 Vertrag bereits im NEC ECC-Vertrag enthalten sind, geht der PPC2000 Vertrag insbesondere in Bezug auf die frühzeitige Integration des Projektteams weit über den NEC ECC-Vertrag hinaus. Folgende Risiken, die bei traditionellen Verträgen auftreten, werden durch den PPC2000 Vertrag überwunden:

- ein langwieriger Planungsprozess durch externe Planer, die keinen Zugriff auf das Know-how der ausführenden Firmen haben
- fehlende Informationen zum Vergabezeitpunkt bedingen Risikozuschlägen seitens der Unternehmer

112 Vgl. MOSER (2005).

- unpassender Zeitpunkt zur Abgabe von Nachunternehmerangeboten, da der GU zu dem Zeitpunkt noch nicht einmal den Auftrag gewonnen hat
- versteckte Informationen
- Unfähigkeit der Projektbeteiligten, Probleme frühzeitig anzusprechen aus Angst vor daraus resultierenden Nachträgen
- Fehlen frühzeitiger Informationen bei eventuellen Änderungen oder Verzögerungen, so dass der Bauherr nicht mehr in der Lage ist rechtzeitig zu reagieren
- Fehlen bindender Bauzeitenpläne und keine Möglichkeit zur alternativen Streitbeilegung.

In der Anfangszeit ist der PPC2000 Vertrag überwiegend im öffentlichen Sektor im Wohnungsbau angewandt worden, seitdem hat er sich aber sehr schnell auch auf dem privaten Markt und anderen Bereichen außerhalb des Wohnungsbaus ausgebreitet. Im Jahr 2004 ist er bereits bei 6% aller Bauprojekte in Großbritannien verwendet worden. Unter dem Namen PPC International hat er weltweites Interesse und Anwendung gefunden u.a. in Australien, Singapur, Japan, West-Afrika und im mittleren Osten. Er ist so ausgelegt worden, dass er mit nur kleinen Anpassungen vor jedem Gerichts und in jedem Rechtssystem Bestand hat. In Ergänzung gibt es einen speziellen Vertrag für Nachunternehmer, den Specialist Sub-Contract (SPC) 2000,[113] auf den im Rahmen dieser Arbeit aber nicht weiter eingegangen wird.

4.4.5 IFOA

Die „Integrated Form of Agreement“ (IFOA) ist in den USA entwickelt und erstmalig im Jahr 2005 veröffentlicht worden. Sie ist darauf ausgerichtet, die speziellen Bedürfnisse bei der Umsetzung der Lean Prinzipien durch einen relationalen Vertrag zu unterstützen. Die IFOA zielt auf eine gemeinsame partnerschaftliche Projektführung ab, die es dem Bauherrn ermöglicht, die Entwicklung permanent zu beeinflussen, Fehler rechtzeitig festzustellen und gemeinsam im Team zu korrigieren. Der Grundgedanke besteht darin, den Fokus des Teams auf eine gemeinsame Realisierung eines erfolgreichen Projektes zu lenken. Dieses Vertragsmodell stellt eine wesentliche Veränderung im Bauvertragswesen dar und ist im Jahr 2007 von der amerikanischen Zeitschrift „Engineering News-Record“ (ENR) als eine der Top-Neuerungen des Jahres im Bauwesen anerkannt worden.[114]

Die IFOA ist ein Mehrparteienvertrag, den Bauherr, Architekt und Generalunternehmer gemeinsam unterzeichnen. Charakteristisch für die IFOA ist, dass neben den kommerziellen

[113] Vgl. SAUNDERS/MOSEY (2005); TROWERS/HAMLINS (2008).
[114] Vgl. POST (2007), S. 81 f.

Bedingungen das Verhalten der Vertragsparteien untereinander geregelt wird. Darüber hinaus werden Entscheidungen gemeinsam im Team getroffen und Risiken weitestgehend eliminiert bzw. gemeinsam getragen. Vorhandene Gewinne bzw. Verluste am Projektende werden gemeinsam geteilt.

Auf die Entstehung des Vertrags, die einzelnen Vertragselemente und die Umsetzung der Lean-Prinzipien wird im Rahmen einer Fallstudie in Kapitel 6 näher eingegangen.

4.4.6 ConsensusDOCS

In den USA gibt es verschiedene Formen von Standardverträgen. Die bekanntesten und weitverbreitesten sind die AIA-Dokumente[115] und die ConsensusDOCS. In letzteren ist versucht worden in den ConsensusDOCS 300 „Standard Form of Tri-Party Agreement for Collaborative Project Delivery" den Gedanken der IFOA in einem Standardvertrag aufzunehmen.

ConsensusDOCS sind eine Reihe von Standardbedingungen, die in Zusammenarbeit verschiedener Organisationen der amerikanischen Bauindustrie entstanden sind und auf Input von Bauherrenseite basieren. Sie stellen eine Alternative zu den AIA-Standardverträgen dar, von denen gesagt wird, dass sie die Architektenseite vertreten. In den vergangenen Jahren wurde die Design-Verantwortung mehr und mehr an den Generalunternehmer übertragen. Ziel der ConsensusDOCS ist eine gemeinsame Vertragssprache für alle Standardverträge zu definieren. Die Standardformen basieren auf folgenden Prinzipien:

- Ausgeglichenheit mit dem Ziel der „best practice"
- das beste Interesse für das Projekt anstelle der Interessen einzelner Vertragspartner
- Entwicklung durch Einbindung verschiedener Vertragsparteien mit gleichem Stimmrecht
- faire Risikoverteilung
- Verbesserung der Ergebnisse und Vermeidung von gerichtlichen Auseinandersetzungen.[116]

4.5 Exkurs Partnering

Unter dem Begriff Partnering wird eine Managementmethode verstanden, deren Schwerpunkt auf der Kooperation der verschiedenen Vertragsparteien liegt. Im Vordergrund

[115] Die Abkürzung AIA steht für American Institute of Architects, die als erste Standardverträge in den USA entwickelt und veröffentlicht haben.
[116] Vgl. DAIGNEAU/ARGYLE/DOUGLAS (2009).

stehen allgemeine Maßnahmen, die eine partnerschaftliche Zusammenarbeit zwischen Auftraggeber und Auftragnehmer fördern und zu einer besseren und schnelleren Konfliktlösung führen. Verschiedene Elemente unterstützen diesen Ansatz. Dazu gehören Partnering-Workshops, die der Teambildung dienen, sowie Methoden zur Problem- und Streitlösung. Die beim Partnering angewendeten Verfahren werden zumeist außerhalb des Bauvertrags vereinbart.[117] Da Partnering im Gegensatz zu oben beschriebenen Vertragsarten keine Vertragsform sondern eine Managementmethode darstellt, wird auf diese in diesem Kapitel nicht weiter eingegangen.

Das Thema Partnering wird später in Kapitel 9.9 aufgenommen. Beispielhaft für die Umsetzung von Partnering im privaten Sektor in Deutschland wird ein besonderes Partnerschaftsmodell vorgestellt.

[117] Vgl. BENNET/JAYES (1995), S. 5; BÜCKER (2007), S. 41; GEHLE/WRONNA (2007), S. 3; GRALLA (1999), S. 267 ff.; RACKY (2007).

5 Eigene Untersuchungen an Projekten in den USA

5.1 Zielsetzung und Schwerpunkte

Die USA sind bei der Umsetzung des Lean Management im Bauwesen weltweit führend, insbesondere im Hinblick auf eine ganzheitliche Umsetzung des Lean-Gedankens im Rahmen des Lean Project Delivery Systems. In den USA ist die „Integrated Form of Agreement" (IFOA) entwickelt worden.

Die Entwicklungen im Bereich Lean Management im Bauwesen haben in den USA vor zehn Jahren begonnen und sich in den letzten Jahren fortgesetzt. Derzeit gibt es über den Erfolg und auch über die Umsetzung im Detail sowie die vertraglichen Regelungen nur wenige Publikationen. Hier setzt die vorliegende Arbeit an, deren Ziel es ist, ein kooperatives Projektabwicklungssystem zu entwickeln, das die Lean-Prinzipien umsetzt.

Anhand realer Projekte vor Ort in den USA wird zuerst das Lean Project Delivery System (LPDS) untersucht und darauf aufbauend der dort verwendete Vertrag, die IFOA, analysiert. Dies soll insbesondere im Hinblick darauf geschehen, inwiefern die IFOA einen vertraglichen Rahmen bildet, in dem die treibenden Prozesse des Lean Management im Bauwesen methodisch gestaltet und umgesetzt werden können.

Die Untersuchung des LPDS soll zum einen die Grundzüge des Systems darstellen zum anderen die angewendeten Methoden umfassen. Dabei werden die wesentlichen Merkmale des LPDS herausgearbeitet. Anschließend soll das Lean Project Delivery System traditionellen Projektorganisationsformen gegenübergestellt werden.

Als zweite Säule der Untersuchung neben dem LPDS steht die Untersuchung der IFOA im Vordergrund. Anhand eines konkreten Projektes soll der Vertrag bzw. dessen Entwicklung analysiert und dessen Umsetzung im Projekt untersucht werden. Ziel ist es, die Unterschiede gegenüber traditionellen Verträgen herauszuarbeiten, aber auch die damit verbundenen Schwierigkeiten und eventuellen Hemmnisse darzustellen. Schwerpunkt der Vertragsuntersuchungen wird sein zu analysieren, inwieweit die IFOA die Umsetzung der Lean-Prinzipien fördert und darüber hinaus das gemeinsame Projektinteresse in den Vordergrund gegenüber eigenen Interessen stellt.

Die erarbeiteten Kriterien dienen dann als Grundlage für die Analyse von Allianzverträgen, die im Rahmen einer Fallstudie in Australien durchgeführt werden.

5.2 Fallstudie am Cathedral Hill Projekt in San Francisco, USA

5.2.1 Einleitung

Der kalifornische Krankenhausbetreiber Sutter Health hat über mehrere Jahre hinweg das neue Vertragsmodell auf verschiedenen Projekten entwickelt und die daraus entstandene IFOA erstmalig in ihrer gesamten Komplexität auf das Cathedral Hill Hospital (CHH) Projekt in San Francisco angewendet. Daher eignet sich das Projekt ganz besonders für die Fallstudie und dient als Referenzprojekt für die vor Ort durchgeführte Forschungsarbeit.

Der Bau des Cathedral Hill Krankenhauses umfasst die gesamte Planung und Herstellung mit einem Bauvolumen von etwa 900 Mio. USD. In der IFOA sind u.a. die Art und Weise der Zusammenarbeit zwischen allen Beteiligten, die Höhe des Bauvolumens und die Vergütung geregelt. Die komplette Planung erfolgt hier gemeinsam in einem integrierten Projektteam mit allen Beteiligten, dazu gehören neben dem Bauherrn, Architekten und Generalunternehmer auch sämtliche Fachplaner und Nachunternehmer. Ein ganz wesentlicher innovativer Schritt der IFOA ist die gemeinsame Teilung der Risiken. Während bei herkömmlichen Verträgen Risiken verschoben werden und damit meist dem Unternehmer die alleinige Verantwortung für die Risiken übertragen wird, werden bei der IFOA Risiken gemeinsam im integrierten Projektteam eliminiert bzw. gelöst. Während eine Verschiebung der Risiken auf Unternehmerseite überwiegend zu Lasten des technischen und wirtschaftlichen Gesamterfolgs führt, erfolgt bei der IFOA eine gemeinschaftliche Risikoteilung.

5.2.2 Ausgangslage Sutter Health

Sutter Health ist einer der führenden gemeinnützigen Krankenhausbetreiber in Nordkalifornien mit Hauptsitz in Sacramento, Kalifornien. Sutter Health hat sich in den letzten Jahren zu dem größten Anbieter im Gesundheitsbereich in Nordkalifornien entwickelt. Allein in Kalifornien betreibt Sutter Health zusammen mit seinen Tochtergesellschaften in über einhundert Gemeinden Krankenhäuser, darüber hinaus lokale Notfallaufnahmen sowie Arztpraxen, besitzt und betreibt Kurkliniken, Hospize und Rehabilitationscenter und bietet Pflegedienste an. Sutter Health ist Arbeitgeber für über 41.000 Angestellte im medizinischen Bereich.[118]

Kalifornische Krankenhausbetreiber haben sich verschiedenen Herausforderungen zu stellen. Als Folge des Erdbebens in Northridge, Kalifornien, am 17. Januar 1994, bei dem mehr als 23 Krankenhäuser ihren Service einstellen mussten und ein Schaden für den

[118] Vgl. LICHTIG (2005), S. 105 und www.sutterhealth.org am 17.07.09.

Krankenhaussektor von mehr als US$ 23 Milliarden entstanden ist, wurde noch im selben Jahr das SB1953 Gesetz verabschiedet. Dieses Gesetz schreibt drei Fristen vor, die einzuhalten sind, um letztendlich bis 2030 einen Weiterbetrieb aller Krankenhäuser im Falle eines schweren Erdbebens zu gewährleisten.[119] Nach Schätzungen führt das SB 1953 Gesetz dazu, dass für den Um- und Neubau von Krankenhäusern in Kalifornien insgesamt ein Volumen von US$ 24 Milliarden benötigt wird.

Zweidrittel aller Krankenhäuser in Kalifornien arbeiten derzeit nicht profitabel.[120] Hinzu kommt, dass sich seit Beginn dieses Jahrtausends die Kosten im Krankenhaussektor u.a. aufgrund von Inflation um 30% erhöht haben. Darüber hinaus macht sich die Finanzkrise bemerkbar, es ist schwerer an Fremdkapital zu kommen und dieses ist gleichzeitig teurer geworden. Die Krankenhausbetreiber stehen damit vor der Aufgabe, Geld aufbringen zu müssen, um ihre Krankenhäuser auch nach 2030 weiterbetreiben zu können und das in Zeiten, in denen Geldbeschaffung und Finanzierung schwierig sind.

Sutter Health hat für die nächsten Jahre ein Baubudget von US$ 2,5 Milliarden zur Verfügung, das für den Neubau des Cathedral Hill Hospitals (CHH) und des Cathedral Hill Medical Office Buildings (CHMOB) sowie für den Umbau des St. Luke´s Hospital und die Renovierung des Davies Campus in San Francisco vorgesehen ist.

Sutter Health war als Bauherr auf der Suche nach neuen Wegen in der Projektabwicklung. Bisherige Projekte waren vor allem durch hohe Kosten, Termin- und Budgetüberschreitungen und Streitigkeiten geprägt. Dave Pixley, der Projektmanagement Direktor der Sutter Facility Planning & Development Abteilung ist durch einen Vortrag auf Lean Project Delivery (LPD) aufmerksam geworden. Zeitgleich dazu ist Will Lichtig, Anwalt bei McDonough Holland & Allen PC, auf das Lean Construction Institute aufmerksam geworden und hat 2003 einen Workshop des Lean Construction Institutes zum Thema Vertragsgestaltung besucht. Als Anwalt mit mehr als zwanzig Jahren Erfahrung im Bauwesen, insbesondere im Nachtragswesen und Claim-Management, war Will Lichtig ebenso auf der Suche nach neuen Wegen der Projektabwicklung. Gemeinsam haben Will Lichtig und Dave Pixley die Führungsetage von Sutter Health überzeugen können, neue Wege in der Projektabwicklung und der Vertragsgestaltung zu gehen und Ziele der Lean-Projektabwicklung in den strategischen Plan für 2005 aufzunehmen. In einem nächsten strategischen Schritt hat Sutter Health Kontakt zur Boldt Company aufgenommen, dem führenden Generalunternehmer in den USA im Bereich Lean Construction. Paul Reiser, Vorstandsmitglied der Boldt Company, wurde eingeladen vor dem Sutter Board über Lean Management im Bauwesen zu berichten. Kurz darauf, im März 2004, hat Sutter Health seine

[119] Vgl. SB 1953 (1994)
[120] Vgl. CHA (1997), S. 1 f.

Architekturbüros, General- und auch Nachunternehmer eingeladen und verkündet, dass sie von nun an neue Wege gehen und ihnen das Lean Projektabwicklungssystem vorgestellt. Die meisten Firmen waren davon fasziniert und wollten mehr über den Lean-Ansatz lernen.[121]

Als erster Schritt wurde auf verschiedenen Projekten das Last Planner System™ in der Bauphase angewendet. Dadurch konnte Stabilität in den Projekten hergestellt werden und darauf aufbauend begonnen werden, die Stabilität zu erhöhen, um den Projektbeteiligten die Möglichkeit und Sicherheit zu geben, ihre Ideen und Kreativität einzubringen.

5.2.3 Das Cathedral Hill Hospital Projekt

Der Neubau des Cathedral Hill Hospital (CHH) im Zentrum von San Francisco wird über 555 Betten in Einzelzimmern und 19 Operationssäle verfügen. Es wird mit der neuesten Technologie ausgestattet sein und den modernsten Anforderungen im Hinblick auf Erdbebensicherheit entsprechen. Die Bauherren sind Sutter Health und die Tochtergesellschaft California Pacific Medical Center (CPMC).

CPMC hat bereits jetzt in San Francisco einen Anteil von einem Drittel aller Krankenhausbetten und nimmt ein Drittel aller Notaufnahme-Patienten auf. Die Stadt San Francisco möchte regional zu den Versorgern mit der besten medizinischen Versorgung gehören, dazu trägt CPMC aufgrund seines Marktanteils in San Francisco bereits heute bei. CPMC ist als medizinisch führend ausgezeichnet worden und erreichte eine Patientenzufriedenheit von 95% und bei den Ärzten eine Zufriedenheit von 99%. CPMC ist derzeit mit 6600 Arbeitnehmern – davon 1200 Ärzten – der zweitgrößte Arbeitgeber in San Francisco. In den nächsten Jahren verfügt CPMC über ein Baubudget von US$ 2,5 Milliarden.

Die Stadt San Francisco fordert eine bestimmte Anzahl an Krankenhausbetten, die gegen Erdbeben gesichert sind. Hier wird das CHH als drittes Krankenhaus im Großraum von San Francisco eine entscheidende Rolle spielen, wobei auch nach der Eröffnung des CHH die geforderte Anzahl an erdbebengesicherten Betten noch nicht erreicht sein wird.

Der Standort des CHH wird zwischen vier Hauptstraßen in der Innenstadt von San Francisco liegen. Dieses hat nicht nur Auswirkungen auf das Design des Krankenhauses in Bezug auf Lage und Zugänglichkeit der Notaufnahme sondern auch auf die Ausführung, da keinerlei Lagerflächen in der Umgebung vorhanden, Ablademéglichkeiten sowie Parkplätz begrenzt sind. Es bestehen daher neben den technischen Herausforderungen wie Erdbeben-

[121] Vgl. POST (2007), S.81 ff.

sicherheit, Sicherheit der Patienten und Feuerschutz besondere logistische Herausforderungen.

Bis April 2010 stand auf dem Gelände des zukünftigen CHH-Projektes noch ein Hotel. Das CHH-Projekt befindet sich noch in der Planungsphase, die im Juli 2007 begonnen hat. Der Bauherr hat einen Business Case entwickelt, der die Anforderungen an das Krankenhaus, die erwarteten Kosten sowie einen konzeptionellen Zeitplan für das Projekt vorgibt. Nach Auswahl des Architekten, der bereits mit einer früheren Planung des Projektes, die dann nicht realisiert wurde, beauftragt war, ist in Absprache mit diesem und dem Bauherrn der Generalunternehmer unter Berücksichtigung der Erfahrungen im Lean-Bereich ausgewählt worden. Dieses Team hat in einer dreimonatigen Validation-Study ein Design für das Krankenhaus entwickelt, das den Anforderungen des Business Case entsprach und innerhalb der erwarteten Kosten lag.

5.2.4 Anwendung der wissenschaftlichen Methodik im Projekt

Nachfolgend wird die Vorgehensweise der wissenschaftlichen Methodik beim CHH-Projekt näher dargestellt. Die Grundlegende wissenschaftliche Methodik ist im Anhang 2 näher erläutert. Die Vorgehensweise zur Untersuchung des CHH-Projektes im Hinblick auf das LPDS und die IFOA umfasst verschiedene Methoden. Zum einen wird der Vertrag, die IFOA, im Rahmen einer Inhaltsanalyse untersucht. Dabei werden in einem ersten Schritt vertragstypische Kriterien herausgearbeitet, anhand derer der Vertrag genauer analysiert wird. In Ergänzung dazu werden die sich aus der Analyse des Vertrags ergebenden Fragen mit Hilfe von Interviews geklärt.

Die Umsetzung der Lean-Prinzipien und des Vertrags auf dem Projekt werden durch teilnehmende Beobachtungen erforscht. Während des dreimonatigen Aufenthaltes auf dem Projekt war es möglich, an unterschiedlichsten Besprechungen teilzunehmen. Die Schwerpunkte der Beobachtungen lagen auf den Themen:

- Interoperabilität in interdisziplinären Teams
- Erforschung der angewendeten Lean-Methoden und Lean-Werkzeuge
- Prozess zur Auswahl der Projektbeteiligten

Als wesentlicher Bestandteil dieser Forschungsarbeit dient die Durchführung und Auswertung von Interviews. Durch die Befragung geeigneter Gesprächspartner können offene Fragen geklärt und Erfahrungen der Projektbeteiligten gewonnen werden. Folgende Kriterien waren für die Auswahl der Interviewpartner entscheidend:

- Die Gesprächspartner wurden aus allen Bereichen der am Projekt Beteiligten ausgewählt: Bauherr, Architekt, Generalunternehmer, Fachplaner, Nachunternehmer und Vertragsexperten.
- Bei der Auswahl der Gesprächspartner ist darauf geachtet worden, dass diese bereits am Auswahlverfahren teilgenommen haben und auch in die Vertragsentwicklungen eingebunden waren.
- Bei am Projekt beteiligten Firmen, die bereits vorherige Projekte im Rahmen der IFOA gemacht haben, ist die Auswahl auf Schlüsselpersonen gefallen, die bereits auf Erfahrungen aus vorherigen Projekten zurückgreifen konnten.
- Führungskräfte der Managementebene, die nicht täglich auf dem Projekt eingebunden sind.
- Zur Vergleichbarkeit der Ergebnisse und zur Identifizierung der Neuerungen sind darüber hinaus Interviews bei weiteren Projekten durchgeführt worden.

Zusätzlich zu den Interviews dienen zahlreiche Gespräche mit weiteren Projektbeteiligten als Informationsquelle. Die nachfolgende Matrix veranschaulicht die Verteilung der Befragten des CHH-Projektes einschließlich der anderen in den USA untersuchten Projekte.

Projekt	CHH	CH MOB	Fairfield MOB	Castro Valley	Chinese Hospital	CPR	UC SF	Unabhängig	Summe
Bauherr	2	1	1	1	-	1	1	-	7
Architekt	2	1	1	-	1	-	-	-	5
Fachplaner	2	-	-	1	1	-	-	-	4
Generalunter-nehmer	3	1	2	-	-	1	-	-	7
Nachunter-nehmer	4	-	2	-	-	-	-	-	6
Experten	-	-	-	-	-	2	-	3	5
Summe	13	3	6	2	2	4	1	3	34

Abb. 7: Matrix der Interviewpartner von Projekten in den USA

Ein Leitfaden zum Interview diente als Hilfsmittel, um einerseits alle Themengebiete zu berücksichtigen und andererseits eine gute Vergleichbarkeit der Interviews herzustellen. Der Leitfaden ist gekennzeichnet durch offene Fragen zu verschiedenen Themengebieten, um dem Befragten einen breiten Antwortspielraum zu ermöglichen. Nachfolgend wird auf die wichtigsten Inhalte der einzelnen Themenschwerpunkte eingegangen. Dabei ist zu beachten, dass sich in Abhängigkeit von den unterschiedlichen Gruppen der Projektbeteiligten verschiedene Schwerpunkte ergeben. Der an dieser Stelle erläuterte Leitfaden dient für die Durchführung der Interviews an sämtlichen Projekten.

Allgemeine Informationen zum Interviewpartner

Der Befragte wird nach seiner Funktion im Projekt, nach der Dauer, die er bereits im Projekt involviert ist und nach seinen Erfahrungen mit Lean und der IFOA befragt. Darüber hinaus werden Eckdaten des Projektes abgefragt.

LPDS

Der erste Themenschwerpunkt konzentriert sich auf die Analyse des LPDS. Der Fokus liegt auf den spezifischen Merkmalen. Dabei stehen neben der Zusammenarbeit im Team und den daraus resultierenden Veränderungsmöglichkeiten gegenüber einer traditionellen Projektabwicklung die Auswahl der Projektbeteiligten und die Rolle des Bauherrn im Vordergrund. Darüber hinaus werden die Projektbeteiligten nach den im Projekt verwendeten Methoden und Werkzeugen und nach deren Effizienz und Potenzial befragt. Ziel ist es, die Herausforderungen bei der Umsetzung sowie auch die Schwierigkeiten und Erfolge zu ermitteln. Hier wird auch auf Erfahrungen aus vorausgegangenen Projekten zurückgegriffen.

IFOA

Der zweite Themenpunkt auf den Charakteristiken der IFOA und welche Veränderungen durch ihre Anwendung bei der Projektabwicklung auftreten. Bauherrenvertreter werden nach ihren Beweggründen gefragt, warum sie die IFOA auf dem Projekt anwenden. Die anderen Projektbeteiligten nach ihren Reaktionen und Bedenken in Bezug auf die Verwendung der IFOA. Ein weiteres Thema ist die gemeinsame Weiterentwicklung der IFOA innerhalb der Teams.

Die Auswertung erfolgt getrennt nach den beiden Schwerpunkten LPDS und IFOA.

5.3 Andere Projekte

Ergänzend zu den Untersuchungen am CHH wurden noch weitere Referenzprojekte ausgewählt, um einerseits die Entwicklung der IFOA zu verfolgen andererseits Gemeinsamkeiten und Unterschiede zwischen den Projekten aufzeigen zu können und dadurch den Untersuchungsrahmen zu erweitern. Dabei wurden weitere Projekte von Sutter Health und anderen Bauherren untersucht.

Als ein Schlüsselprojekt gilt das Fairfield Medical Office Building (Fairfield MOB), das als erstes Sutter Health Projekt die IFOA angewendet hat. Die IFOA existierte damals noch nicht in der Komplexität, in der sie derzeit vorliegt und beim CHH-Projekt verwendet wird. Das Fairfield MOB ist derzeit das einzige bereits abgeschlossene Projekt, bei dem die IFOA angewendet wurde, so dass diesem Projekt eine besondere Rolle zufällt.

Als ein weiteres Projekt ist das CHMOB ausgewählt worden, das direkt gegenüber vom CHH-Projekt gebaut wird und mit diesem gewisse Schnittstellen aufweist. Als MOB hat es einen wesentlich geringeren Umfang. Derzeit besteht erst ein kleines Team aus dem Bauherrn, dem Architekten und dem Generalunternehmer, das sich aufgrund des Auftragsvolumens und des Arbeitsumfanges nur einmal wöchentlich trifft.

Ein weiteres Sutter Health Krankenhaus ist das Sutter Medical Center in Castro Valley (SMCCV), dessen Projektleiter auch der Projektleiter vom Fairfield MOB war. An diesem Projekt sind die Entwicklungen im Vergleich zum ersten Sutter Projekt besonders interessant. Hier trifft sich das Team nur alle zwei Wochen für drei Tage in einem gemeinsamen Büro in Castro Valley und arbeitet ansonsten über ganz Kalifornien verstreut.

Beim Chinese Hospital ist der Bauherr das Chinese Hospital, ein Krankenhausbetreiber, der sich speziell mit den Bedürfnissen und Anforderungen der chinesischen Gemeinde in San Francisco befasst. Bei diesem Projekt bestehen weder vertragliche Verpflichtungen noch wünscht der Bauherr die Arbeit in einem integrierten Projektteam. Der Projektleiter, ein Architekt, leitet das Team in Form eines integrierten Teams unter der Verwendung von Lean-Prinzipien. Der Ansatz ist damit im Gegenteil zum ganzheitlichen Lean-Ansatz bei der Abwicklung von Sutter Health´s Projekten grundlegend verschieden und daher als Vergleichsprojekt besonders geeignet.

Darüber hinaus sind Gespräche mit Experten anderer Projekte, u.a. des neuen Krankenhauses der University of California, San Francisco (UCSF) und des Projektes der California Prison Health Care Receivership Corporation (CPR) in Sacramento, sowie auch mit Experten aus der Forschung und Beratung im Bereich der Umsetzung von Lean-Prinzipien geführt worden.

6 Ergebnisse der Projekte in den USA

6.1 Das Lean Project Delivery System

6.1.1 Philosophie und Konzept

Die theoretischen Grundlagen des Lean Project Delivery Systems (LPDS) sind bereits in Kapitel 2 vorgestellt worden. In diesem Kapitel geht es um die konkrete Umsetzung. Sutter Health hat einen Ansatz für ein Lean-Projektabwicklungssystem erarbeitet, der sich mit den drei Ebenen der Projektabwicklung, dem Vertragswesen, der Projektorganisation und der Ausführung befasst. Die zugrunde liegende Philosophie sind die „Five Big Ideas" (fünf große Ideen):

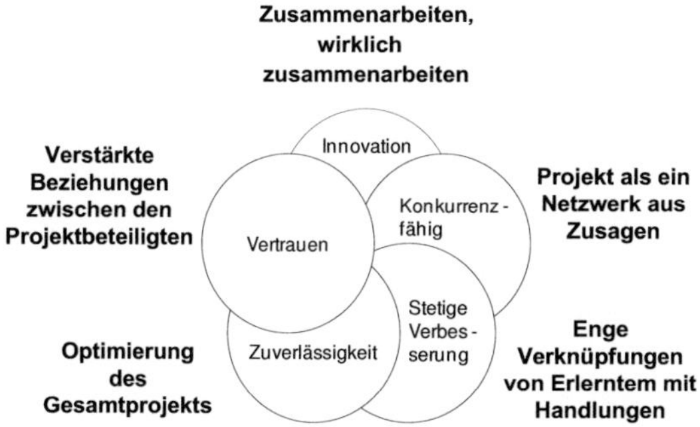

Abb. 8: Die fünf großen Ideen und die daraus resultierenden Ergebnisse

Die Five Big Ideas bilden die Grundlage und die Rahmenbedingungen für die Abwicklung im LPDS. Sie veranschaulichen die Grundzüge des LPDS, darüber hinaus definieren sie die Sprache, das emotionale Konzept sowie das Verhalten und die Beziehung der Vertragsparteien untereinander. Die Five Big Ideas werden im Anhang 3 beschrieben.

6.1.2 Teams

Bei der Projektabwicklung im LPDS spielen verschiedene Teams eine wichtige Rolle. Die jeweiligen Teams haben spezielle Verantwortungsbereiche, die auch in der IFOA definiert und festgelegt sind. Dabei ist das Besondere, dass alle Teams interdisziplinär sind und Mitglieder aus sämtlichen Bereichen der Projektbeteiligten haben. So sitzen Bauherrenvertreter, Architekten, Generalunternehmer und Nachunternehmer an einem Tisch, um gemeinsam zu planen, Optimierungen zu erreichen und gemeinsam – nach Möglichkeit einvernehmlich – die besten Entscheidungen zu treffen. Um die Zusammenarbeit zwischen den verschiedenen Projektbeteiligten zu fördern, sitzen beim CHH-Projekt alle Projektbeteiligten auf einer Etage in einem Großraumbüro zusammen. Die Idee des sogenannten Big Room, oder im Japanischen auch *obeya* genannt, stammt von Toyota. Bei der Entwicklung des Automodells Prius haben sich die Experten in einem Raum getroffen, um Entwicklungsschritte zu prüfen und Schlüsselentscheidungen zu treffen. So wurde der Begriff Big Room dadurch definiert, dass nicht wie bisher der Chef-Ingenieur allein alles kontrolliert hat, sondern die Kontrolle in einem interdisziplinären Expertenteam stattfand. Der Big Room zeichnet sich bei Toyota auch dadurch aus, dass Management-Werkzeuge im Raum visualisiert und von den Verantwortlichen kontinuierlich aktualisiert wurden, so dass der Status eines jeden Bereiches im Hinblick auf Zeitplan, Design, Qualität, Finanzen und wichtigen Performance-Indikatoren ersichtlich war.[122]

Dabei sind die einzelnen Arbeitsbereiche, z.B. Tragwerksplanung oder Fassade, nicht nach Firmenzugehörigkeit aufgeteilt, sondern die einzelnen Mitglieder der Cluster-Gruppen sitzen zusammen. Die Wege sind kurz, Fragen und Probleme können schnell und ohne großen Aufwand miteinander geklärt werden. Im gesamten Büro wird das Prinzip der Transparenz gelebt. Die Flure und Gänge sind visuell und anschaulich gestaltet. Jede Cluster-Gruppe hat eine eigene Wand, an der das Team, der Arbeitsbereich, die Zeitpläne sowie Ideen und kreative Lösungen präsentiert werden. Weiterhin gibt es eine Wand mit Informationen zum Projekt, mit Literatur zum Thema Lean und mit Starthilfen für neue Teammitglieder.

Das integrierte Projektabwicklungsteam (IPD-Team)

Das Herz des Lean-Projektabwicklungssystems ist das integrierte Projektabwicklungsteam, das sich aus Mitgliedern aller am Projekt beteiligten Firmen zusammensetzt. Von den Mitgliedern des IPD-Teams wird erwartet, dass sie Informationen untereinander offen teilen und für den Gesamterfolg des Projektes zusammenarbeiten. Die Nachunternehmer werden frühzeitig in das Projekt eingebunden, um bereits während der Planung das Team zu unterstützen. Von den Nachunternehmern sowie auch von den Fachplanern des Architekten wird erwartet, dass sie Joining-Agreements[123] unterzeichnen und Mitglieder des IPD-Teams werden.

Ziel des IPD-Teams ist es, eine offene und kreative Umgebung des Lernens zu schaffen. Das Miteinander im Team soll von gegenseitigem Respekt und Toleranz geprägt sein, so dass Ideen offen ausgetauscht werden können. Der transparente und kooperative Austausch von Informationen soll gefördert werden. Gemeinsam im Team soll an einer harmonischen

[122] Vgl. LIKER (2007), S. 96, 106 und 227.
[123] Joining-Agreements sind Vereinbarungen, die die Nachunternehmer und Fachplaner unterzeichnen und sie an die Bedingungen der IFOA und somit an den Hauptvertrag binden. Weitere Erläuterungen in Kapitel 6.2.1.

und kooperativen Zusammenarbeit gearbeitet werden. Für die Beziehungen unter den Teammitgliedern ist es entscheidend, dass ein Umfeld von gegenseitigem Vertrauen entsteht. Das Team muss sich bewusst sein, dass der Erfolg der einzelnen Projektbeteiligten am Projekt unmittelbar vom Erfolg anderer Teammitglieder abhängig ist.

Das IPD-Team teilt sich in verschiedene Cluster-Gruppen auf.

Cluster-Gruppen

Schon mit Beginn der Planungsphase, wird das Projekt in verschiedene Bereiche unterteilt, die von Cluster-Gruppen bearbeitet werden. Dazu gehören bei Planungsbeginn die Structural Cluster Group für die Tragwerksplanung des Gebäudes, die Exterior Cluster Group für das äußere Erscheinungsbild wie die Fassade etc. und das MEP (Mechanical, Electrical & Plumbing)-Cluster für die Technik und Elektrik. Die Cluster-Gruppen werden von einer Person geleitet, die je nach Fachgebiet entweder aus den Reihen des Architekten oder des Generalunternehmers kommt. In allen Cluster-Gruppen befinden sich Vertreter des Generalunternehmers sowie des Architekten und teilweise auch des Bauherrn. Der Leiter der Clustergruppe entscheidet zusammen mit dem Team, welche weiteren Mitglieder zu welchem Zeitpunkt benötigt werden. So werden je nach Bedarf weitere Fachplaner und Nachunternehmer bzw. bei Bedarf auch ein Vertreter des Bauherrn, der als ständiger Vertreter an den Besprechungen teilnimmt, in das Team einbezogen.

Mit Fortschreiten der Planungsphase werden weitere Cluster-Gruppen benötigt: Interior (Inneneinrichtung), Equipment (medizinisch-technische Ausstattung), Technology (technische Ausstattung), Sustainability (Nachhaltigkeit) und später Production (Ausführung) und Vertical Transportation (vertikaler Transport). Je nach Projekt und Bedarf können darüber hinaus in der Planungsphase weitere Cluster-Gruppen eingerichtet werden. Die einzelnen Cluster-Gruppen planen das Design bzw. die Ausführung gemeinsam in der jeweiligen Gruppe. Jede Gruppe hat Anforderungen an das Design vorgegeben. Diese sind vom Bauherrn im Business Case (vgl. Kapitel 6.2.2) definiert und werden während der Planung gemeinsam im Team optimiert. Hier ist ein vorgegebenes finanzielles Budget einzuhalten. Ziel für jede Cluster-Gruppe ist es, die Planung und später auch die Ausführung innerhalb des Budgets zu erreichen und mit Hilfe von Target Value Design (TVD) (vgl. Kapitel 6.1.3) die Kosten zu minimieren. Jede Cluster-Gruppe trifft sich einmal wöchentlich intern zu einer Besprechung. Darüber hinaus finden nach Bedarf verschiedene weitere Treffen zwischen den Mitgliedern der einzelnen Cluster-Gruppen statt. Sind andere Cluster-Gruppen bzw. einzelne Mitglieder anderer Cluster-Gruppen für die Entscheidungen notwendig, so werden diese zur Besprechung eingeladen. Zur Abstimmung zwischen den einzelnen Cluster-Gruppen findet einmal wöchentlich die Last-Planner-Sitzung statt, an der die Leiter der

Cluster-Gruppen sowie weitere Mitglieder aus den Gruppen teilnehmen. Zusätzlich treffen sich die Leiter der Cluster-Gruppen einmal wöchentlich zum Target Value Design – Meeting (TVD-Meeting), in dem das Budget abgeglichen wird und neue Ideen für weiteres Einsparungspotenzial präsentiert werden.

Kerngruppe

Als Kontroll- und Entscheidungsorgan steht die Core-Group, auch Kerngruppe genannt, über dem IPD-Team. Die Kerngruppe setzt sich aus Vertretern des Bauherrn, des Architekten und des Generalunternehmers zusammen. Beim CHH-Projekt gehören zu den Vertretern des Bauherrn sowohl ein Vertreter von Sutter Health als auch ein Vertreter der Tochtergesellschaft CPMC, da beide Organisationen die Bauherren sind. Als eine weitere Besonderheit gehört beim CHH-Projekt ein Nachunternehmer, im konkreten Fall der für die Betonarbeiten, zur Kerngruppe. Diese Sonderstellung ist darauf zurückzuführen, dass dieser Nachunternehmer bei einer vorherigen Planung des Projektes, die aber dann aus finanziellen Gründen nicht realisiert werden konnte, als Generalunternehmer vorgesehen war.

Die Kerngruppe hat die Aufgabe der übergeordneten Koordination, des Managements und der Administration für die Ausführung im LPDS. Die Kerngruppe ist vertraglich dazu verpflichtet, sich mindestens einmal monatlich zu treffen. Auf dem CHH-Projekt hatte die Kerngruppe zweimal wöchentlich regelmäßige Treffen, bei denen insbesondere Entscheidungen für das Projekt getroffen wurden. Sämtliche Lösungsansätze, Ideen und Vorschläge für künftige Nachunternehmer oder Fachplaner werden der Kerngruppe von dem jeweils verantwortlichen Mitglied des IPD-Teams vorgestellt. Problemlösungen und Alternativvorschläge werden der Kerngruppe in Form eines A3-Berichtes (vgl. 6.1.3) vorgelegt, so dass das Problem, die Ursachen sowie der Prozess zur Lösungsfindung nachvollziehbar auf einer Seite dargestellt werden. Das Bestreben der Kerngruppe ist es, die Entscheidungen einvernehmlich zu treffen. Sollte keine Einigung erreicht werden können, so hat der Bauherr letztendlich das Recht, die endgültige Entscheidung zu treffen. Die Kerngruppe hat darüber hinaus die Aufgaben, Zielkosten festzulegen, den Ablauf des TVD zu bestimmen und Routinen für Arbeitsschritte bzw. Arbeitsvorgänge zu entwickeln (vgl. Kapitel 6.1.3).

6.1.3 Übersicht der angewendeten Methoden und Werkzeuge

Zur Umsetzung des LPDS werden verschiedene Methoden und Werkzeuge verwendet. Die meisten davon sind bereits vorab in den Vertragsunterlagen festgelegt worden. Da aber das LPDS während der Umsetzung fortlaufend erweitert und verbessert wird, gibt es einige Werkzeuge, die sich bereits aus den Erfahrungen auf dem CHH-Projekt entwickelt haben und daher nicht vertraglich in der IFOA geregelt sind. Die wichtigsten Methoden und Werkzeuge werden nachfolgend einzeln dargestellt.

Kontinuierliche Verbesserung – *Kaizen*

Kaizen, der japanische Ausdruck für kontinuierliche Verbesserung, bedeutet schrittweise Verbesserung und Eliminierung aller nicht wertschöpfenden Elemente. *Kaizen* verfolgt das Streben nach Perfektion und verlagert die Entscheidungsfindung auf die Ebene der Arbeiter.[124] Individuen werden Fertigkeiten zur effektiven Zusammenarbeit, zur Problemlösung, zur Dokumentation und Verbesserung von Prozessen sowie zur Sammlung und Analyse von Daten vermittelt. Als Grundidee für die kontinuierliche Verbesserung wird der PDCA (Plan-Do-Check-Act) Cycle oder im Deutschen PTCA-Zyklus (Planen-Tun-Checken-Aktion)[125] verwendet.

Der PDCA-Cycle auch nach seinem Erfinder benannte Deming-Kreis beginnt mit dem Schritt PLANEN (plan), indem der Problemlöser ein Problem oder eine Alternative aus möglichst vielen Perspektiven betrachtet, um das zentrale Problem und dessen Grundursache herauszufinden. Danach werden eine oder mehrere Ideen zur Lösung generiert, aus denen dann ein Vorschlag oder Plan entwickelt wird. Im TUN-Schritt (do) wird der Plan zeitnah umgesetzt. Im CHECKEN-Schritt (check) werden die Effekte der Umsetzung gemessen und mit den gesetzten Zielen oder getroffenen Vorhersagen verglichen. Wenn die Ergebnisse zufriedenstellend sind, werden im AKTION-Schritt (act) die neuen Prozesse, Lösungen oder Systeme standardisiert und direkt umgesetzt.[126] Nachdem ein neuer Standard festgelegt und umgesetzt worden ist, beginnt der PDCA-Zyklus von neuem.

Die Entwicklung von Routinen und Standards folgt dem PDCA-Zyklus. So werden in regelmäßigen Abständen verschiedene Standards anhand des PDCA-Zyklus geprüft um sicherzustellen, dass kontinuierlich Verbesserungen eingearbeitet werden.

Der sogenannte Gap-Check dient als weiteres Werkzeug der kontinuierlichen Verbesserung und kommuniziert auf einer einzigen Karte in DIN A6 Format Probleme und Lösungsmöglichkeiten. Die leeren Karten hängen in den Fluren aus und können von jedem Mitarbeiter ausgefüllt und an den Value-Manager mit oder ohne Angabe des Namens zurückgegeben werden. Auf der Karte ist zu beschreiben, in welcher Cluster-Gruppe die derzeitige Situation von der geplanten (Soll-) Situation abweicht, wie viele Abweichungen es gibt, auf welche Gründe sie zurückzuführen sind und welche Folgen sie haben werden.

[124] Vgl. LIKER (2007), S. 52.
[125] Vgl. KIRSCH (2009), S. 199.
[126] Vgl. SOBEK/SMALLEY (2008), S. 4.

Ein weiteres Werkzeug zur Prüfung des aktuellen Status auf dem CHH-Projekt ist der „Pulse Report“. Mit Hilfe eines Fragebogens werden die Projektbeteiligten anhand von zehn sich in jedem Pulse Report wiederholenden Fragen und zehn rotierenden Fragen anonym zur Entwicklung im Team, den Prozessen und dem Projektablauf befragt. Der Fragebogen wird alle drei Monate von einer externen Agentur durchgeführt, um die Anonymität der Beteiligten zu wahren, eine hohe Teilnahme zu erreichen und dadurch die Aussagekraft der Umfrage zu erhöhen. Die Ergebnisse des Tests dienen als Grundlage für einen Maßnahmenkatalog: erforderlicher Handlungs- und Verbesserungsbedarf wird identifiziert und zusammen mit der Veröffentlichung der Ergebnisse werden die Maßnahmen mit Angabe der Verantwortlichen und des Zeitrahmens bekannt gegeben. Als Ergebnis des ersten Pulse Reports sind nachfolgend einige Maßnahmen aufgeführt:

Handlungs- bzw. Verbesserungsbedarf	**Maßnahmen**
Es wird zu viel Zeit in Besprechungen verbracht.	Schulung zum Abhalten effizienterer Besprechungen
Es existieren verschiedene Missionen seitens des Bauherrn und des IPD-Teams.	Eine Mission für das gesamte Projekt erstellen.
Es existiert keine aktuelle Visualisierung der IPD-Team Struktur.	Entwicklung eines passenden Organigramms.
Der Bauherr ist zu wenig präsent.	Zuteilung eines zuständigen Ansprechpartners für jede Cluster-Gruppe. Es wird ein Hauptverantwortlicher benannt, der mehr Zeit direkt auf dem Projekt verbringt.

Tab. 1: Maßnahmen zur Beseitigung des Handlungs- bzw. Verbesserungsbedarfs

Ziel der Umfrage ist es, die Zusammenarbeit im Team zu fördern und die Rahmenbedingungen für eine Umgebung des Vertrauens zu schaffen, indem die Probleme und Bedenken der Projektbeteiligten ernst genommen und entsprechende Maßnahmen ergriffen werden.

Last Planner System™

Das Last Planner System™ gilt als zentrales Element des LPDS und ist in seinen Grundzügen bereits in Kapitel 2.3.2 dargestellt worden. Im folgenden Abschnitt geht es um seine Umsetzung auf dem CHH-Projekt. Ausgehend von einem Projekt-Meilensteinplan werden den einzelnen Meilensteinen im Vorausschauplan die einzelnen Tätigkeiten zugeordnet. Der Vorausschauplan dient als Grundlage für die 6-Wochen Vorschau, aus der sich der wöchentliche Arbeitsplan ergibt. Die einzelnen Cluster-Gruppen planen ihre Tätigkeiten im Hinblick auf die entsprechenden Meilensteine und kontrollieren wöchentlich in den internen Sitzungen die Zuverlässigkeit ihrer getroffenen Zusagen mit Hilfe des PEA-Wertes. Zur Weiterverfolgung der nicht eingehaltenen Zusagen werden die Gründe verschiedenen Kategorien zugeordnet. Einschränkungen bzw. eventuelle Bedenken, die die Ausführung von Tätigkeiten in den kommenden Wochen gefährden könnten, werden in einer Liste festgehalten. Im sogenannten Constraints-Log – einer Liste tatsächlicher bzw. möglicher Behinderungen – wird ersichtlich, welche Handlungen zur Erfüllung der Voraussetzungen bestimmter Tätigkeiten von wem zu leisten sind. Bei der wöchentlichen gemeinsamen Last-Planner-Sitzung auf dem Projekt werden die Wochen-Vorausschau-Pläne der einzelnen Cluster-Gruppen überprüft. Anschließend nennt jeder Leiter der Cluster-Gruppe seine Bedenken und Einschränkungen, die die Ausführung einzelner Tätigkeiten beeinträchtigen können und insbesondere, was passieren muss, damit die Tätigkeit planmäßig stattfinden kann und wer dafür verantwortlich ist. Da meistens die entsprechenden Personen bei der Besprechung anwesend sind, können evtl. Lösungen direkt gefunden werden bzw. wird das Problem veranschaulicht und ein Termin zur Lösungsfindung kann direkt vereinbart werden. Die einzelnen Cluster-Gruppen visualisieren ihren wöchentlichen Arbeitsplan an ihren Wänden, so dass dieser für jeden einsehbar ist. Zusätzlich wird auch die Grafik mit der Entwicklung des PEA-Wertes wöchentlich aktualisiert. So können Vertreter der Kerngruppe und auch Personen aus dem Management der einzelnen Firmen auf einen Blick die wesentlichen Informationen erhalten.

Target Value Design und Target Costing

Das IPD-Team soll die Kosten für das Projekt mit Hilfe von Target Value Design minimieren. Ziel des TVD ist es, das Projekt so zu planen, dass es die Wertvorstellungen und Anforderungen des Bauherrn zu den vorgegebenen Zielkosten realisiert. Wert, Kosten, Zeitplan und Durchführbarkeit (einschließlich der Arbeitsstrukturierung) sind dabei die wesentlichen Komponenten der Planung.

Unter Target Costing wird ein Zielkostenmanagement verstanden, das die Planung und Projektabwicklung so steuert, dass der Wert für den Kunden innerhalb der vorgegebenen Bedingungen maximiert wird. Target Costing wurde 1965 von Toyota entwickelt und wird seit den 70er Jahren in japanischen Unternehmen angewendet. Target Costing zielt darauf ab, Verschwendung und Nacharbeiten in Planung und Ausführung zu reduzieren und das Bauwerk zu den vorgegeben Zielkosten zu erstellen. Dafür werden in der Phase der Projektdefinition die Zielkosten festgelegt. In der Planungsphase wird unter Vorgabe der Zielkosten geplant und in der Ausführungsphase innerhalb der Zielkosten gebaut. Dabei findet fortlaufend ein Abgleich der aktuellen Kosten mit den Zielkosten statt. Es wird fortlaufend geprüft, ob die Anforderungen des Bauherrn erfüllt werden und welche weiteren Möglichkeiten innerhalb der Zielkosten erreichbar wären. Auf die verschiedenen Phasen und die Festlegung der Zielkosten sowie auf Anreize zur Umsetzung der Ziele und zum Ansporn von Innovationen wird in Kapitel 6.2.2 eingegangen. Nachfolgende Abbildung veranschaulicht die verschiedenen Projektphasen und die damit verbundenen Zielsetzungen.

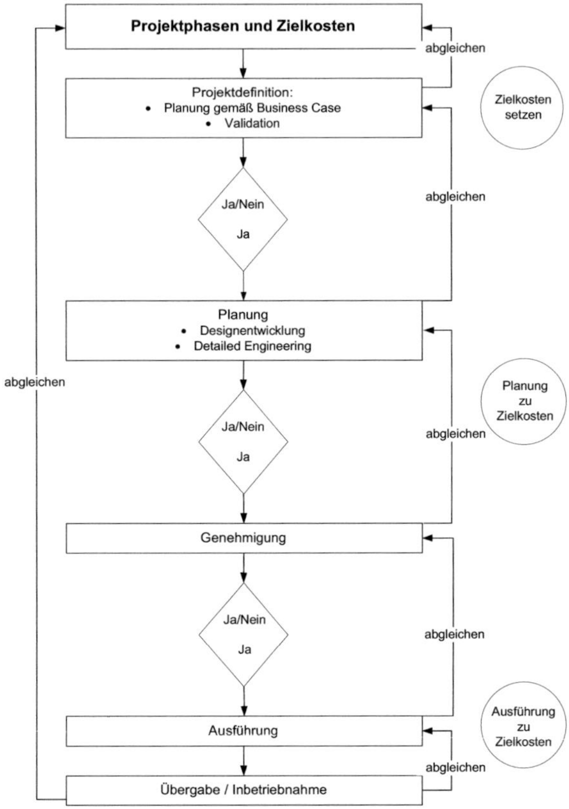

Abb. 9: Projektphasen und Zielkosten[127]

Die Kardinalregel des TVD lautet: die Zielkosten für das Projekt sollen niemals ohne die Zustimmung des Bauherrn erhöht werden. Folgende Kriterien kennzeichnen das TVD und unterscheiden sich damit von denen der herkömmlichen Planung:

- Das zur Verfügung stehende Budget beeinflusst sowohl die Planung als auch die dafür notwendigen Entscheidungen und ist nicht Ergebnis der Planung.
- Die Planung erfolgt nach den Kriterien der Umsetzbarkeit und Durchführbarkeit und wird nicht erst nach Abschluss der Planung auf die Umsetzbarkeit und

[127] Vgl. BALLARD (2008), S. 8.

Durchführbarkeit geprüft, so dass ggf. noch nach Planungsfertigstellung Änderungen vorgenommen werden müssen.

- Gemeinsam im Team werden zuerst die Werte und Anforderungen definiert und die dafür notwendigen Entscheidungen getroffen, auf die dann die Planung abgestimmt wird. Dazu wird im ersten Schritt analysiert, wie das Gebäude später genutzt werden soll.
- Verschiedene Lösungsalternativen werden parallel ausgearbeitet. Die Entscheidung für eine Alternative fällt erst zum spätest möglichen Zeitpunkt, im englischen *last responsible moment* (LRM) genannt. Dies fällt unter den Begriff Set-Based-Design und gilt als ein Werkzeug der Value Analysis, die später in diesem Kapitel näher betrachtet wird.
- Die verschiedenen an der Planung beteiligten Personen sind nah beieinander lokalisiert und sitzen nicht in getrennten, voneinander abgeschiedenen Räumen oder gar in räumlich voneinander entfernten Büros.

Ziel der Planung ist, im Interesse des Bauherrn Wert zu generieren und diesen zu maximieren. Im Anhang 4 werden Prinzipien für die Generierung des Zielwerts während der Planung angegeben. Der Bauherr hat während der Planungsphase eine entscheidende Rolle: er kommuniziert seine Anforderungen und trifft wertvolle Einschätzungen und Entscheidungen. Wenn der Bauherr die an ihn gestellten Aufgaben nicht erfüllt, kann dadurch ein großes Maß an Verschwendung für das IPD-Team entstehen, z.B. indem Arbeitsschritte wiederholt werden müssen. Daher bedeutet die Abwicklung im IPD-Team für den Bauherrn auch die Übernahme von Verantwortung.

Value Analysis und Value Engineering

Die IFOA legt fest, dass bereits in einer frühen Phase der Planung die Value Analysis Strategie (Wertanalyse) anzuwenden ist, die der kontinuierlichen Verbesserung der Produkte und der Prozesse dient. Dabei wird die Notwendigkeit verschiedener Prozesse und Produkte untersucht und geprüft, welche Lösung der Realisierung am besten entspricht, wobei immer darauf zu achten ist, welchen Preis der Kunde zu bezahlen bereit ist.

Die Value Analysis Strategie ist Teil des TVD. Das IPD-Team, insbesondere der Generalunternehmer und die Nachunternehmer sind angehalten nach Möglichkeiten zu suchen, die für den Bauherrn einen zusätzlichen Wert schaffen; sei es durch Reduzierung von Herstell- bzw. Baukosten, Lebenszykluskosten, Verbesserung der Umsetzbarkeit, der Funktionalität oder betriebsbedingter Flexibilität. Dabei sind die gestellten Anforderungen des Bauherrn stets zu beachten. Die Idee des Set-Based-Designs stammt von Toyota. Aus einer Reihe von Alternativlösungen kann eine fundierte Entscheidung getroffen und Nacharbeiten bzw. Planungsänderungen können vermieden werden.[128] Für die Effektivität oben genannter Methoden müssen die entsprechenden Nachunternehmer mit ihren Erfahrungen und Know-how frühzeitig in die Planung einbezogen werden.

Der Hauptfokus der Cluster-Gruppen liegt auf de Value Engineering Proposals (VEP). Sie bilden die Grundlage für Set-Based-Design. Die IFOA definiert VEP als Vorschlag zu jeglichen Alternativen in Form von Systemen, Methoden, Konfigurationen, Ausführung, Ausstattung oder ähnlichem, die die generellen Planungskriterien erfüllen und Zeit- oder Geldeinsparungen mit sich bringen oder die Qualität, die Ausführbarkeit oder andere messbare Werte erhöhen und dabei kostenneutral sind. Der VEP wird in Form eines A3-Berichtes dokumentiert und soll Angaben zu folgenden Punkten enthalten: Darlegung der vorgeschlagenen Änderung, Identifizierung aller aus dem Vorschlag resultierenden Einflüsse auf das Projekt, Service, Wirtschaftlichkeit des Betriebs, Wartung, Erscheinungsbild, Design und Sicherheit. Alle Änderungen müssen im Vergleich zur ursprünglichen in der IFOA definierten Planung dargelegt werden. Bevor die Kerngruppe eine endgültige Entscheidung trifft, sollen die entsprechende Cluster-Gruppe und das gesamte IPD-Team entscheiden, ob der VEP weiterverfolgt werden soll.

5S

Für die Ausführung der Arbeiten in der Bauphase ist vom Generalunternehmer zusammen mit den Nachunternehmern ein 5S-Plan aufzustellen, der von der Kerngruppe zu prüfen und zu genehmigen ist. Ein 5S-Plan dient der Organisation des Arbeitsplatzes und soll speziell für das jeweilige Projekt entwickelt werden. Die 5S stehen für Sortieren, Suchen vermeiden, Sauberkeit, Standardisierung und Selbstdisziplin. Ein Plan mit den Mindestanforderungen gemäß IFOA befindet sich im Anhang 5.

Der A3-Bericht und die CBA-Methode

Der A3-Bericht ist ein wertvolles, visuelles Instrument zur Dokumentierung eines (Lösungs-) Prozesses und bietet sich insbesondere als ein Werkzeug zur Problemlösung und gemeinsamen Entscheidungsfindung an. Toyota hat den A3-Bericht entwickelt, um so auf dem größtmöglichen Faxformat alle wichtigen Informationen auf einer einzigen Seite darzustellen.[129] Der A3-Bericht ermöglicht es, den Prozess einer Problemlösung übersichtlich und für Dritte nachvollziehbar darzustellen und bietet somit einen strukturierten Ansatz, den PDCA-Cycle umzusetzen. Der A3-Bericht wird nicht nur im Rahmen der kontinuierlichen Verbesserung verwendet, sondern wird auf dem CHH-Projekt auch als Kommunikationsmittel mit der Kerngruppe benutzt. Sämtliche Lösungsvorschläge werden anhand eines A3-

[128] Vgl. LIKER (2007), S. 336 f.
[129] Vgl. LIKER (2007), S. 228.

Berichtes dargestellt, so sind der Prozess der Problemlösung und der Lösungsvorschlag für die Kerngruppe nachvollziehbar. Zur Visualisierung werden möglichst Grafiken benutzt. Im CHH-Projekt werden die A3-Berichte an einer eigenen Wand präsentiert. Aufgrund der hohen Anzahl an A3-Berichten im gesamten Projekt werden an der Wand neben den wöchentlich aktualisierten und genehmigten A3-Berichten diejenigen A3-Berichte ausgehängt, die zeitlich kritisch sind und deren Lösung noch in Bearbeitung ist, so dass der Input vom gesamten Team gefragt ist. Jede Cluster-Gruppe präsentiert im wöchentlichen TVD-Meeting neu initiierte A3-Berichte. Alle IPD-Teammitglieder sind dazu eingeladen, ihr Know-how und ihren Input zur Problemlösung zu geben. Die Einbindung von Projektbeteiligten aus interdisziplinären Teams ist zur Lösungsfindung von entscheidender Bedeutung. Jeder Cluster-Gruppenleiter gibt in der TVD-Besprechung den Stand der A3-Berichte bekannt, die der Kerngruppe in der kommenden Woche vorgelegt werden sowie auch den aktuellen Stand genehmigter A3-Berichte. Darüber hinaus werden an den Wänden der verschiedenen Cluster-Gruppen A3-Berichte präsentiert, die in Bearbeitung sind. So kann auf den Input anderer IPD-Teammitglieder zurückgegriffen werden.

Der A3-Bericht enthält verschiedene Kategorien zur Darstellung des Prozesses und zur Lösungsfindung. Die nachfolgenden Kategorien beschreiben den für das Projekt standardisierten Prozess. Bei Bedarf können sie diese der Situation anpassen und verändern.

- Problem
  Als erstes wird das Problem in einem einzigen Satz formuliert. Der Hintergrund und die derzeitigen Bedingungen werden in einer detaillierten Problembeschreibung angegeben.

- Vorgehensweise und Ideengenerierung
  In Kurzform wird die Vorgehensweise beschrieben. Im detaillierteren Teil werden alle relevanten Informationen angegeben und der Prozess zur Ideengenerierung beschrieben.

- Analyse
  Eine Analyse der Grundursachen vorgenommen wird mit Hilfe der 5W-Methodik durchgeführt. Dabei wird fünfmal die Frage nach dem „Warum“ gestellt. Durch mehrfaches Hinterfragen wird so über die Kausalkette die wahre Ursache eines Problems gefunden. Zu jeder gefundenen Ursache werden Gegenmaßnahmen festgelegt.
  Zur Problemlösung und Entscheidungsfindung wird auf dem CHH-Projekt das Choosing By Advantages (CBA)-System verwendet, das im Anschluss an die

Vorstellung der verschiedenen Kategorien beschrieben wird. Wird das CBA-System zur Findung der Problemlösung verwendet, so werden innerhalb der Analyse die Vorteile der einzelnen Alternativen dargestellt.

- Vorschlag
  Bei Benutzung des CBA-Systems veranschaulicht das Diagramm „absolute Wichtigkeit der Vorteile in Relation zu den Kosten“ den Lösungsvorschlag.

- Aktionsplan
  Er definiert das weitere Vorgehen und den Zeitplan und benennt die Verantwortlichen für die jeweiligen Schritte im Aktionsplan.

Darüber hinaus enthält jeder A3-Bericht Informationen über den Autor, der in der Regel der Initiator des A3-Berichtes ist, und die Namen der in die Entscheidungsfindung involvierten IPD-Teammitglieder. Jeder A3-Bericht ist, bevor er an die Kerngruppe weitergeleitet wird, zuerst vom Cluster-Gruppenleiter und vom Value-Manager zu prüfen und zu unterzeichnen. Nach Prüfung durch die Kerngruppe wird der A3-Bericht von allen Anwesenden der Kerngruppe unterzeichnet.

Das oben bereits erwähnte CBA-System wird für die Entscheidungsfindung beim CHH-Projekt benutzt, da es sich besonders dazu eignet, Entscheidungen in Gruppen mit einem hohen Grad an Übereinstimmung zu treffen. Der Erfinder des CBA-Systems, Jim Suhr, hat sich über Jahrzehnte hinweg mit der Frage beschäftigt, wie stichhaltige Entscheidungen getroffen werden können. 1981 hat er die grundlegende Regel aufgestellt: Entscheidungen müssen anhand der absoluten Wichtigkeit von Vorteilen getroffen werden. Herkömmlicherweise werden Vorteile und Nachteile miteinander verglichen. Da aber jeder Nachteil aus einer anderen Perspektive auch ein Vorteil ist, werden im CBA-System nur die Vorteile miteinander vergleichen. Das Verständnis des CBA-Systems baut auf Definitionen verschiedener grundlegender Begriffe auf, die auf einer gemeinsame Sprache basieren. Darüber hinaus enthält das System verschiedene Prinzipien, Modelle und Methoden.[130] Die Grundlagen des Systems werden im Anhang 6 dargestellt.

Building Information Modeling (BIM)

Building Information Modeling (BIM) ist ein Prozess, der 3D-Daten während der gesamten Lebenszeit eines Projektes generiert und managt. Dabei werden die Daten aller Beteiligten von Beginn der Planung an, während der Ausführung und auch in der Betriebsphase fortlaufend in das Modell ein gepflegt, so dass sämtliche Beteiligte jederzeit auf ein aktuelles

[130] Weitere Information zum CBA-System können im Internet auf der Seite des Institute for Decision Innovations, Inc. unter www.DecisionInnovations.com gefunden werden.

Modell mit zuverlässigen Daten zurückgreifen können. Die Daten sind leicht änderbar mit einem vergleichsweise geringen Zeitbedarf für Überarbeitungen und Fehlerkorrekturen. In der späteren Betriebsphase ist BIM ein wichtiges Instrument zum Erkennen von Fehlerursachen, aber bereits während der Planung und Ausführung erweist sich die Anwendung von BIM als sehr vorteilhaft. Dieser Mehrwert wird besonders bei der gleichzeitigen Planung von Produkt und Prozess – wie es beim Lean-Ansatz der Fall ist – erkannt. Die Anwendung von BIM erfordert Transparenz zwischen den Beteiligten, diese notwendige Bereitschaft wird besonders unter dem Lean-Gedanken gefördert.

Die 3D-Visualisierung der Planung unterstreicht den Gedanken, dass das IPD-Team für die Planung des Gesamtsystems und nicht nur für die einzelner Teilaspekte verantwortlich ist. Koordination und Absprachen zwischen den verschiedenen Cluster-Gruppen werden so unterstützt und in einem gemeinsamen Modell visualisiert. Planungsfehler und Schnittstellenprobleme sind direkt erkennbar und können unmittelbar vom Team behoben werden. Damit werden zeit- und kostenaufwendige Änderungen während der Bauzeit vermieden. Problembereiche und mögliche Kollisionen werden ersichtlich und können vor Ausführungsbeginn vermieden bzw. verbessert werden. Die sonst so oft üblichen Konflikte zwischen dem Planungs- und dem Ausführungsteam bleiben aus bzw. können frühzeitig gelöst werden. Für die Kommunikation zwischen dem IPD-Team und den Endnutzern spielt BIM eine entscheidende Rolle. Traditionelle 2D-Zeichnungen stellen für Nicht-Baufachleute häufig eine Schwierigkeit dar: es fällt ihnen schwer, sich Räume oder gar das Gebäude vorzustellen. Wird dagegen ein 3D-Modell benutzt, können z.B. die Ärzte, das Krankenhauspersonal oder andere Endnutzer virtuell durch die verschiedenen Räume gehen und direkt ihr Input, Ideen, Anforderungen und gewünschte Änderungen einbringen.

Das Einarbeiten und Pflegen des Systems kostet viel Zeit, verspricht aber ein hohes Einsparungspotenzial sowohl während der Planung als auch in der Ausführung. Während der Planungsphase finden wöchentliche Koordinationstreffen statt, bei denen das Modell aktualisiert wird, indem die aktuellen Pläne verschiedener Cluster-Gruppen und Fachplaner in das bestehende Modell integriert werden. Das aktualisierte Modell wird an die Wand projiziert und mit den verschiedenen Beteiligten auf Konflikte, Schwierigkeiten und ausstehenden Abstimmungsbedarf untersucht. Dabei wird das Modell etagenweise analysiert, indem die einzelnen Räume virtuell durchgegangen werden. Die Besprechung wird von dem BIM-Verantwortlichen geleitet und die BIM-Koordinatoren der entsprechenden Cluster-Gruppen nehmen an der Besprechung teil. Es ist wichtig, dass neben dem Input von Fachplanern und Nachunternehmern auch auf das Input von Herstellern und Lieferanten zurückgegriffen wird. Diese können ihrerseits bei der Planung bereits auf das Modell zurückgreifen und es zur Optimierung nutzen. Für die Anwendung des BIM in der

Ausführungsphase ist beim CHH-Projekt geplant, dass Poliere und Bauarbeiter nicht mit Papierzeichnungen arbeiten sondern an sogenannten Kiosken die 3D-Zeichnungen anschauen und bei Bedarf die benötigten Details direkt ausdrucken können.

Value Stream Mapping

Value Stream Mapping (VSM), im deutschen unter dem Begriff Wertstromanalyse bekannt, ist ein zentrales Element der Lean Production. Die Wertstromanalyse ist eine Methode, die in Diagrammform Material- und Informationsflüsse darstellt, nachdem die Prozesse aus Sicht des Kunden analysiert wurden. Dazu wird im ersten Schritt der Ist-Zustand aufgenommen, der die derzeitige Verschwendung aufzeigt, in einer weiteren Analyse wird der zukünftige Prozessfluss analysiert, der danach in einem Implementierungsplan konkretisiert und mit Funktionen und Verantwortlichen versehen wird. Bei der Umsetzung wird stets auf Möglichkeiten zur kontinuierlichen Verbesserung geachtet.[131]

Im Rahmen von *Kaizen*-Workshops werden beim CHH-Projekt Wertstromanalysen entwickelt und umgesetzt. Im Rahmen eines ganzheitlichen Ansatzes werden neben den internen Abläufen im Projekt auch die internen Abläufe im Krankenhaus analysiert, so dass die Prozesse im Krankenhaus durch die darauf abgestimmte Planung optimal unterstützt werden können.

Besprechungen

Bei der Projektabwicklung im IPD-Team liegt der Schwerpunkt auf der Planung in interdisziplinären Teams. Dabei ist die Kommunikation unter den verschiedenen Teammitgliedern das Schlüsselelement. Verschiedene Besprechungen prägen den Projektalltag. Die zwei Hauptbesprechungen sind die wöchentliche TVD-Besprechung und die Last-Planner-Besprechung, an denen jeweils die Schlüsselpersonen des IPD-Teams teilnehmen. Darüber hinaus gibt es eine Vielzahl weiterer wöchentlich stattfindender Besprechungen. Zusätzlich sind häufig Besprechungen zu aktuellen Themen notwendig. Aufgrund der Vielzahl an Besprechungen ist es besonders wichtig, dass diese strukturiert und zielführend ablaufen. Zur Visualisierung und ständigen Erinnerung hängt daher in jedem Besprechungszimmer eine Tafel mit den Besprechungs-Grundregeln (nach Toyota):

1. Klare Ziele setzen.
2. Die richtigen Leute einladen.
3. Die Teilnehmer müssen vorbereitet sein.
4. Effektive Nutzung von Visualisierungshilfen.
5. Informationsmitteilungen vom Problemlösungsprozess trennen.

---

[131] Vgl. LIKER (2007), S. 395 und 416 f.

6. Pünktlich beginnen und pünktlich enden.

Bei der Umsetzung des zweiten Punktes, der Einladung der richtigen Leute, ist zu beachten, dass in einen Entscheidungsprozess drei Gruppen von Personen involviert sind:

- die Entscheidungsträger
- diejenigen, die die Entscheidung genehmigen und
- die Gruppe von Personen, denen die Entscheidung mitgeteilt werden muss, bevor sie umgesetzt wird

Der Durchführung einer strukturierten Besprechung dient eine Agenda, die sowohl die Themen als auch den zeitlichen Rahmen enthält.

Schulungen

Zur Integration neuer Teammitglieder in das IPD-Team werden verschiedene Schulungen angeboten, die von der Funktion der Person und dem Arbeitsbereich abhängig sind. Für jedes neue IPD-Teammitglied, auch die Bauherrenvertreter, ist es verpflichtend, an dem Study Action Team (SAT) „The Toyota Way“ teilzunehmen. Das Study Action Team trifft sich wöchentlich über einen Zeitraum von zehn Wochen und bespricht jeweils mehrere Kapitel aus dem Buch „Der Toyota Weg“ von Jeffrey Liker. Dabei bekommen die neuen Teammitglieder ein besseres Verständnis vom Lean-Ansatz und sie versuchen gemeinsam, den Bezug verschiedener Methoden und Prinzipien zum Projekt herzustellen. Als Nebeneffekt lernen sich die neuen Teammitglieder aus verschiedenen Bereichen besser kennen. Der interdisziplinäre Charakter des IPD-Teams spiegelt sich in der gemeinsamen Diskussion wider, verschiedene Methoden und Prinzipien auf das Projekt anzuwenden. Für die Cluster-Gruppenleiter und die Mitglieder der Kerngruppe wird ein weiteres SAT angeboten, basierend auf der Lektüre des Buches „Creating a Lean Culture“ von David Mann. Das SAT hat das konkrete Ziel, während der gemeinsamen Sitzungen Ansätze für die Umsetzung der im Buch vorgestellten Lean-Werkzeuge auf dem Projekt zu erarbeiten und dafür Zuständigkeiten und Termine festzulegen. Neben der Entwicklung von Standards für Arbeitsprozesse, sollen Teammitglieder zu Lean-Führungskräften entwickelt werden, die dann ihrer täglichen Arbeit den Lean-Gedanken vorleben und auf dem Projekt umsetzen.

Zu verschiedenen Themen gibt es einzelne Schulungen, z.B. allgemein zum Lean-Abwicklungssystem und Arbeiten im IPD-Team, zur IFOA, zum CBA-System sowie auch zum Führen von Besprechungen. In den wöchentlichen TVD-Besprechungen ist zur Verwirklichung der kontinuierlichen Verbesserung ein 15-minütiger Block eingeführt worden, in dem wöchentlich einzelne Elemente und Werkzeuge wiederholt und aufgefrischt werden.

6.2 Integrated Form of Agreement

6.2.1 Allgemeines zum Aufbau der IFOA

Die IFOA wird derzeit auf verschiedenen Projekten in Kalifornien angewendet, hauptsächlich für den Bauherrn Sutter Health. Für die IFOA gibt es derzeit keinen Standard- oder Mustervertrag. Sie wird gemeinsam im Team entwickelt und verhandelt und somit auf jedes Projekt neu zugeschnitten, unter Berücksichtigung der für die IFOA spezifischen Merkmale. Die IFOA ist ein Mehrparteienvertrag. Bauherr, Architekt und Generalunternehmer unterzeichnen einen Vertrag. Die Fachplaner unterschreiben ein sogenanntes Joining-Agreement, das die Bedingungen der IFOA anerkennt und die Nachunternehmer ein sogenanntes Trade-Partner-Agreement, das die Bedingungen der IFOA enthält, aber speziell auf die Nachunternehmer zugeschnitten ist und mit diesen verhandelt wurde. Dadurch gelten für alle Vertragspartner inklusive Bauherrn gleiche Bedingungen. Im Gegensatz zu einem transaktionalen Vertrag regelt die IFOA das Verhalten der Vertragspartner untereinander. Die Verhaltensstrategie stützt sich auf Sutter´s Philosophie die „Five Big Ideas“ (vgl. Kapitel 6.1.1).

Zur kommerziellen Strategie der IFOA gehören u.a. das gemeinsame Tragen der Verantwortung, das Teilen der Risiken aber auch der Gewinne, ein vorab festgelegter Zuschlag für Allgemeine Geschäftskosten sowie für den Gewinn, die Risikobegrenzung sowie ein gemeinsames Treffen von Entscheidungen.

6.2.2 Ausschreibung und Projektabwicklung

Die Ausschreibung geschieht in der Regel folgendermaßen: der Bauherr schreibt einen Business-Case aus, in dem die Anforderungen an das Projekt, das verfügbare Budget und der konzeptionelle Bauzeitenplan beschrieben werden. Die Auswahl des Architekten und des Generalunternehmers geschieht aufgrund guter Erfahrung bei der Abwicklung von Projekten in der Vergangenheit. Dabei spielen die Zusammenarbeit auf vorangegangenen Projekten und die Erfahrungen im Lean-Bereich eine wesentliche Rolle. Der Bauherr Sutter Health hat mit der Vergabe verschiedener Projekte an unterschiedliche Architekten und Generalunternehmer die Strategie verfolgt, dass sich in Zukunft Teams aus Architekten und Generalunternehmer vorab zusammenfinden und sich gemeinsam um den Auftrag bewerben. Zusammen mit dem Architekten und dem Generalunternehmer wählt der Bauherr die entscheidenden Nachunternehmer und Fachplaner aus (vgl. Kapitel 6.2.5). Dieses Team, zu dem auch der Bauherr gehört, entwickelt im Rahmen der „Validation Study“ – einer Realisierbarkeitsstudie – eine Lösung für das Design, das den Anforderungen des Business Case und dem verfügbaren Budget entspricht. Die Kerngruppe prüft die Ergebnisse der

Realisierbarkeitsstudie und gibt daraus resultierend einen Zielpreis (Target Cost) vor. Denkbar ist auch, dass der Bauherr nur das Budget vorgibt, und der Business Case gemeinsam mit dem Team entwickelt wird. Dies ist insbesondere bei kleineren innerstädtischen Bauvorhaben der Fall, bei denen aufgrund des hohen Grundstückpreises versucht wird, das Gebäudevolumen maximal zu nutzen, beispielsweise beim CHMOB.

Im Rahmen der Realisierbarkeitsstudie prüfen die bereits ausgewählten Teammitglieder, ob das Projekt als realisierbar eingestuft werden kann. Dafür werden in einem ersten Schritt die Geschäftsinteressen (Stakeholder-Values) des Bauherrn bestimmt und gewichtet. Verschiedene Ausführungsmöglichkeiten für das zu erstellende Gebäude sowie Prozesse innerhalb des Gebäudes, in diesem Fall des Krankenhauses, werden modelliert und simuliert, so dass nachfolgend das Bauwerk im Hinblick auf die zu liefernden Werte beschrieben werden kann. Im folgenden Schritt werden die Kosten für das Projekt unter Annahme der derzeitigen bewährten Verfahren und Methoden (best practice) bestimmt. Überschreiten die berechneten Baukosten das verfügbare Budget aus dem Business Case, so ist das Team gefragt, durch Innovationen und Optimierungen von Prozessen sowie durch Beziehungen zu Vertragspartnern Einsparungen zu erreichen. Sonst muss gegebenenfalls das Bau-Soll abgeändert und angepasst werden. Letztendlich entscheidet der Bauherr, ob die finanzierbare Realisierung den Anforderungen aus dem Business Case in Bezug auf Bau-Soll und Werte entspricht. Ist dies nicht der Fall, so muss entweder der Business Case angepasst werden oder das Projekt wird nicht realisiert.

In der eigentlichen Planungsphase legt der Bauherr die Zielkosten für das Projekt fest, die üblicherweise unterhalb seines Budgets liegen. Das Team hat eine Planung zu erstellen, die diese Zielkosten möglichst unterschreitet. Dazu wird das Team in verschiedene Cluster-Gruppen eingeteilt. Jedem Team werden entsprechende Zielkosten zugeteilt.

Mit Hilfe von Target Value Design (vgl. Kapitel 6.1.3) wird das Design auf das zur Verfügung stehende Budget abgestimmt. Diese Vorgehensweise unterscheidet sich grundlegend von herkömmlichen Ansätzen, bei denen das Budget durch das Design bestimmt wird. Während der Planungsphase werden nach Bedarf weitere Planer und Nachunternehmer in das Projektteam einbezogen. Durch eine enge Zusammenarbeit in interdisziplinären Teams werden das Budget fortlaufend aktualisiert und Kostenabschätzungen vorgenommen, noch bevor mit der detaillierten Designlösung begonnen wird. Am Ende der Planungsphase legt die Kerngruppe das Budget für die Bauphase fest.

Während der Ausführungsphase sollen durch Optimierung der Prozesse und Abläufe weitere Einsparungen erreicht werden.

6.2.3 Vergütung und Risikoverteilung

Die IFOA basiert auf einem innovativen Vergütungs- und Risikoverteilungssystem, das die Optimierung des gesamten Projektes anstelle der Verfolgung eigener Ziele unterstützt und den Austausch und die Kooperation zwischen den verschiedenen Disziplinen belohnt.

Das System enthält vier wesentliche Bestandteile:

- Vergütungsprinzip:
  Sämtliche anrechenbare Kosten (reimbursable costs) werden vom Bauherrn vergütet. Unter anrechenbaren Kosten werden alle Kosten verstanden, die dem Architekten oder dem GU tatsächlich im Zusammenhang mit dem Projekt entstehen. Dazu gehören Lohnkosten, Nachunternehmer- und Beratungskosten, Kosten für Material und Maschinen. Die anrechenbaren Kosten dürfen nicht höher als die marktüblichen Kosten am Ort des Projektes sein.

- Berechnung des Zuschlags (vgl. Abb. 10):
  Die Höhe des Zuschlags, der sich aus den Allgemeinen Geschäftskosten (AGK) sowie Gewinn zusammensetzt, wird vorab vereinbart und als Prozentsatz auf das zur Verfügung stehende Budget, das am Ende der Planungsphase festgelegt wird, berechnet.
  Ein vorab festgelegter Prozentsatz des Zuschlags, der prozentual auf das Budget berechnet wird, wird direkt mit den anrechenbaren Kosten ausgezahlt (hier beispielsweise 70%). Dieser Festbetrag (70% des vereinbarten Budgets) wird unabhängig vom erreichten Endergebnis ausgezahlt. Das hat den Anreiz, dass bei Unterschreitung des Budgets der prozentuale Gewinn höher ist.

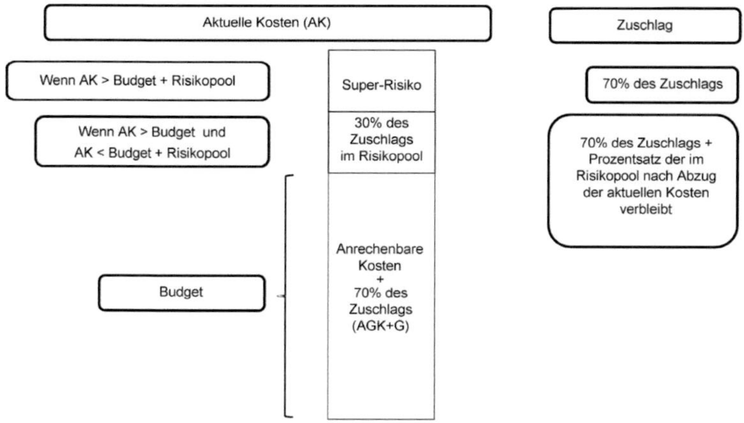

Abb. 10: Berechnung des Zuschlags in Abhängigkeit von den aktuellen Kosten

- Anreizsystem:
  Bei Unterschreitung der vereinbarten Budgets, der Zielkosten in der Planungsphase bzw. des geschätzten Maximalpreises in der Ausführungsphase teilt der Bauherr einen Teil seiner Einsparungen mit dem Team.

- Risikoverteilung:
  Die Risiken werden im Gegensatz zu traditionellen Verträgen gemeinsam getragen. Alle am Projekt beteiligten Firmen zahlen einen vorab vereinbarten Prozentsatz des Zuschlags in den Risikopool (At-Risk-Pool) ein (hier beispielsweise 30%). Dieser dient dazu, bei Überschreitung der geschätzten Maximalkosten am Ende der Bauzeit diese auszugleichen. Sollte der Risikopool nicht für die Gesamtkosten des Projekts ausreichen, so trägt der Bauherr die restlichen Kosten. Der Bauherr trägt damit das sogenannte „Super-Risiko“.

Während der Realisierbarkeitsstudie werden die Unternehmen nach vorab vereinbarten Stundensätzen bezahlt. Sowohl in dieser als auch in späteren Phasen sind sehr kurze Zahlungsziele vereinbart. Die Unternehmen werden spätestens zehn Tage nach der monatlichen Rechnungsstellung in der Planungsphase und nach der zweimonatlichen in der Ausführungsphase bezahlt. Die Kerngruppe legt die Zielkosten für die Planungsphase fest, so dass die Vergütung nach den tatsächlich anrechenbaren Kosten erfolgen kann und die Einzahlung in den Risikopool beginnt. Der Bauherr nutzt die im Team erzielten Einsparungen, um zusätzliche – nicht im ursprünglichen Bau-Soll enthaltene – Investitionen für das Projekt zu tätigen und so dessen Wert zu erhöhen. Für die Unternehmer sind dies zusätzliche Leistungen, deren anrechenbare Kosten erstattet werden und auf die auch der vereinbarte Zuschlagprozentsatz entfällt. Der Zuschlag wird nicht mit den eingesparten Leistungen gegengerechnet. Als weiterer Anreiz zur Kostenreduzierung werden verschiedene Einsparungsziele gesetzt.

Das Anreizsystem wird nachfolgend exemplarisch erläutert. Der Anteil des Teams an den Einsparungen erhöht sich mit zunehmenden Einsparungen. Für die ersten $10 Millionen Einsparungen bekommt das Team 10% davon, für weitere $10 Millionen Einsparungen 20% davon und so weiter. Dieses Prinzip basiert auf der Annahme, dass die ersten $10 Millionen Einsparungen leichter zu erreichen sind als weitere $10 Millionen. Entsprechend dem Schwierigkeitsgrad werden auch der Anteil und damit der Anreiz erhöht.

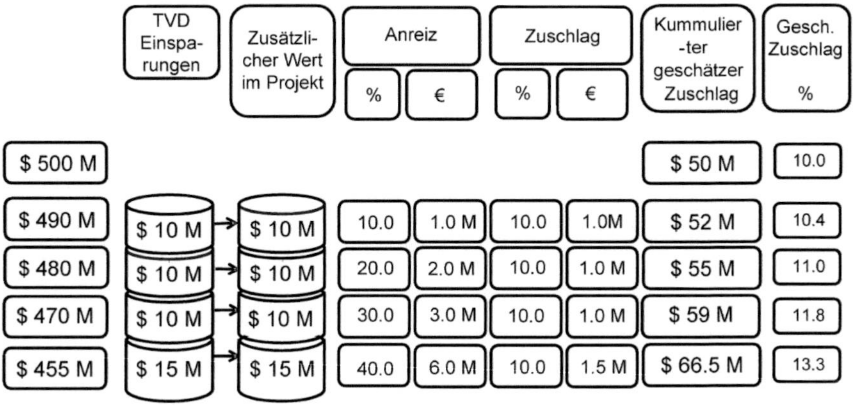

Abb. 11: Beispiel Anreizsystem

Unter der Annahme, dass der Zuschlag bei 10% und das Projektvolumen bei $500 Millionen liegt, ergibt sich folgende Situation: erreicht das Team eine Einsparung von $10 Millionen, so bekommt das Team als Belohnung einen Betrag von $1 Million. Da der Bauherr die eingesparten $10 Millionen für zusätzliche Leistungen im Projekt nutzt, entfällt auch hierauf wieder ein Zuschlag von 10%, die $1 Million entsprechen. Das bedeutet, dass sich der Zuschlag des Teams von 10% auf 10,4% erhöht. Schafft das Team es, $30 Millionen einzusparen, so erhöht sich der Zuschlag von ursprünglich 10% auf 11,8% durch zusätzlichen Zuschlag in Höhe von $3 Millionen und durch Belohnungen in Höhe von insgesamt $6 Millionen ($1 Million für die ersten $10 Millionen, $2 Millionen für die nächsten $10 Millionen und $3 Millionen für weitere $10 Millionen Einsparungen). Das Team wird bei Einsparungen doppelt belohnt: einerseits ist es prozentual an den Einsparungen beteiligt, andererseits werden die Einsparungen zu 100% wieder in das Projekt investiert, so dass das Team auch darauf wieder einen Zuschlag erhält.

6.2.4 Streitbeilegung

Sind sich eine oder mehrere Parteien uneinig über die Ausführung oder Interpretation der IFOA, wird von einer oder mehreren Vertragsparteien Anspruch auf mehr Geld oder Verlängerung der Bauzeit erhoben oder gibt es andere Uneinigkeiten in Bezug auf die vertraglichen Verpflichtungen, so wird dies in der IFOA als „Claim" bezeichnet. Änderungen im Bau-Soll sind hiervon ausgenommen. Die IFOA definiert für den Fall eines Claims einen sechs-stufigen Prozess, der ohne Einbindung von Anwälten und ohne Gerichtsverfahren auskommen soll. Erst wenn alle sechs vorangegangenen Versuche, den Konflikt zu lösen, fehlgeschlagen sind und keine Einigung erreicht werden konnte, steht es den Beteiligten frei, rechtliche Schritte einzuleiten. Das oberste Ziel ist es allerdings, den Streit bzw. die Unstimmigkeiten ohne rechtliche Schritte zu lösen. Das sechs-stufige Verfahren wird im Anhang 7 näher erläutert.

6.2.5 Auswahl- und Vergabeverfahren

Die Auswahl der am Projekt beteiligten Nachunternehmer und Fachplaner erfolgt gemeinsam im Team. Die einzelnen Cluster-Gruppen entscheiden, ob das Spezialwissen weiterer Fachplaner bzw. Nachunternehmer nötig und wenn ja, wann deren Einbindung in das Team sinnvoll ist.

Ist der Bedarf für einen weiteren Nachunternehmer identifiziert worden, so hat die Auswahl gemäß einem festgelegten Prozess stattzufinden. Zuerst ist das Bau-Soll für diesen Nachunternehmer zu definieren. Die Teammitglieder der jeweiligen Cluster-Gruppe diskutieren gemeinsam, wie das Bau-Soll zu beschreiben ist und inwieweit ggf. Arbeiten an mehrere Nachunternehmer oder nur an einen zu vergeben sind. Die Entscheidung wird innerhalb der Cluster-Gruppe getroffen. Im nächsten Schritt wird eine Liste mit potenziellen Nachunternehmern erstellt. Hierfür ist das IPD-Team vom Leiter der jeweiligen Cluster-Gruppe zu informieren. Das IPD-Team wird in der wöchentlichen TVD-Sitzung mündlich dazu eingeladen, an dem Auswahlprozess teilzunehmen, und auch durch Bekanntgabe in der Agenda des TVD-Meetings und durch A3-Berichte. Sämtliche Mitglieder des IPD-Teams haben die Möglichkeit, sowohl am Auswahlprozess teilzunehmen als auch potenzielle Firmen vorzuschlagen. Für die Genehmigung der möglichen Nachunternehmer wird ein A3-Bericht erarbeitet. Dieser informiert die Kerngruppe über die möglichen Nachunternehmer und über die Meilensteine des Zeitplans für den Auswahlprozess. Dazu gehören in der Regel das Versenden der Ausschreibungsunterlagen, ein bis zwei Interviewrunden – bei denen nach der ersten Runde bereits eine Vorauswahl getroffen wird – sowie die Fertigstellung des A3-Berichtes mit einer Empfehlung an die Kerngruppe. Die Ausschreibung sowie die in der Ausschreibung angeforderten Unterlagen variieren von Gewerk zu Gewerk. Folgende Unterlagen sind mit jeder Angebotsabgabe einzureichen:

- Stellenbesetzungs- und Arbeitsplan für die Planungsphase mit den dazugehörigen Kosten, ggf. auch bereits Ausarbeitung einer Design-Lösung
- „Kalkulationsübung“ (zum Kostenvergleich mit Mitbewerbern)
- Zeitliche und personelle Planung sowie der Input für das IPD-Team
- Erfahrungen im Bereich BIM sowie weitere industrie- und produktspezifischen Erfahrungen
- Bisheriges Verständnis von und Erfahrung mit Lean-Prozessen
- Bereitschaft, das Joining Agreement bzw. das Trade-Partner Agreement zu unterschreiben
- Bereitschaft, einen Baukostenvorschlag und ein Arbeitsstundenmodell für das entsprechende Bau-Soll abzugeben
- Angabe relevanter Referenzprojekte und der Statistik der Arbeitssicherheit aus den vergangenen Jahren

Die Ausschreibungsunterlagen enthalten spezifische Anforderungen an das jeweilige Gewerk sowohl für die Planungs- als auch für die Ausführungsphase. Darüber hinaus sind Informationen über das Projekt sowie über den LPDS-Ansatz von Sutter Health Bestandteil. Weiterhin sind der Ausschreibung Folien beigefügt, die über die Grundzüge der IFOA informieren, so dass die potenziellen Nachunternehmer beim Interview in der Lage sind, aufgrund der Unterlagen und nach der Möglichkeit zu Rückfragen, zu entscheiden, ob sie der Idee der IFOA zustimmen.

Da die Ausschreibung nur an ausgewählte Firmen geht, werden in der Regel alle Firmen, die ein Angebot abgegeben haben, zu einem Interview eingeladen. Der Leiter der jeweiligen Cluster-Gruppe stellt ein Interviewteam zusammen, das möglichst bei allen Interviews mit potenziellen Bewerbern anwesend sein sollte. Neben dem Leiter der Cluster-Gruppe sind noch ein bis zwei weitere Mitglieder aus der Cluster-Gruppe – möglichst aus verschiedenen Disziplinen – anwesend, dazu können auch Vertreter des Bauherrn gehören sowie der Projekt-Baukaufmann. Grundsätzlich kann jeder aus dem IPD-Team an den Interviews teilnehmen, insbesondere gilt dies natürlich für Teilnehmer aus anderen Cluster-Gruppen, die später an der Schnittstelle arbeiten werden oder die bereits bestimmte Erfahrungen mit dem oder Anforderungen an den neuen Nachunternehmer haben. Der Leiter der Cluster-Gruppe definiert zusammen mit dem Interviewteam die wesentlichen Auswahlkriterien für den gesuchten Nachunternehmer. Dazu werden verschiedene Faktoren und Merkmale festgelegt, anhand derer später die Beurteilung der verschiedenen Wettbewerber erfolgt. Die gemeinsam erstellte CBA-Tabelle dient als Leitfaden für die Interviews. Die Entscheidungsempfehlung für den Nachunternehmer wird mit Hilfe des CBA-Systems getroffen, so dass sie später auch dokumentiert und nachvollziehbar als Empfehlung an die Kerngruppe gegeben werden kann. Die Kerngruppe trifft über die Wahl des Nachunternehmers die endgültige Entscheidung. Von den sich bewerbenden Nachunternehmern wird erwartet, dass sie sich zu folgenden Themen vorbereiten: sie sollen sich darüber im Klaren sein, ob sie bereit sind, die IFOA zu unterschreiben bzw. mit welchen Paragraphen sie nicht einverstanden sind. Sie sollen ein Konzept vorstellen, wie sie sich in der Planungsphase einbringen und insbesondere inwieweit sie dabei das bereits bestehende IPD-Team unterstützen können. Von zentraler Bedeutung sind Innovation, Kreativität und die Bereitschaft, neue Lösungen abseits der traditionellen Methoden und Wege zu finden. Falls sie noch keine Erfahrung mit Lean-Prozessen und dem LPDS haben, wird im Interview herauszufinden sein, inwieweit sie dazu bereit und in der Lage sind, dem Lean-Gedanken zu folgen und aktiv im Team mitzuarbeiten um zum Teamerfolg beizutragen. Ein weiterer wichtiger Faktor ist die Fähigkeit der 3D-Darstellung. Bei dem Interview soll das Team, das später auf dem Projekt sein wird, vorgestellt werden. Dem Auswahlgremium ist es wichtig, einen Eindruck von den Personen zu bekommen, mit denen sie später zusammenarbeiten werden. Die später im Projekt Beteiligten müssen über ausreichend Erfahrung verfügen und befugt sein, Entscheidungen zu treffen.

Nachdem alle Bewerber interviewt worden sind, wird die bereits vorbereitete CBA-Tabelle (vgl. Kapitel 6.1.3) vom Interviewteam in einer speziellen Sitzung für jeden einzelnen Bewerber ausgefüllt und die Vorteile verschiedener Eigenschaften bewertet. Sollte sich kein eindeutiger Bewerber hervorheben bzw. sind andere Kriterien oder Fragen aufgetreten, die noch geklärt werden müssen, so wird eine Vorauswahl getroffen. Mit den noch verbleibenden Bewerbern wird eine zweite Interviewrunde durchgeführt, für die neue bzw. ausführlichere Unterlagen von den Bewerbern angefordert werden können.

Sobald die Cluster-Gruppe einen Nachunternehmer vorschlagen kann, wird der A3-Bericht vervollständigt und die CBA-Tabelle ergänzt, so dass die Kerngruppe die endgültige Entscheidung treffen kann.

7 Eigene Untersuchungen zu Allianzen an Projekten in Australien

7.1 Zielsetzung und Schwerpunkte

Allianzen sind in Australien insbesondere im öffentlichen Sektor bei der Umsetzung von Infrastrukturprojekten weit verbreitet. Eine Studie der Alliancing Association of Australasia (AAA) aus dem Jahr 2008 hat gezeigt, dass zwischen 1996 und 2008 im öffentlichen Sektor in Australien und Neuseeland insgesamt 217 Allianzen abgewickelt worden sind bzw. sich derzeit noch in der Abwicklung befinden. In den Jahren 2006 und 2007 ist eine extreme Zunahme an neu abgeschlossenen Allianzen zu verzeichnen gewesen, der auf den enormen Anstieg im Auftragsvolumen insbesondere im Infrastrukturbereich zurückzuführen ist. Insbesondere in den Bereichen Wasser- und Straßenbau sind mit einem Anteil von 39% bzw. 29% die meisten Allianzen zu verzeichnen. Anfänglich wurde das Allianz-Modell nur für Projekte mit einem Auftragsvolumen von 10 bis 250 Millionen AUD verwendet, heutzutage wird es auch auf Großprojekten mit Volumen von über einer Milliarde AUD verwendet. Für die größten initiierten Projekte seit 2006 wurden ausschließlich Allianzen angewendet.[132] Aufgrund der großen Akzeptanz und der verzeichneten Erfolge insbesondere im öffentlichen Sektor bedarf es einer näheren Betrachtung der Allianzen im Hinblick darauf, wie sie das Projektergebnis erfolgreich beeinflussen und darüber hinaus zu einer gemeinschaftlichen Projektabwicklung beitragen.

Dazu werden die Auswahl der Allianzpartner, der Allianzvertrag sowie die Abwicklung einer Allianz im Projektverlauf anhand eines konkreten Infrastrukturprojektes in Australien untersucht. Darüber hinaus wird die Vergabe- und Vertragsstrategie im Rahmen eines großen Investitionsprogramms eines öffentlichen Bauherrn im Bereich der Wasserversorgung analysiert. Ziel ist es, die Grundzüge einer Allianz und die grundlegenden Prinzipien darzustellen und zu erfassen, inwieweit eine Allianz eine gemeinschaftliche Projektzusammenarbeit unterstützt und welche Vorteile aber auch Schwierigkeiten sich bei der Verwendung einer Allianz für den Bauherrn sowie für alle Projektbeteiligten bzw. die beteiligten Firmen ergeben. Die Merkmale des Allianzvertrags werden anschließend denen der IFOA gegenübergestellt und einer kritischen Analyse unterzogen. Aufbauend auf den Untersuchungen und Ergebnissen soll ein kooperatives Projektabwicklungssystem unter Berücksichtigung von Lean-Prinzipien entwickelt werden, das die Projektorganisation, die Vergabestrategie sowie vertragliche Aspekte enthält.

[132] Vgl. AAA (2008), S. 8 ff.

7.2 Fallstudie am Monash-Citylink-West Gate Upgrade in Melbourne, Australien

7.2.1 Einleitung

Das Victorianische Straßenbauamt VicRoads hat in Zusammenarbeit mit dem Zollbetreiber Transurban im Rahmen des staatlichen Aktionsprogrammes zur Verbesserung der Transportsysteme in Victoria die Erweiterung des Monash-Citylink-West Gate geplant, einer der stark befahrensten Straßen im Zentrum von Melbourne. Das gesamte Projekt mit einer Länge von über 70 km ist in vier Abschnitte (Baulose) unterteilt, von denen bei zwei Abschnitten VicRoads und bei den anderen beiden Transurban der Bauherr ist. Die Erneuerung und Erweiterung des Monash-Citylink-West Gate sowie die Installierung eines Freeway Management Systems im gesamten Bereich umfasst ein Volumen von 1,39 Milliarden AUD und ist das größte staatlich finanzierte Infrastrukturprojekt in der Geschichte von Victoria.

Der West Gate Freeway (WGF) Abschnitt gilt aufgrund nachfolgend dargestellter Risiken und Unsicherheiten als ein besonders schwieriger Abschnitt, für dessen Realisierung sich die Abwicklung als Allianz besonders eignet:

- Enger Fertigstellungstermin des Projektes: spätestens Juli 2010
- Schnittstellenmanagement zu benachbarten Projekten und laufendem Verkehr
- Einbindung zahlreicher Stakeholder

Aus Sicht des Bauherrn weist die Abwicklung innerhalb einer Allianz eine große Flexibilität auf und eignet sich daher insbesondere für die Umsetzung eines sicheren und effektiven Verkehrsmanagements, da ein Großteil der Arbeiten unter laufendem Verkehr stattfindet. Da der West Gate Freeway der Zubringer zu einer zollpflichtigen Straße ist, war es ein großes Ziel, die Einnahmeverluste für den Zollbetreiber, Transurban, zu minimieren. Desweiteren gewährleistet eine Allianz aus Sicht des Bauherrn eine gute Koordination mit benachbarten Projekten. In unmittelbarer Nähe zum WGF ist zeitgleich das Melbourne Exhibition Center entstanden, das aus Sicht des Bauherrn ein großes Risiko in Bezug auf Bauzeitverzögerungen und Behinderungen darstellt. Darüber hinaus ist die proaktive Einbindung verschiedener Stakeholder notwendig. VicRoads hat außerdem in der Abwicklung einer Allianz die Möglichkeit gesehen, die eigene Unternehmenskultur weiterzuentwickeln und davon auch bei zukünftigen Projekten profitieren zu können.

Der West Gate Freeway Abschnitt hat ein Bauvolumen von etwa 630 Millionen AUD und umfasst die Planung und Herstellung verschiedener Maßnahmen zur Erweiterung des Freeways um eine zusätzliche Fahrspur. Die komplette Planung erfolgt in einer Allianz aus

Bauherrn, Architekt und Generalunternehmer. Aufgrund des fortgeschrittenen Stadiums der Ausführung und der bisher erzielten Erfolge eignet es sich besonders als Referenzprojekt.

7.2.2 West Gate Freeway Section

Die West Gate Freeway Section verbindet den Citylink-Tunnel mit der West Gate Brücke sowie Melbournes Westen mit den nördlichen Stadtteilen. Die Erweiterung der West Gate Freeway Section umfasst den Neubau von drei Rampen an verschiedenen Knotenpunkten sowie eine Verbesserung des Montague Street Knotenpunktes durch eine neue 18 m lange Straßenüberführung in Richtung Westen und den Bau einer Hochstraße im südlichen Gebiet von Melbourne. Darüber hinaus wird ein „Intelligent Lane Control System" installiert, ein modernes Freeway Kontroll-System, das den Verkehrsstrom über an das Verkehrsaufkommen angepasste Geschwindigkeitsangaben lenkt.

Die Suche nach den Allianzpartnern hat im Oktober 2006 mit einer öffentlichen Bekanntmachung der Ausschreibung begonnen. Die Angebote waren bis Anfang Dezember 2006 einzureichen. Daraufhin haben im Januar 2007 Interviews mit den drei Konsortien, die ein Angebot abgegeben hatten, stattgefunden. Von den drei Konsortien sind nach dem Interviewprozess zwei ausgewählt worden, die im Februar jeweils an einem 2-tägigen Workshop teilgenommen haben. Auf die Ausschreibung und Vergabe wird in Kapitel 8.2 näher eingegangen. Nach Entscheidung für ein Konsortium Ende Februar hat die eigentliche Planungsphase des Projektes von März bis November 2007 stattgefunden. Zu Beginn der Planungsphase war noch kein detailliertes Design vorhanden. Das Konsortium, bestehend aus zwei Planungsbüros und zwei Baufirmen, hat gemeinsam mit dem Bauherrn VicRoads als Allianz das Design entwickelt und die Kalkulation erstellt, aus der die Kosten für die Erfüllung der Mindestkriterien des vom Bauherrn vorgegebenen Business Case hervorgehen.

Das Projekt befindet sich seit Dezember 2007 in der Ausführungsphase und wird voraussichtlich im März 2010 – vier Monate vor dem vertraglichen Fertigstellungstermin – fertiggestellt sein.

7.2.3 Anwendung der wissenschaftlichen Methodik im Projekt

Während des Aufenthaltes auf dem Projekt war es möglich, Einblick in Vertragsdokumente, Ausschreibungs- und Angebotsunterlagen sowie Monatsberichte und weitere Dokumente zu bekommen sowie an den wöchentlichen Besprechungen des Alliance Management Teams (AMT) teilzunehmen.

Als Grundlage der Fallstudie dient die Inhaltsanalyse des Vertrags, die anhand der in Kapitel 6 erarbeiteten Kriterien erfolgt. Aus der Inhaltsanalyse resultierende Fragen werden mit Hilfe von Interviews geklärt.

Auch bei dieser Fallstudie ist die Durchführung und Auswertung von Interviews der wesentliche Bestandteil. Durch die Befragung geeigneter Gesprächspartner können offene Fragen, die sich aus der Inhaltsanalyse des Vertrags und weiteren Dokumenten (Ausschreibungsunterlagen, Angebot, Monatsberichte etc.) aber auch aus Beobachtungen des Projektablaufs und der Teilnahme an Besprechungen ergeben haben, geklärt und zusätzliches „Insider-Wissen" generiert werden. Die Auswahl der Befragten hat sich neben dem Alliance Projectmanager (APM) auf das Alliance Management Team (AMT) und das Wider Project Team (WPT)[133] konzentriert. Dabei ist der Fokus auf folgende Kriterien gelegt worden:

- Auswahl von Gesprächspartnern aus allen Bereichen des AMT (Design, Ausführung, Controlling etc.) zur Erreichung eines breiten Spektrums an Informationen
- Auswahl von Gesprächspartnern der verschiedenen Allianzpartner
- Auswahl von Gesprächspartnern, die bereits in die Angebotsphase und im Auswahlprozess eingebunden waren und über Erfahrungen mit dem gesamten Projekt verfügen
- Auswahl von Gesprächspartnern, die mit Ausführungsarbeiten auf der Baustelle betraut sind

Zusätzlich zu den Interviews dienen zahlreiche Gespräche mit weiteren Projektbeteiligten als Informationsquelle. Die nachfolgende Matrix veranschaulicht die Verteilung der Befragten des WGF-Projektes einschließlich der anderen in Australien untersuchten Projekte.

[133] Die Aufgaben und die Zusammensetzung der verschiedenen Teams werden in Kapitel 8.4.2 näher erläutert.

		Projekt			
		WGF	MW	unabhängig	Summe
Team	ALT	1	1	-	2
	APM	1	1	-	2
	AMT	6	3	-	9
	WPT	2	-	-	2
	Experten	1	1	4	6
	Summe	11	6	4	21

Abb. 12: Matrix der Interviewpartner von Projekten in Australien

Da es im Rahmen dieser Fallstudie bei der Durchführung der Interviews vor allem um die Klärung von Verständnisfragen sowie grundlegenden Fragen im Bezug auf Allianzen geht, sind die Interviews in zwei Teile gegliedert: einen allgemeinen Teil, der für alle Befragungen gilt und einen speziellen Teil, der individuell auf jeden Befragten zugeschnitten ist. Für den allgemeinen Teil dient ein Leitfaden zur Strukturierung der Interviews und Vergleichbarkeit der Ergebnisse. Der allgemeine Teil beschäftigt sich mit den Themen:

- Allgemeine Informationen zum Interviewpartner
- Entscheidung für die Durchführung einer Allianz
- Teammitglieder (Einbindung, Anforderungen, Rolle des Bauherrn etc.)
- Unterschiede im Vergleich zu einer traditionellen Projektabwicklung mit einem traditionellen Vertrag

Die Auswertung erfolgt in Kapitel 9.4.

7.3 Andere Projekte

Die Mehrzahl der Allianzen wird in sogenannten Projekt-Allianzen abgewickelt. Dabei bildet der Bauherr mit einem oder mehreren Vertragspartnern eine Allianz, um ein bestimmtes Projekt zu realisieren. Neben Projekt-Allianzen gibt es auch sogenannte *Program-Alliances*, Programm-Allianzen, die sich von einer Projekt-Allianz dadurch unterscheiden, dass verschiedene individuelle, aber meist zusammenhängende Projekte im Rahmen eines

Programms gebündelt und in einem definierten Zeitrahmen von einem Allianz-Team realisiert werden.

Melbourne Water (MW) ist ein staatliches Unternehmen und damit ein öffentlicher Bauherr, der für die Wasserversorgung im Großraum Melbourne verantwortlich ist. Melbourne Water wickelt derzeit im Rahmen seines Investitionsprogramms für den Zeitraum 2008 bis 2013 vier Programm-Allianzen ab. Diese wurden ergänzend zu den Untersuchungen bei der WGF-Allianz als Referenzprojekte ausgewählt. Der Schwerpunkt liegt hier auf der Identifizierung der Unterschiede bei der Abwicklung von Projekt-Allianzen im Vergleich zu Programm-Allianzen und der Analyse der Gründe, warum die Abwicklung in einer Allianz – hier im Speziellen in einer Programm-Allianz – gewählt wurde. Dazu wurden zahlreiche Interviews mit Vertretern des Bauherrn Melbourne Water geführt.

Darüber hinaus haben weitere Gespräche mit Experten stattgefunden, die in unterschiedlichen Bereichen von Allianzen tätig sind und Einblick und Erfahrungen in und mit verschiedenen Allianzen haben. Zur Darstellung der verzeichneten Erfolge bei bereits abgeschlossenen Allianzen sind geeignete Referenzprojekte ausgewählt und die verfügbaren Daten ausgewertet worden. Die Ergebnisse werden in Kapitel 9.4.2 dargestellt.

7.4 Melbourne Water

7.4.1 Strategie zur Umsetzung des Investitionsprogramms

Melbourne Water hat 2006 vor der Herausforderung gestanden, in einem fünf Jahreszeitraum zwischen 2008/2009 und 2012/2013 ein enormes Investitionsprogramm in Höhe von über zwei Milliarden AUD bewältigen zu müssen. Während die Ausgaben im Haushaltsjahr 1999/2000 bei $100 Millionen lagen, sind diese bis zum Jahr 2006/2007 progressiv auf $240 Millionen angestiegen und erreichten im Jahr 2008/2009 ein Maximum von $615 Millionen. Um den enormen Anstieg des Projektvolumens, das sich auf insgesamt sechs Großprojekte sowie verschiedene Erneuerungs- sowie Sanierungs-Programme verteilt, innerhalb traditioneller Projektabwicklungsformen bewältigen zu können, hätte Melbourne Water die eigenen Ressourcen extrem aufstocken müssen. Da aber bereits abzusehen war, dass das Auftragsvolumen nach 2013 nicht in dem Umfang bestehen bleiben würde, war es das Ziel von Melbourne Water, andere Vorgehensweisen zu finden, um das Programm bewältigen zu können, ohne dabei die eigenen Ressourcen mit einer fehlenden langfristigen Perspektive erweitern zu müssen. Darüber hinaus bestanden noch folgende Herausforderungen:

- Sicherstellung von Ressourcen, um das Programm bei einem in Australien bestehenden Mangel an Fachkräften zu bewältigen
- Kapazitäten und Fähigkeiten, um Infrastrukturprojekte im Weltklasse-Bereich zu liefern
- Forderung eines überdurchschnittlichen Preis-Leistungs-Verhältnisses

Dazu ist von Melbourne Water eine Strategie zur Umsetzung des Investitionsprogramms entwickelt worden, die folgende vier Bereiche identifiziert und analysiert

- verschiedene Projektabwicklungsarten, eingeschlossen der dabei möglichen Vertragsarten für die Realisierung des Investitionsprogramms
- die Kapazitäten des Marktes zur Realisierung des Investitionsprogramms
- interne Ressourcen und Prozesse
- externe Genehmigungsverfahren

und darauf aufbauend die geplante Vorgehensweise im Hinblick auf die strategische Vergabe und Abwicklung zur Realisierung des Investitionsprogramms beschreibt. In der Vergangenheit hat Melbourne Water die Planung überwiegend selber ausgeführt und die Ausführungsarbeiten in Form eines traditionellen Pauschalvertrags vergeben. Größere Projekte sind teilweise an Totalunternehmer bzw. Totalübernehmer (Design-Build) vergeben worden, manchmal mit vertraglich vereinbarten Anreizmechanismen.

Im Rahmen der Strategieentwicklung sind die internen und externen Marktbedingungen ermittelt und verschiedene Vertragsformen und Projektabwicklungsformen analysiert worden. Zusammen mit den Stakeholdern, dem Department of Sustainability and Environment (DSE) und dem Department of Treasury and Finance (DTF), ist ein Vergabe-Entscheidungs-Werkzeug entwickelt worden. Dieses ermittelt für jedes Projekt in Abhängigkeit von den projektspezifischen Schlüsselkriterien und Risiken das am besten passende Vertragsmodell. Die Entscheidung soll für jedes Projekt einzeln getroffen werden. Dabei ist das DTF-Team möglichst einzubinden, um frühzeitig eine Übereinstimmung in Bezug auf die Vertragsart zu erzielen.

Als Ergebnis können die Projekte des Investitionsprogramms in drei Hauptkategorien eingeteilt werden:

- sechs Großprojekte, die je nach den Projektkriterien und den damit verbundenen Risiken vergeben werden (darunter eine Allianz) und circa 50% des Volumens des Investitionsprogramms der nächsten fünf Jahre ausmachen
- kleinere Projekte bis zu einem Volumen von $500.000, die von den bereits bestehenden Instandhaltungsabteilungen und -partnern abgewickelt werden

- vier gebündelte Programme, die jeweils eine Vielzahl von Projekten enthalten und von vier verschiedenen Teams in Form von Programm-Allianzen abgewickelt werden

Die Strategie zur Umsetzung des Investitionsprogramms ist anschließend von unabhängigen Experten geprüft und bestätigt worden.

7.4.2 Programm-Allianzen

Die Bündelung der Programm-Allianzen hat sich aufgrund der Projekteigenschaften, der jeweiligen Risiken sowie der geographischen Lage der Projekte ergeben. Dabei sind folgende vier Programm-Allianzen entstanden:

- Water Supply
- Waterways and Stormwater Quality
- Pipelines (Sewerage and Drainage)
- Sewage Treatment and Pump Stations

Am Beispiel der Water Supply Programm-Allianz wird die Bündelung der verschiedenen Projekte nachfolgend verdeutlicht. Das Water Supply Programm umfasst insgesamt 45 Projekte an fünf verschiedenen Orten innerhalb des Melbourne Water Sypply Systems. Das Programm ist für fünf Jahre ausgelegt und umfasst ein Volumen von ca. 307 Millionen AUD, die auf die Bereiche Mechanical & Electrical ($107 M), Pipeline Construction ($118 M), Tank Refurbishment and Construction ($56 M) und Civil Works ($26 M) verteilt sind.

8 Ergebnisse der Projekte in Australien

8.1 Allgemeines

Die Verwendung von Allianzen findet in Australien überwiegend im öffentlichen Sektor statt, da Allianzen insbesondere für komplexe Projekte geeignet sind, deren Bau-Soll vorab nicht eindeutig festgelegt werden kann, deren Risiken nicht voll einschätzbar bzw. teilweise noch unbekannt sind und die während der Ausführung ein hohes Maß an Flexibilität verlangen. Öffentliche Auftraggeber müssen in Australien bei der Vergabe verschiedene Genehmigungsprozesse durchlaufen, die von der Regierung des jeweiligen Staates festgelegt werden. Im Anhang 8 ist beispielhaft der Genehmigungsprozess für ein Großprojekt von Melbourne Water im Staat Victoria zu finden. Grundsätzlich ist für Projekte mit Bausummen von mehr als $50 Millionen ein strategischer Business Case einzureichen.

Für den Fall, dass das Projekt in Form einer Allianz abgewickelt werden soll, muss in Victoria zusammen mit dem Business Case auch die bevorzugte Vergabe- und Vertragsform (in diesem Fall die der Allianz) angegeben werden. Dabei wird empfohlen, die Entscheidung für eine Allianz bereits vorab mit DSE und DTF zu besprechen und abzuklären.

Die Regierung von Victoria hat Anfang 2005 die Notwendigkeit gesehen, einen Standard für die Vergabe, Vertragsgestaltung und Abwicklung von Allianzen zu entwickeln. Dabei war das Ziel, einerseits die Erfahrungen aus den bereits laufenden und abgeschlossenen Allianzen zu sammeln und daraus zu lernen und andererseits eine Richtlinie für künftige Allianzen zu entwickeln. So war Victoria der erste Staat in Australien, dessen Regierung im April 2006 eine Richtlinie für die Etablierung und Abwicklung von Allianzen herausgegeben hat, die öffentlichen Auftraggebern als Grundlage für die Abwicklung ihrer Allianzen dienen soll. Im Vorwort der Project Alliancing Guidelines auch Project Alliancing Practitioners´ Guide genannt hat der Treasurer von Victoria, John Brumpy MP, folgendes gesagt:

„...The Guidelines reinforce Victoria´s commitment to world´s best practice in meeting the State´s infrastructure needs, whilst adding to the suite of procurement initiatives already established and supported by this Government..."

John Brumpy empfiehlt die Verwendung von Allianzen für öffentliche Infrastrukturprojekte, die groß, komplex und deren spezifische Anforderungen schwer zu definieren sind. Bei richtiger Anwendung haben Allianzen das Potenzial, viele positive Ergebnisse für den Staat zu erreichen, u.a. größere Sicherheit der Projektkosten, Möglichkeiten für Innovationen und verbesserte Ausführung bei der Abwicklung von Infrastrukturprojekten.[134]

Der Project Alliancing Practitioners´ Guide ist in drei Teile gegliedert. Der erste Teil befasst sich mit einer generellen Einführung in die Thematik von Allianzen. Im zweiten Teil werden die vertraglichen und kommerziellen Rahmenbedingungen dargestellt. Der dritte Teil beschreibt die Schritte zur Etablierung einer Allianz, dazu gehören die Entwicklung des Allianzmodells und die Auswahl der Allianzpartner.

Nachfolgend werden die Vergabe, der Allianzvertrag und die Projektabwicklung einzeln dargestellt und anschließend durch konkrete Beispiele aus den beiden durchgeführten Fallstudien ergänzt. Abschließend werden in Kapitel 8.5 verschiedene Alternativen und abweichende Formen von Allianzen dargestellt.

8.2 Vergabe

8.2.1 Ausschreibung

Die Ausschreibung öffentlicher Infrastrukturprojekte in Australien erfolgt üblicherweise durch die öffentliche Bekanntgabe auf der Internetseite des entsprechenden Auftraggebers. Interessierte Firmen können daraufhin die Ausschreibungsunterlagen anfordern und entsprechend den Anforderungen das Angebot zusammenstellen. Der Ablauf der Ausschreibung wird am Beispiel der Ausschreibung für die WGF-Allianz dargestellt.

VicRoads hat in den Ausschreibungsunterlagen bereits zwei Termine bekannt gegeben, zu denen sie potenziellen Bewerbern für weitere Informationen über das Projekt und eventuelle Fragen im Rahmen der Ausschreibung zur Verfügung stehen. Für den ersten Termin ist eine Informationsveranstaltung geplant, zu der alle interessierten Bieter eingeladen sind. Nach der Vorstellung des bisherigen Designs sowie allgemeinen Informationen in Bezug auf das Projekt, die Allianz und den Auswahlprozess durch VicRoads wird interessierten Bietern die Gelegenheit gegeben, Fragen im Hinblick auf die Vorbereitung des schriftlichen Angebots sowie des Teams für die Interviews zu stellen. Zwei Wochen vor der Angebotsabgabe ist der zweite Termin angesetzt, der Interessenten die Möglichkeit einräumt, an einem Beratungsworkshop mit VicRoads teilzunehmen. Diese Workshops werden für alle interessierten Bieter angeboten und werden mit jeweils einem Bieter abgehalten. In diesem Rahmen besteht die Möglichkeit, Fragen zu dem Auswahlprozess, zu den Informationen in den Ausschreibungsunterlagen und zu technischen Aspekten zu stellen. Die Fragen der

[134] Vgl. DTF (2006), Vorwort.

einzelnen Bieter werden den anderen Bietern nicht mitgeteilt, außer wenn Änderungen in Bezug auf die Ausschreibungsunterlagen entdeckt werden.

Die Ausschreibungsunterlagen für die West Gate Freeway Section des Monash-Citylink-West Gate Upgrade enthalten neben den typischen Elementen einer Ausschreibung:

- der Projektbeschreibung,
- der Beschreibung des Bau-Solls und
- den Angebots- und Vergabebedingungen,

besondere Angaben zu projektspezifischen Themen:

- die Strategie der Projektabwicklung in Form einer Allianz,
- Beschreibung des Prozesses zur Garantie des Preis-Leistungs-Verhältnisses und
- Ablauf und Besonderheiten des Auswahlprozesses.

Auf die Besonderheiten der Ausschreibungsunterlagen wird nachfolgend näher eingegangen. Im Rahmen der für das Projekt vorgesehenen Allianzstrategie wird dargestellt, wie die Zusammenarbeit aussehen soll, welche Ziele und Prinzipien der Allianz zu Grunde liegen und welches die Hauptmerkmale der Allianzvereinbarung sind. Zusätzlich wird der finanzielle Rahmen definiert, indem die Festlegung der anrechenbaren Kosten, Zuschläge und Gewinnmargen erläutert wird. Auf die Bestandteile der Allianzvereinbarung wird in Kapitel 8.3 näher eingegangen.

Als öffentlicher Bauherr muss VicRoads sicherstellen, dass der später gemeinsam entwickelte Preis ein gutes Preis-Leistungs-Verhältnis darstellt. Dazu werden verschiedene Anforderungen an die Bieter gestellt. Aber auch der Bauherr trifft diesbezüglich verschiedene Maßnahmen, wie beispielsweise den Einsatz unabhängiger Gutachter. Näheres hierzu wird in den Kapiteln 8.3.3 und 8.4.1 dargestellt.

In den Ausschreibungsunterlagen werden der dreistufige Auswahlprozess sowie die Bewertungsfaktoren in den einzelnen Phasen detailliert angegeben. Dieses wird ausführlich in Kapitel 8.2.3 beschrieben.

8.2.2 Anforderungen an das Angebot

Die Anforderungen an das Angebot, auf dessen Grundlage eine erste Bewertung der Bieter geschieht, werden in den Ausschreibungsunterlagen genau definiert. Hierbei ist es nicht entscheidend, die Kosten für das Projekt zu bestimmen und einen Kalkulationspreis abzugeben, sondern die Kompetenz des eigenen Teams sowie die vorgeschlagenen Strategien zur Realisierung des Projektes vorzustellen. Die Angebotsanforderungen sind projektspezifisch, allerdings konnten beim Vergleich verschiedener Projekte Ähnlichkeiten in Bezug auf die Struktur festgestellt werden.

Die Auswahlkriterien sind in verschiedene Bereiche unterteilt, zu denen in der Regel die Erfahrung und Ergebnisse aus vergangenen Projekten gehören, die vorgeschlagene Vorgehensweise für das jeweilige Projekt sowie die Fähigkeit der nominierten Teammitglieder. Eine ausführliche Darstellung der Anforderung an das Angebot am Beispiel der WGF-Allianz ist im Anhang 9 zu finden.

Teilweise müssen Bieter, die zu den Auswahl-Workshops eingeladen werden, eine Budgetberechnung für die Project Development Phase (PDP) vorlegen, aus der die Kostenabschätzung und die Personalplanung für diese Phase hervorgehen.

Zur Gewährleistung des Preis-Leistungs-Verhältnisses sind die Bieter zumeist aufgefordert, eine Einschätzung des in den Ausschreibungsunterlagen angegebenen Budgets abzugeben. Dazu sollen sie zu den Kostenangaben und Risikoeinschätzungen Stellung nehmen und insbesondere nachfolgende Bereiche identifizieren:

- Bereiche, in denen das angegebene Budget zu niedrig oder zu hoch ist
- Bereiche, die im angegebenen Budget fehlen und zu signifikanten zusätzlichen Kosten führen würden
- Bereiche, die im Rahmen der PDP aufgrund eines hohen Einsparpotenzials besonders berücksichtigt werden sollten

Die Einschätzungen und Stellungnahmen der Bieter werden erst nach der Auswahl des bevorzugten Bieters nach dem zweitägigen Auswahl-Workshop und vor dem kommerziellen Workshop geöffnet. Sie dienen als Grundlage für die Bestimmung der Total Outturn Cost (TOC) in der PDP, werden aber nicht in Form eines Kriteriums in den Auswahlprozess einbezogen. Manche Bauherren fordern von allen Bietern eine Stellungnahme zum Budget und zu den Risiken an, die dann auch von allen erst nach den Auswahl-Workshops geöffnet werden, um so eine bessere Einschätzung des eigenen Budgets zu bekommen, andere Bauherren hingegen fordern nur von den Bietern, die an den Auswahl-Workshops teilnehmen, eine Stellungnahme.

Darüber hinaus müssen die Bieter, die zu den Auswahl-Workshops eingeladen werden, einen vorläufigen Vergabeplan einreichen, aus dem die Strategie hervorgeht, mit der sie die Preise von Nachunternehmern und Lieferanten einholen, um die Vorgabe das beste Preis-Leistungs-Verhältnis für das Projekt unter Berücksichtigung der Qualität und anderer Vorschriften zu erreichen.

Alle Anbieter sollen in ihren Angeboten für jeden Bereich mindestens fünf relevante Projekte aus den letzten drei Jahren angeben, aus denen die Zielkosten, die Produktivität, die Einheitspreise, Angaben zu weiteren Kosten und Ausführungsdetails hervorgehen. Diese werden als ein Marktindex benutzt, um die in der PDP angenommenen Einheitspreise und Produktivität zu validieren.

8.2.3 Auswahl der Allianzpartner

Es wird grundsätzlich zwischen zwei Methoden bei der Auswahl der Allianzpartner unterschieden: der „single TOC“ und der „multiple TOC“. Bei der „single TOC“ Methode erfolgt die Auswahl der Allianzpartner, die sich in Form eines Konsortiums aus verschiedenen Planern und ausführenden Firmen bewerben, ausschließlich aufgrund von qualitativen Kriterien. Dagegen wählt bei der „multiple TOC“ Methode der Bauherr zwei Konsortien aus, die getrennt voneinander während der PDP einen Zielpreis bestimmen. Die endgültige Auswahl fällt aufgrund des niedrigsten oder besten Zielpreises und weiterer nicht-monetärer Kriterien. Bei Allianzen in Australien wird überwiegend die „single TOC“ verwendet, die auch von der Regierung des Staates Victoria im Project Alliancing Practitioners´ Guide empfohlen wird. Daher wird nachfolgend der Auswahlprozess bei der „single TOC“ Methode beschrieben. Auf die „multiple TOC“ Methode wird in Kapitel 8.5.3 eingegangen.

Nach Eingang der schriftlichen Angebote sieht der Auswahlprozess folgende drei Schritte vor:

- Bewertung der eingegangenen Angebote
- Durchführung von Interviews mit ausgewählten Bewerbern
- Durchführung von 2-tägigen Auswahl-Workshops mit den zwei besten Bewerbern

Der Bauherr etabliert ein Gremium aus vier bis fünf Personen, das die Allianzpartner auswählt. Die Mitglieder dieses Gremiums haben während der Interviews und Workshops eine aktive Rolle und sind später auch Mitglieder der Allianz.

Die Auswahl der Allianzpartner erfolgt anhand nachfolgender drei Kriterien, die projektspezifisch angepasst werden:

1. Erfolge und Erfahrungen aus abgeschlossenen Projekten sowie die Fähigkeiten des Konsortiums
2. Beabsichtigte Vorgehensweise zur Projektabwicklung
3. Potenzial des Teams zur Erzielung herausragender Projektergebnisse

Im ersten Schritt werden alle eingegangenen Angebote, die die Zugangsvoraussetzungen erfüllen, anhand der ersten beiden Kriterien, die im Rahmen der Angebote anzugeben waren, bewertet. Dabei wird die Wichtung der beiden Kriterien vorab festgelegt und bereits in den Ausschreibungsunterlagen bekannt gegeben. Ziel ist es, alle zugelassenen Bieter zu Interviews einzuladen. Sollte die Anzahl aber zu hoch sein, werden die Bieter mit den höchsten Wertungen zu Interviews eingeladen. Die Anzahl ist von der Qualität der Angebote abhängig.

Die Durchführung von Interviews mit den einzelnen Bietern dient dem Auswahlgremium dazu, das jeweilige Bieter-Team kennenzulernen und eine bessere Einschätzung im Hinblick darauf zu bekommen, ob die verschiedenen Bieter fähig sind, die Ziele der Allianz zu erfüllen und bestenfalls zu übertreffen. Dabei werden die Interviews im Rahmen einer Diskussion anstelle formeller Interviews geführt. Das Interview dauert jeweils einen Tag und ist in drei Teile gegliedert:

- Diskussion mit dem APM und AMT (und wenn möglich max. vier Mitgliedern aus dem WPT) bezüglich verschiedener Schwerpunkte des Projekts, Prioritäten während der PDP sowie der Rolle und den Verantwortungsbereichen des AMT.
- Gespräch mit dem APM, um seine bzw. ihre Rollen und Führungsfunktion im Projekt zu besprechen.
- Diskussion mit dem ALT bezüglich verschiedener Aspekte im Projekt und seiner Rolle in Bezug auf den Erfolg des Projektes.

Im Rahmen der Interviews werden die Bewertungen der Bieter im Hinblick auf die beiden ersten Kriterien überprüft und gegebenenfalls aufgrund von Beobachtungen und weiteren Informationen neu bewertet. Zusätzlich spielt jetzt das dritte Kriterium, das Potenzial des Teams für die Erzielung herausragender Leistungen, bei der Auswahl eine Rolle. Dieses wird während der Interviews bewertet und geht in die Gesamtbewertung ein. Die zwei Konsortien mit den besten Ergebnissen werden jeweils zu einem zweitägigen Workshop eingeladen.

Der zweitägige Auswahl-Workshop dient dazu, das Team mit dem größten Potenzial für ein herausragendes Projektergebnis zu finden. Dazu werden mit jedem der beiden in die engere Wahl gekommenen Konsortien die Prinzipien und Grundlagen für eine potenzielle Allianz entwickelt. Die zwei Hauptziele des Workshops sind:

- Grundsteinlegung für die Etablierung und Entwicklung des Teams
- Identifizierung des integrierten Teams (inkl. Bauherr) mit dem besten Potenzial die Mindestanforderungen an das Projekt zu übertreffen, herausragende Ergebnisse in allen Key Result Areas (KRAs)[135] zu erreichen und darüber hinaus Kostensicherheit zu geben.

[135] Auf die Funktion der KRAs wird im Rahmen des erfolgsabhängigen Anreizsystems in Kapitel 8.3.3 näher eingegangen.

In einer speziellen Sitzung innerhalb des Workshops wird das ALT die kommerziellen Rahmenbedingungen für das Projekt entwickeln und die Nominierungen für den APM und das AMT besprechen.

Der APM führt das AMT und anwesende Mitglieder des WPT durch verschiedene Aufgabenstellungen mit dem Ziel, verschiedene Themen zu untersuchen und weiterzuentwickeln. Neben dem Auswahlgremium nehmen vom Bauherrn an diesen Workshops die nominierten Mitglieder des ALT teil sowie weitere Nominierte für das WPT. Alle Beteiligten sollen sich – auf verschiedene Gruppen verteilt – aktiv an den Workshops beteiligen. Die beiden Workshops werden unter der Annahme durchgeführt, dass die entsprechenden Konsortien bereits ausgewählt worden sind. Alle Workshop-Beteiligten werden ermutigt, unter dieser Annahme teilzunehmen.

Im Anschluss an die Workshops übernimmt das Auswahlgremium die Ergebnisse aus den Interviews in Bezug auf das erste Kriterium, die Erfolge und Erfahrungen aus abgeschlossenen Projekten sowie die Fähigkeiten des Konsortiums. Diese gehen mit einem vorab festgelegten Prozentsatz in die Endbewertung ein. Die Ergebnisse in Bezug auf das zweite Kriterium werden anhand der in den Workshops gewonnenen Erkenntnisse überprüft und ggf. neu bewertet und gehen ebenfalls in die Wertung ein. Das dritte Kriterium, das Potenzial des Teams, wird auf der Grundlage der in den Workshops präsentierten Fähigkeiten ermittelt und hat den Hauptanteil an der Endwertung. Das Konsortium mit der höchsten Endwertung wird der bevorzugte Allianzpartner und zu einem weiteren Workshop eingeladen.

Der zweitägige Workshop dient der Abstimmung der kommerziellen Aspekte:

- Geschäftsbedingungen für die Allianzvertrag
- Definition der anrechenbaren Kosten
- Prozentzahl für den Zuschlag der Allgemeinen Geschäftskosten und den Gewinn
- Struktur des Anreizsystems
- Entwicklung des Budgets für die Projektentwicklungsphase
- Prozess zur Entwicklung der TOC- und der KRA-Marktindizes
- Gemeinsames Verständnis über Änderungen des Bau-Solls

Dabei sind als Teilnehmer des Workshops das ALT, der APM und weitere kommerzielle Teammitglieder vorzusehen.

Im kommerziellen Abschluss-Workshop wird der Entwurf des Allianzvertrags geprüft, die Ergebnisse der Auswahl- und kommerziellen Workshops werden vom ALT eingearbeitet, so dass die Endversion erstellt werden kann. Bei einem abschließenden Treffen der Geschäftsführer der Allianzpartner wird der Vertrag geschlossen und von allen Partnern der Allianz unterzeichnet.

Bei der WGF-Allianz hat zur schnellen Etablierung des Teams ein eineinhalb-tägiger Start-Workshop stattgefunden. In diesem Workshop sind die Erwartungen und Ziele für die ersten sechs Monate – die Entwicklungsphase der Zielkosten (TOC) – vereinbart worden. Danach hat die Arbeit in der PDP begonnen.

Beim WGF-Projekt ist der zeitliche Rahmen für den Auswahlprozess und die Durchführung der Interviews und der verschiedenen Workshops bereits in den Angebotsunterlagen bekannt gegeben worden. Die Angebotsabgabe war Anfang Dezember 2006, die Durchführung der Interviews hat Mitte Januar 2007 und die Auswahl-Workshops haben Anfang Februar stattgefunden. Der Start-Workshop ist bereits in den Ausschreibungsunterlagen für Mitte März terminiert worden. Das Projektteam hat Ende März – unmittelbar nach Vertragsunterzeichnung – mit der Entwicklung der Zielkosten (TOC) angefangen.

8.3 Der Allianzvertrag

8.3.1 Allgemeines zum Aufbau des Allianzvertrags

Allianzverträge werden in Australien und auch in Neuseeland auf unterschiedlichsten Projekten angewendet. Insbesondere komplexe, mit vielen Unsicherheiten und Risiken verbundene Projekte aus dem Bereich der Infrastruktur wählen häufig die Projektabwicklung innerhalb einer Allianz mit einem Allianzvertrag, aber auch im privaten Sektor werden zunehmend Allianzverträge angewendet. Es gibt derzeit keinen Muster- oder Standardallianzvertrag. Der Grundvertrag wird vom Bauherrn vorgegeben und Änderungen, die sich aus den Workshops während des Auswahlprozesses der Allianzpartner ergeben werden in den Vertrag aufgenommen. Trotz unterschiedlicher Ausführungen zeichnen sich dennoch alle Allianzverträge durch die gleichen Merkmale aus.

Mit der Bildung einer Allianz wird eine sogenannte fiktive Projektgesellschaft gegründet, die nach außen hin wie eine eigene Gesellschaft fungiert und auch als Gesellschaft registriert ist. Sämtliche Anstellungen laufen aber über die Allianzpartner. Der Allianzvertrag ist somit ein Mehrparteienvertrag, da alle Vertragspartner – bestehend aus dem Bauherrn und einem oder mehreren Planern sowie einer oder mehreren ausführenden Firmen – denselben Vertrag unterzeichnen und damit an die gleichen Vertragsbedingungen gebunden sind. Nachunternehmer werden von der oder den ausführenden Firmen sowohl ausgewählt als auch beauftragt. Dieses bedarf zumeist der Genehmigung durch den Bauherrn und geschieht normalerweise durch einen traditionellen Pauschalvertrag, kann aber auch in Form eines mit Anreizen gestalteten Nachunternehmervertrags oder einer Suballianz geschehen. Im Einzelfall ist abzuwägen, ob die Arbeiten des Nachunternehmers signifikant sind und ob die Ausführung von einer Beteiligung am Anreizsystem profitieren und dadurch aktiv ein herausragendes Projektergebnis unterstützen würde. In diesem Fall wird der Bonus entsprechend den jeweiligen Nachunternehmerarbeiten an das Erreichen spezifischer KRAs geknüpft. Sind mehrere ausführende Firmen an der Allianz in Form von Allianzpartnern beteiligt, so schließen sich diese gewöhnlich im Rahmen eines Joint Ventures (JV) zusammen und vergeben unter diesem JV die Nachunternehmeraufträge bzw. stellen direkt über das JV Personal ein.

Der Allianzvertrag definiert verschiedene Prinzipien, auf die in Kapitel 8.3.2 näher eingegangen wird. Diese werden in den Auswahl-Workshops gemeinsam im Team entwickelt und können während der Projektabwicklung erweitert werden. Der Projekterfolg wird anhand verschiedener KRAs gemessen, die mit ihren jeweiligen Mindestanforderungen und den Angaben zur Erzielung eines herausragenden Ergebnisses im Vertrag definiert sind. Der Allianzvertrag regelt darüber hinaus das Verhalten der Vertragsparteien untereinander – unter dem Schirm einer gemeinsamen (fiktiven) Projektgesellschaft – als ein Team, das das Beste für das Projekt verfolgt.

Neben der Verhaltensstrategie enthält der Allianzvertrag eine kommerzielle Strategie. Zu dieser gehören das gemeinsame Tragen der Risiken aber auch das Teilen der Gewinne, eine Risikobegrenzung für die Allianzpartner und das Treffen von gemeinsamen Entscheidungen im Team.

Eine weitere Besonderheit des Allianzvertrags ist, dass dieser in der „WIR“-Form geschrieben ist. Darüber hinaus erhält der Allianzvertrag keine Vertragssumme. Die Zielkosten (TOC) werden gemeinsam am Ende der PDP festgelegt.

8.3.2 Allianzprinzipien

Die Grundlage für das Verhalten der Allianzpartner auf dem Projekt bilden die Allianzprinzipien. Sie sollen ständig präsent sein und auf dem Projekt „gelebt“ werden. Sämtliche Entscheidungen sind immer unter Beachtung der Allianzprinzipien zu treffen, die gemeinsam mit dem ALT und AMT während der Auswahl-Workshops entwickelt und als Vertragsbestandteil in den Allianzvertrag aufgenommen werden. In den Ausschreibungsunterlagen beschreibt der Bauherr die Werte seiner Firmenphilosophie und gibt einen Leitfaden für die Entwicklung der Beziehungen auf dem Projekt vor. Die Prinzipien der West Gate Freeway Allianz sind in Anhang 10 zu finden.

8.3.3 Vergütung und Risikoverteilung

Der Allianzvertrag basiert sowohl auf einem „One-team“ Approach als auch auf einem „Best for the Project“ Approach. Dabei sehen sich alle Projektbeteiligten als ein Team, das entweder gemeinsam gewinnt oder gemeinsam verliert. Das spiegelt sich auch in dem Vergütungs- und Risikoteilungssystem wider.

Das System enthält fünf wesentliche Bestandteile und ist in Abb. 13 dargestellt:

- Vergütung nach dem Selbstkostenerstattungsprinzip:
  Sämtliche anrechenbaren Kosten werden vom Bauherrn vergütet. Unter anrechenbaren Kosten werden die direkten Kosten verstanden, die den Allianzpartnern (außer dem Bauherrn) tatsächlich im Zusammenhang mit dem Projekt entstehen. Zur Validierung der anrechenbaren Kosten werden von jedem Allianzpartner fünf abgeschlossene Projekte aus den vergangenen drei Jahren herangezogen.
  Die anrechenbaren Kosten schließen die Baustellengemeinkosten und direkten Zuschläge für das Projekt ein und verfolgen den Grundsatz, dass kein Teilnehmer gegenüber den anderen durch die Verwendung seiner Ressourcen und seines Personals besser gestellt wird.

- Allgemeine Geschäftskosten
  Der Zuschlag für Allgemeine Geschäftskosten (AGK) – dieser ist nicht im Zuschlag in den direkten Kosten beinhaltet – wird als ein Prozentsatz auf die anrechenbaren Kosten für jeden Allianzpartner individuell festgelegt.

- Gewinn
  Der „*Minimum Condition of Satisfaction* (MCOS) Profit“ tritt ein, wenn die Allianz die Mindestanforderungen an die Zufriedenheit des Bauherrn erreicht, diese aber nicht überschreitet. Der MCOS-Gewinn wird für jeden Allianzpartner während der Vertragsverhandlungen individuell festgelegt und sollte unterhalb des marktüblichen Gewinns liegen. Dieses ist in den nachfolgenden – durch die Allianz gegebenen – Sicherheiten begründet:
  - Das Selbstkostenerstattungsprinzip garantiert den Teilnehmern, dass sie keine Verluste einfahren, da der Bauherr letztendlich das finanzielle Risiko trägt.
  - Die „no fault no blame” Vereinbarung sorgt dafür, dass keine Streitigkeiten gerichtlich ausgetragen werden.

Während der finanziellen Audits werden die verschiedenen Allianzpartner von Wirtschaftsprüfern überprüft und der marktübliche Gewinn für jeden einzelnen festgestellt. Dazu müssen mindestens die Gewinnmargen von zehn sowohl gut als auch schlecht abgeschlossenen Projekten angegeben werden. Der vereinbarte Gewinn soll für jeden Allianzpartner akzeptabel sein. Dadurch dass der Gewinn in der Regel unterhalb des marktüblichen Gewinns liegt, sollen die Allianzpartner motiviert werden, die Zielkosten zu unterschreiten, um dann von der Teilung der Einsparungen zu profitieren und somit einen höheren Gewinn zu erzielen.

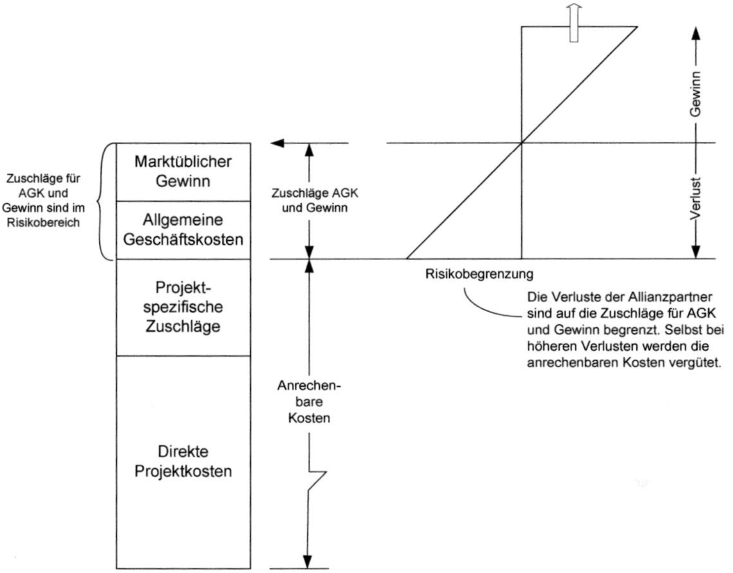

Abb. 13: Vergütungssystem von Allianzen[136]

- Anreizsystem

  Ein Anreizsystem belohnt bzw. bestraft die Allianzpartner für den Erfolg bzw. Misserfolg der Alllianz. Das Anreizsystem besteht aus zwei Elementen:
  - einem kostenabhängigen Anreiz und
  - einem erfolgsabhängigen Anreiz.

Dazu werden die in den Auswahl-Workshops festgelegten KRAs mit den dazugehörigen Kennzahlen definiert, die den Erfolg in jedem Bereich der einzelnen KRAs messbar machen.

[136] Vgl. MORWOOD/SCOTT/PITCHER (2008), S. 144.

- Risikoverteilung
  Risiken werden nach dem Prinzip "*risk is our risk and no risk is my risk alone*" getragen. Sämtliche Risiken werden als gemeinschaftliche angesehen. Das letztendliche Risiko liegt beim Bauherrn, da er unabhängig vom Projektergebnis sämtliche anrechenbaren Kosten vergütet.

Die zwei Elemente des Anreizsystems und deren Verknüpfung werden nachfolgend erklärt:

Das kostenabhängige Anreizsystem

Unter- bzw. Überschreitungen des Zielpreises (TOC) werden zwischen dem Bauherrn und den anderen Allianzpartnern 50:50 geteilt, so empfehlen es die Richtlinien im Staat Victoria soweit keine besonderen Gründe, die eine anderweitige Verteilung rechtfertigen, vorliegen.[137] Dabei ist der Verlust der Allianzpartner (außer dem Bauherrn) auf den Zuschlag für Allgemeine Geschäftskosten sowie Gewinn begrenzt. Die Allianzpartner bekommen somit auf jeden Fall die anrechenbaren Kosten[138] vergütet. Damit sind ihre AGK sowie ihr Gewinn im Risikobereich. Der Bauherr tritt für alle weiteren Kosten ein. Die nachfolgende Abbildung verdeutlicht die kostenabhängige Gewinn- bzw. Verlustbeteiligung.

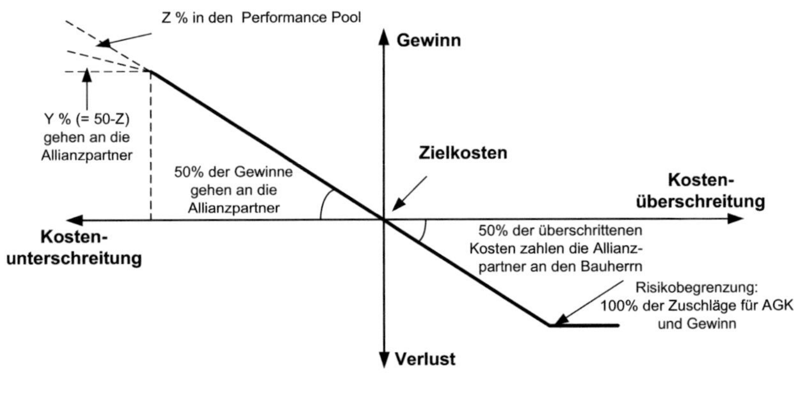

Abb. 14: Kostenabhängige Gewinn- bzw. Verlustbeteiligung[139]

Bei Kostenunterschreitungen werden die Einsparungen auch 50:50 zwischen dem Bauherrn und den weiteren Allianzpartnern geteilt.

[137] Vgl. DTF (2006), S. 36.
[138] Die anrechenbaren Kosten können bei einer besonders schlechten Ausführung, die sich in schlechten Werten in den KRAs widerspiegelt, noch um einen vorab vereinbarten Maximalbetrag verringert werden. Dies wird in Zusammenhang mit dem erfolgsabhängigen Anreizelement näher erläutert.
[139] Vgl. MORWOOD/SCOTT/PITCHER (2008), S. 150 ff.

Das erfolgsabhängige Anreizsystem

Der Erfolg des Projektes wird in verschiedenen Bereichen, den sogenannten KRAs, gemessen. Typische KRAs sind:

- Einhaltung des Fertigstellungstermins
- Lebenszyklus- bzw. Wartungskosten
- Andere nicht zeit- und kostenabhängige Bereiche
    - Sicherheit
    - Umwelt
    - Qualität
    - Stakeholder Management
    - Verkehrsmanagement

Der Erfolg in den verschiedenen KRAs wird anhand von Key Performance Indices (KPI) gemessen. Der KPI unterteilt das Projektergebnis in sieben Bereiche von nicht akzeptabel bis herausragend, indem jeder Bereich durch eine Punkteskala definiert ist. Diese Aufteilung ist für alle KPIs gleich. In Abb. 15 ist eine allgemeine Grobeinteilung in dem Punktespektrum von -100 bis +100 dargestellt.

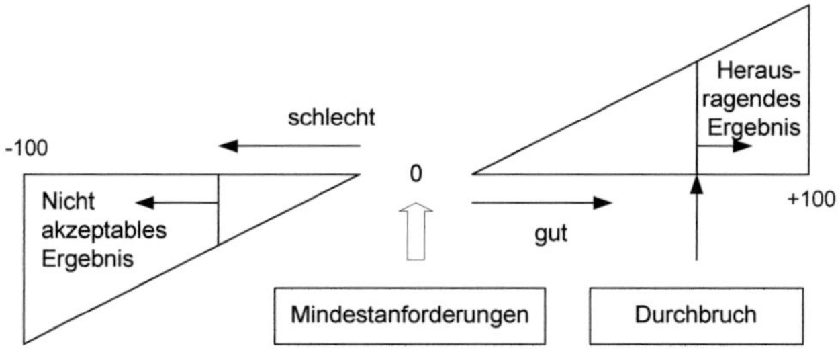

Abb. 15: Punkteskala KPIs[140]

Die Kriterien für die erreichbare Punktanzahl werden gemeinsam vom Alliance Management Team in den einzelnen Bereichen eindeutig definiert, so dass eine objektive Bewertung während der gesamten Projektzeit möglich ist. Die KPIs der einzelnen KRAs werden monatlich von dem für den entsprechenden KRA verantwortlichen AMT gemessen und gehen dann in den Monatsbericht ein. Für jeden KRA ist vom Bauherrn vorgegeben worden, mit wie viel Prozent dieser in die Berechnung der Belohnung bzw. bei negativen Ergebnissen in die Berechnung der Verlustbeteiligung eingeht. Am Projektende berechnet sich aus den verschiedenen KPIs und deren entsprechender Wichtung das Projektergebnis, Outturn Performance Score (OPS) genannt. Dabei werden positive KPIs im Bereich Sicherheit und

[140] Vgl. MORWOOD/SCOTT/PITCHER (2008), S. 154.

Umwelt als Voraussetzung für eine Erfolgsbeteiligung der Allianzpartner erwartet und gehen nicht in die Berechnung ein. Werden allerdings in mindestens einem der Bereiche Sicherheit und Umwelt negative Ergebnisse erreicht, entfallen für die Allianzpartner die Gewinnbeteiligung sowohl an den kostenabhängigen als auch an den erfolgsabhängigen Erfolgen.

Als erfolgsabhängigen Anreiz richtet der Bauherr einen sogenannten Performance Pool ein, den dieser mit einem Startwert ausstattet. Weiterhin verpflichtet er sich, einen bestimmten Teil (beispielsweise die ersten $5 Millionen) seines Anteils an den kostenabhängigen Einsparungen in den Performance Pool einzuzahlen. Der Anteil des Bauherrn ist damit auf diese Summe begrenzt. Oftmals wird zusätzlich vereinbart, dass ab Kostenunterschreitungen von einem bestimmten Prozentsatz (beispielsweise mehr als 10% im Vergleich zum Zielpreis) auch die Allianzpartner mit einem vorab vereinbarten Prozentsatz in den Performance Pool einzahlen; dieser wird somit erhöht.

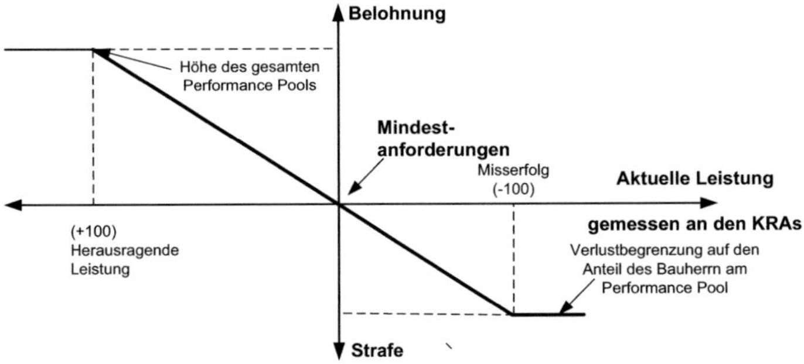

Abb. 16: Erfolgsabhängige Gewinn- und Verlustbeteiligung[141]

Sind die Voraussetzungen im Bereich der Sicherheit und Umwelt (in Form von positiven KPIs) gegeben und die OPS positiv, so werden die Allianzpartner (ohne den Bauherrn) aus dem Performance Pool belohnt. Bei Erreichen der Maximalpunktzahl von 100 – dieses setzt volle Punktzahl in allen KRAs voraus – geht die gesamte Höhe des Performance Pools an die Allianzpartner. Wird ein positives Ergebnis kleiner als 100 erreicht, so wird die Höhe der Belohnung anteilig linear berechnet.

Ist dagegen das OPS negativ, so müssen die Allianzpartner eine Strafe – maximal in Höhe des Bauherrenanteils am Performance Pools – zahlen. Die Höhe der Strafe ist ebenfalls linear abhängig von der erreichten negativen Punktzahl. Zusätzlich ist bei negativem OPS die kostenabhängige Belohnung begrenzt.

[141] Vgl. ALCHIMIE (2003), S. 23.

8.3.4 Streitbeilegung

Ein Schlüsselelement der Allianz ist der Ausschluss von gerichtlichen Regressforderungen. Die Allianzpartner verpflichten sich mit Unterzeichnung des Allianzvertrags gemeinschaftlich zusammenzuarbeiten, Probleme gemeinsam zu identifizieren und zu lösen und bei Streitigkeiten von gerichtlichen Auseinandersetzungen abzusehen (ausgenommen sind hiervon vorsätzliches Vergehen oder Insolvenz). Die Allianz ist davon überzeugt, dass sie in der Lage ist, das Projekt ohne gerichtliche Auseinandersetzungen abzuwickeln, indem sie ihre Prinzipien und Ziele in den Mittelpunkt stellt und gemeinsam Verantwortung für die Risiken übernimmt und sämtliche Risiken und Gewinne untereinander teilt. Auftretende Probleme oder Streitigkeiten sind unmittelbar anzuzeigen und vom AMT zu lösen. Ist das AMT nicht in der Lage eine Einigung zwischen den Beteiligten zu erreichen, so wird das Problem an das ALT weitergeleitet. Das ALT hat die Aufgabe, die Streitigkeit auf der Basis „das Beste für das Projekt" zu lösen und im Rahmen des Allianzvertrags eine einstimmige Lösung zu finden.

8.4 Die Projektorganisation

8.4.1 Allianzkonzept

Das Konzept einer Allianz beruht darauf, zu einem möglichst frühen Zeitpunkt in der Planung, ein Team aus Designern und Ausführenden auszuwählen und mit diesem gemeinsam das Projekt zu planen, zu kalkulieren und zu realisieren. Dabei ist der Bauherr ein Teil des Teams und übernimmt verschiedene Aufgaben innerhalb des Teams. Die Allianz wird unter dem Gedanken eines einzigen Teams (*One-Team*) – unabhängig den verschiedenen Firmenzugehörigkeiten und den traditionellen Rollen der Beteiligten – verwirklicht, bei dem alle Entscheidungen stets mit dem Ziel der Optimierung des Gesamtprojektes (*Best for Project*) getroffen werden.

Die Realisierung des Projektes erfolgt unter Befolgung und Anwendung der Allianzprinzipien, die in Kapitel 8.3.2 bereits näher beschrieben worden sind.

8.4.2 Teams

Bei der Abwicklung einer Allianz spielen verschiedene Teams eine wichtige Rolle, deren Funktionen und Aufgaben im Allianzvertrag definiert und festgelegt sind. Das Besondere dabei ist, dass der Bauherr seine traditionelle Rolle, in der er ausschließlich als Kontrollinstanz des Teams fungiert und nicht integriert ist, verlässt. Das Team fängt mit seiner Arbeit an, sobald der Allianzvertrag unterschrieben ist. Es arbeitet fortan gemeinsam in einem

Großraumbüro, so dass alle in der PDP beteiligten Teammitglieder an einem Ort lokalisiert sind und gemeinsam das Design planen und optimieren können und für Absprachen und Entscheidungen kurze Wege haben. Das Ziel ist es, auch während der Ausführung in einem gemeinsamen Büro zusammenzuarbeiten. Allerdings ist dieses aufgrund der geographischen Lage und der Ausdehnung der Baustelle nicht immer realisierbar. So sind bei der WGF-Allianz aufgrund der Länge der Baustelle von knapp sieben Kilometern zusätzlich zum zentralen Planungsbüro zwei Baustellenbüros eingerichtet worden.

Die einzelnen Teams sitzen nach ihren Arbeitsbereichen zusammen, um somit eine schnelle und effektive Kommunikation zu gewährleisten. Im Büro hängen an den Wänden große Tafeln mit den einzelnen KRAs, um jederzeit visuell vor Augen zu haben. In allen Besprechungsräumen sind die Allianzprinzipien an den Wänden visualisiert. Auf den Fluren und Gängen hängen Bilder der einzelnen Teammitglieder mit Beschreibung der Rolle im Projekt sowie kurzen weiteren Informationen über die jeweilige Person.

Wider Projekt Team (WPT)

Das WPT umfasst Mitglieder aller Allianzpartner inklusive Bauherrn. Das WPT ist während der PDP für die Planung und die Kalkulation zuständig, später in der Ausführung für die Vervollständigung und Aktualisierung des Designs sowie dessen Realisierung. Verantwortung und Aufgabenbereich jeder Position sind klar geregelt. Ziel ist es, dass sich die einzelnen Teammitglieder der Allianz zugehörig fühlen, sich als ein Team verstehen und sich nicht als Mitarbeiter verschiedener Organisationen fühlen.

Die Mitglieder des WPT werden auf Basis der am besten geeigneten Person für jede spezifische Aufgabe (*best person for the job*) vom AMT ausgewählt. Dazu dürfen auch Personen benannt werden, die keiner Organisation der Allianzpartner angehören.

Bei der WGF-Allianz hat der Bauherr bereits in den Ausschreibungsunterlagen drei Personen benannt, die in Funktion eines Projektingenieurs für die Ausführung Mitglieder des WPT werden. Darüber hinaus hat er vorgegeben, weiteres Personal in den Bereichen Kommunikation, Finanzen, Brückendesign, Ausführung, Bauüberwachung sowie weitere Jung-Ingenieure dem Team zur Verfügung zu stellen.

Alliance Management Team (AMT)

Die Manager des AMT leiten die verschiedenen Gruppen, abhängig vom jeweiligen Projekt. In jedem Projekt sind vertreten: der kaufmännische Leiter, der technische Leiter für das Design sowie der technische Leiter für die Ausführung, der Qualitäts- und Controlling-Leiter, der Leiter für die Arbeitssicherheit und Gesundheitsschutz sowie ein Leiter für Stakeholder und Kommunikation und ein Personalleiter. Dazu kommen bei der WGF-Allianz noch der

Leiter für die Verkehrsmaßnahmen und ein Leiter für den Umweltschutz. In den Aufgabenbereich der Personalleiterin fällt bei der WGF-Allianz auch die Teamentwicklung. Für die Durchführung der PDP ist ein Leiter PDP verantwortlich. Mit Beginn der PDP beginnt das AMT mit seinen dazugehörigen Gruppen mit der Planung und Optimierung des Designs.

Sowohl in der Planungs- als auch in der Ausführungsphase ist das AMT für das tägliche Management auf dem Projekt zuständig und hat die Aufgabe, das WPT zu führen. Darüber hinaus ist es die Aufgabe des AMT, möglichst alle auftretenden Probleme und Fragestellungen zu lösen.

Bei der WGF-Allianz hat der Bauherr für das AMT eine Person zur Verfügung gestellt, deren Aufgabe von den Bewerbern im Angebot zu beschreiben war.

Alliance Project Manager (APM)

Der APM leitet das AMT und das WPT und ist die Verbindung zu dem Alliance Leadership Team (ALT). Der APM ist dafür verantwortlich, dass das Projekt mit den definierten Zielen verwirklicht wird und dabei die Ziele möglichst übertroffen werden. Der APM benennt das AMT und bestätigt die Auswahl des WPT. Darüber hinaus vertritt der APM das Projekt in der Öffentlichkeit.

Alliance Leadership Team (ALT)

Das ALT führt die Allianz und agiert wie die Geschäftsführung einer Firma. Es ist für die Entwicklung der Vision, der Prinzipien und der Ziele der Allianz verantwortlich. Darüber hinaus ermächtigt das ALT das AMT in seinem Aufgabenbereich sicherzustellen, dass die Allianzprinzipien innerhalb der Allianz von allen Beteiligten gelebt und weiterentwickelt werden. Sofern Streitigkeiten an das ALT herangetragen werden – weil sie nicht auf einer der unteren Ebenen gelöst werden konnten – ist es Aufgabe des ALT, die Streitigkeit unter Berücksichtigung des besten Interesses für das Projekt zu lösen. Das ALT ernennt den APM auf der Basis der am besten geeignetsten Person für diese Aufgabe. Das ALT bestätigt die Empfehlungen des APM für die Besetzung des AMT. Das ALT ist nicht täglich auf dem Projekt anwesend. Es trifft sich in der Regel mindestens einmal im Monat.

Bei der WGF-Allianz ist die Anzahl der Vertreter pro Allianzpartner auf zwei begrenzt und von der Gesamtanzahl der Allianzpartner abhängig. Bei der WGF-Allianz stellt der Bauherr zwei Mitglieder und die weiteren vier Allianzpartner jeweils ein Mitglied, so dass das ALT aus sechs Mitgliedern besteht.

Catalyst Team

Manche Allianzen haben zusätzlich zu der oben dargestellten Teamstruktur noch ein Catalyst Team manchmal auch Challenge Team oder Innovation Team genannt. Nachfolgend werden die Funktion und der Aufbau des Catalyst Team bei der WGF-Allianz dargestellt.

Das Catalyst Team ist ein Team aus fünf Experten, einem von jedem Allianzpartner. Es hat das Projekt von Anfang an begleitet und unterstützt die verschiedenen Teams bei der Lösungsfindung. Dabei agiert das Catalyst Team wie ein Coach; es ist nicht sein Ziel, Lösungen vorzugeben sondern stattdessen den verschiedenen Teams dabei zu helfen, Lösungen zu entwickeln. Dabei können die Mitglieder des Catalyst Teams auf Erfahrungen aus vergangenen Projekten zurückgreifen, da sie zumeist sehr erfahrene Projektleiter sind und sich jeweils durch spezielles Wissen in unterschiedlichen Bereichen auszeichnen. Die Einbindung des Catalyst Teams war verstärkt in der PDP und hat sich mit Fortschritt des Projektes verringert. Darüber hinaus vertreten die Mitglieder des Catalyst Teams bei Bedarf das jeweilige Mitglied ihrer eigenen Organisation im ALT.

Das in Abb. 17 dargestellte Organigramm zeigt beispielhaft die Organisation einer Allianz. Dabei sind die Positionen, die durch Personal vom Bauherrn besetzt sind, grau hinterlegt.

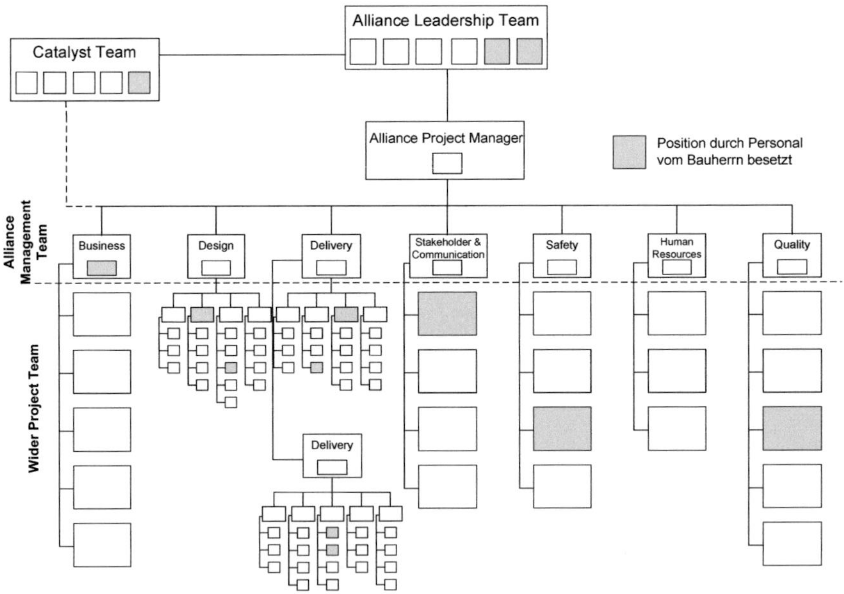

Abb. 17: Beispiel für das Organigramm einer Allianz

Zusätzlich zu den bereits vorgestellten und im Organigramm veranschaulichten Teams spielen unabhängige Experten bei der Abwicklung einer Allianz eine wichtige Rolle.

Unabhängige Experten

Bei der Abwicklung im Rahmen einer Allianz involviert der Bauherr in der Regel eine Reihe von unabhängigen Experten. Diese unterstützen ihn sowohl bei der Etablierung des Teams und der Allianz als auch bei der Überprüfung und Sicherstellung des finanziellen Rahmens. Zu Beginn engagiert der Bauherr üblicherweise einen juristisch geschulten Experten, der ihm bei dem Entwurf des Allianzvertrags und auch bei der Auswahl der Allianzpartner berät. Teilweise ist der juristisch geschulte Experte nach Vertragsabschluss noch weiter für das Projekt tätig, unterstützt das Allianzteam bei der Vereinbarung von Nachunternehmerverträgen bzw. berät das Team im Hinblick auf die Einbindung von Sub-Allianzen.

Eine wichtige Rolle sowohl aus Sicht des Bauherrn als auch aus Sicht der anderen Allianzpartner spielt der Alliance Facilitator. Dieser verfügt über ein breites Spektrum an Erfahrungen mit anderen Allianzen und verschiedensten Projekten. Das Team des Alliance Facilitators besteht zumeist aus einem kaufmännischen Team, das sich um die Strategie der Allianz, die Rahmenbedingungen und die Prozesse kümmert und mit dem Bauherrn zusammen die kommerziellen Rahmenbedingungen für den Entwurf des Allianzvertrags erarbeitet. Dieses wird unterstützt von einem Team, das den Bauherrn auf seine neue Rolle in der Allianz und das in den Auswahlprozess eingebundene Team des Bauherrn auf den Auswahlprozess vorbereitet. Nach Auswahl der Allianzpartner wird oftmals ein Coach eingebunden, um das Allianzteam zu etablieren und später neue Mitglieder zu integrieren. Dabei wird sowohl mit verschiedenen Teams als auch mit Einzelpersonen gearbeitet. Auch die potenziellen Allianzpartner lassen sich überwiegend während der Angebotsphase durch Coachs auf den Auswahlprozess vorbereiten, um zum einen ihr eigenes Team aufzubauen, das zumeist aus verschiedenen Firmen besteht, zum anderen ihre Führungspersonen, die bei den Interviews und den Workshops eine entscheidende Rolle spielen, entsprechend vorzubereiten.

Zur objektiven Bewertung des Zielpreises und der verschiedenen KRAs und insbesondere zur Gewährleistung des Preis-Leistungs-Verhältnisses involviert der Bauherr verschiedene Prüfer und Gutachter im Laufe des Projektes.

Hierbei spielt der unabhängige Gutachter, der bereits während des Auswahlprozesses vom Bauherrn eingebunden wird und bei den Auswahl-Workshops dabei ist, eine entscheidende Rolle. Der unabhängige Gutachter verfolgt die Entwicklung des Designs und der Kalkulation fortlaufend während der PDP. Es liegt in seinem Aufgabenbereich, die dem Zielpreis zu

Grunde liegenden Kostenansätze zu überprüfen und unabhängig vom Design die Risiken aber auch die Möglichkeiten des Projektes zu identifizieren.

Neben dem unabhängigen Gutachter wird in der Regel vom Bauherrn zusätzlich ein externer Wirtschaftsprüfer beauftragt. Die Aufgabe des Wirtschaftsprüfers besteht darin, eine finanzielle Überprüfung der Firmen der Konsortien durchzuführen, die zu den Auswahl-Workshops eingeladen werden. Dies dient insbesondere zur Festlegung der Allgemeinen Geschäftskosten der einzelnen Firmen sowie als Maßstab für die Abrechnung der anrechenbaren Kosten. Während der Ausführung wird der Wirtschaftsprüfer regelmäßige Audits durchführen, um die vereinbarten kommerziellen Rahmenbedingungen (u.a. die korrekte Abrechnung der direkten Kosten) zu gewährleisten und ein gutes Preis-Leistungs-Verhältnis sicherzustellen.

Zusätzlich wird vom Bauherrn ein unabhängiges Expertengremium berufen, das während der PDP das Design und die vorgeschlagene Ausführungsplanung überprüft. Dabei wird eine enge Zusammenarbeit zwischen dem Expertengremium und dem unabhängigen Gutachter erwartet. Das Expertengremium ist dafür verantwortlich sicherzustellen, dass das Design-konzept sowohl auf den gesamten Lebenszyklus als auch auf eine gute technische Lösung ausgerichtet ist.

8.4.3 Project Development Phase

Die Ziele in der PDP sind die Etablierung eines erfolgreichen Teams, die Aufstellung finanzieller Ziele und die Definition, der Nachweis und die Gewährleistung des Preis-Leistungs-Verhältnisses. Das Ergebnis der PDP ist die Aufstellung der Zielkosten (TOC), zu denen das Projekt im Rahmen des in der PDP entwickelten Designs realisierbar ist. Das Design basiert auf dem Referenz-Design (*Reference Design*), das den Ausschreibungs-unterlagen zu Grunde lag und zumeist sehr allgemein und wenig detailliert ist. Dieses wird während der PDP mit den Erfahrungen und dem Know-how der Allianzpartner, die als Hintergrund Designer und / oder Ausführende sind, weiterentwickelt und durch innovative Ideen optimiert.

Bevor mit der Entwicklung der Zielkosten begonnen wird, werden verschiedenen Kostenarten Marktindices zugeordnet, die sich aus der Analyse von mindestens fünf abgeschlossenen Projekten im Bereich der jeweiligen Kostenart ergeben. Darauf aufbauend werden die Zielkosten entwickelt, analysiert und das Wertmanagement aufgestellt, parallel dazu die KRAs und die dazugehörigen Indices. Gleichzeitig arbeiten die verschiedenen Teams an der Entwicklung der Ausführungsplanung. Das Aufstellen des Allianzteams, die Entwicklung einer entsprechenden Kultur, das Etablieren verschiedener Prozesse, Pläne und

Systeme erfolgt ebenfalls parallel. Am Ende der PDP entscheidet der Bauherr, ob die Zielkosten und die KRAs akzeptabel sind und das Projekt ausgeführt oder die Allianz aufgelöst wird. In letzterem Fall erfolgt die Vergütung der Allianzpartner entsprechend dem vor Beginn der PDP vereinbarten Budget.

Die Gewährleistung des Preis-Leistungs-Verhältnisses ist das Schlüsselelement bei der Entwicklung des Zielpreises. Dazu werden im Verlauf der PDP nachfolgend beschriebene Maßnahmen durchgeführt. Zu Beginn der PDP soll ein Preis für die Ausführung des Referenz-Designs entwickelt werden. Dieses dient dazu, Unterschiede zum vorgegebenen Budget in den Produktivitätskennzahlen, den Einheitspreisen etc. festzustellen. Ein unabhängiges Expertengremium soll während der PDP das geplante Design und dessen Ausführbarkeit überprüfen. Das Expertengremium soll eng mit dem unabhängigen Gutachter zusammenarbeiten, um die Vollständigkeit des Designs in Bezug auf den gesamten Lebenszyklus des Projektes zu überprüfen und zu gewährleisten, dass das Design den Anforderungen entspricht. Die Aufgabe des unabhängigen Gutachters besteht darin, das Design und die Kalkulation zu prüfen und, unabhängig von den Lösungen und Vorschlägen der Allianz, eine Analyse der Risiken und Möglichkeiten zu erstellen und so den höchstmöglichen Wert für das Projekt zu gewährleisten. Unterschiede zwischen der Kalkulation des Gutachters und der des Allianzteams sind gemeinsam zu besprechen und zu dokumentieren. Es wird nicht angenommen, dass hier in allen Bereichen eine Übereinstimmung erlangt werden kann. Der Wirtschaftsprüfer wird zusammen mit dem Gutachter arbeiten, um zu validieren, dass der Zielpreis den Anforderungen des Allianzvertrags entspricht.

Desweiteren ist zur Gewährleistung des Preis-Leistungs-Verhältnisses vom Allianzteam ein Bericht zum Preis-Leistungs-Verhältnis des Zielpreises zu erstellen. Dieser soll die Unterschiede zwischen dem vorgegebenen Budget in den Ausschreibungsunterlagen, der Beurteilung dieses Budget durch die Bewerber im Rahmen des Angebotes und dem jetzigen Zielpreis darstellen. Insbesondere sollen die signifikanten Verbesserungen und Innovationen im Vergleich zum Budget des Bauherrn dargelegt werden.

8.4.4 Ausführungsphase

Ziel in der Ausführungsphase ist es, das Projekt möglichst unterhalb der Zielkosten und mit herausragenden Ergebnissen in allen Bereichen der KRAs zu realisieren. Dabei sind im Bezug auf das Preis-Leistungs-Verhältnis sowie auch auf die Ergebnisse in den unterschiedlichen KRAs monatliche Berichte zu erstellen.

Der monatliche Bericht zur Darlegung des Preis-Leistungs-Verhältnisses soll falsche Annahmen in der Kalkulation aufzeigen, umgesetzte Innovationen hervorheben, Stellungnahmen zu den identifizierten Risiken und Möglichkeiten enthalten sowie gegebenenfalls neue Risiken und Möglichkeiten aufzeigen. Fehler und Nacharbeiten sind ebenfalls darzustellen.

Am Ende des Projektes werden in einem Abschlussbericht die Erfahrungen aus dem Projekt festgehalten, dabei werden insbesondere die im Vergleich zu den Projektzielen verbesserten Ausführungsbereiche dargestellt sowie die Ausschöpfung der gegebenen Möglichkeiten im Projekt und die Verringerung bzw. Vermeidung von Risiken. Im Abschlussbericht dürfen auch die Bereiche nicht fehlen, in denen noch Verbesserungspotenzial besteht. Der Bericht schließt mit einer Empfehlung für künftige Allianzen ab.

8.5 Verschiedene Formen von Allianzen

8.5.1 Programm-Allianzen

Programm-Allianzen umfassen mehrere Projekte und unterscheiden sich daher in der Bildung des Zielpreises und der Teamstruktur von Projektallianzen. Bei einer Programm-Allianz wird für jedes einzelne Projekt ein Zielpreis ermittelt und festgelegt. Es gibt ein Budget für das gesamte Programm. Die einzelnen Zielpreise werden erst bei jeweiligem Bedarf im Programmverlauf ermittelt, so dass gegebenenfalls das Priorisieren der Projekte während der Projektlaufzeit angepasst werden muss, um das Gesamtbudget sicherzustellen. Melbourne Water hat für die verschiedenen Programm-Allianzen die gleichen KRAs vorgegeben. Die unterschiedlichen Programm-Allianzen haben die KPIs für die jeweilige Allianz gemeinsam im Team entwickelt, so dass diese programmspezifisch sind. Teilweise variieren auch die KPIs bei verschiedenen Projekten innerhalb einer Programm-Allianz. Für die verschiedenen Projekte innerhalb eines Programms gelten die gleichen Anreizsysteme. Die Bewertung der KPIs folgt für einige Faktoren getrennt für die jeweiligen Projekte, für andere KPIs zählen die Werte für das gesamte Programm. Während Gewinne und Verluste bei Projektallianzen üblicherweise erst am Projektende berechnet werden, werden diese bei Programm-Allianzen zu vorab vereinbarten Meilensteinen innerhalb der Programme berechnet.

Die Struktur einer Programm-Allianz unterscheidet sich von der Struktur eine Projektallianz dadurch, dass es anstelle eines Alliance-Leadership-Teams ein Program-Leadership-Team (PLT) gibt, das grundsätzlich die gleichen Aufgaben wie das ALT hat. Ein Program Manager erfüllt die Aufgaben des APM, und es gibt ein Program Manager Team (PMT) anstelle des AMT. Für die einzelnen Projekte gibt es verschiedene Projektmanager. Neben den Projektmanagern gibt es Ressourcen, auf die alle Projekte zugreifen können. Dazu gehören die Bereiche Einbindung von Stakeholdern, Umwelt- und Nachhaltigkeitsaspekte, Controlling, Vergabe und Zeitplanung. Diese sind zentral an einem Ort lokalisiert, während die verschiedenen Projektmanager mit ihren Teams auf verschiedene Baustellenbüros verteilt sind.

8.5.2 Sub-Allianzen

Sub-Allianzen sind Allianzen, die zwischen der ausführenden Firma bzw. dem Joint-Venture aus mehreren ausführenden Firmen und einem Nachunternehmer geschlossen werden. Dabei wird der Nachunternehmer an die gleichen Bedingungen wie die Allianzpartner gebunden, mit der einzigen Ausnahme, dass er keinen Sitz im ALT hat.

Sub-Allianzen werden zumeist dann verwendet, wenn der Nachunternehmer eine Arbeit ausführt, die die Allianz als so wesentlich betrachtet, dass sie den Nachunternehmer mit in das Allianzteam einbinden möchte. In Australien sind Sub-Allianzen bei bisherigen Allianzen verhältnismäßig wenig verwendet worden. Dies ist zum einen auf die fehlenden Erfahrungen mit Sub-Allianzen zum anderen auf den hohen organisatorischen Aufwand zurückzuführen. Eher werden die Nachunternehmer durch Anreize belohnt, aber nicht in das Allianzteam integriert.

8.5.3 Varianten im Auswahlprozess

Es wird bei Allianzen zwischen der „single TOC“ Methode und der „dual TOC“ Methode, die auch „multiple TOC“ Methode genannt wird, unterschieden. Der in Kapitel 8.2.3 beschriebene Auswahlprozess entspricht der „single TOC“ Methode. Das bedeutet, dass die Auswahl der Allianzpartner bereits vor Beginn der PDP geschieht und der Zielpreis mit einem Team entwickelt wird.

Seit der Einführung von Allianzverträgen ist von Kritikern in Frage gestellt worden, ob eine Vergabe, die ohne direkten Preiswettbewerb stattfindet, auch wirklich das beste Preis-Leistungs-Verhältnis liefert. Als Reaktion auf diese Bedenken ist der Auswahlprozess modifiziert und eine zweite Variante eingeführt worden. Die „dual TOC“ Methode unterscheidet sich von der „single TOC“ Methode dadurch, dass am Ende des Auswahlprozesses nicht ein Team steht, das zusammen mit dem Bauherrn in der Projektentwicklungsphase zusammenarbeitet, sondern dass zwei Teams ausgewählt werden. Die beiden Teams entwickeln voneinander getrennt jeweils ein eigenes Design sowie Strategie und Zielkosten während der Projektentwicklungsphase. Die Auswahl des Teams, das den Auftrag ausführen soll, wird auf Grundlage der Zielkosten bzw. des besten

Preis-Leistungs-Verhältnisses und weiterer nicht-monetärer Kriterien getroffen. Bei Allianzen in Australien wird überwiegend die „single TOC“ Methode verwendet.

Der Project Alliancing Practitioners´ Guide empfiehlt ausdrücklich die Verwendung der „single TOC“ Methode, allerdings werden der „dual TOC“ Methode einige Vorteile beigemessen:[142]

- Der Preiswettbewerb demonstriert ein Preis-Leistungs-Verhältnis.
- Der Wettbewerb zwischen den beiden Teams fördert Innovationen und die Etablierung eines geringen Zielpreises.
- Der Bauherr bekommt die Möglichkeit, mit beiden Teams über mehrere Monate zusammenzuarbeiten, und kann so die Teams besser kennenlernen und einschätzen als im Rahmen der Workshops.

Allerdings widerspricht der Wettbewerb den Grundgedanken der Allianz, nach denen die Beziehungen zwischen den Allianzpartnern auf gegenseitigem Vertrauen beruhen, das im Team aufgebaut und sich entwickeln muss. Das Konkurrenzverhalten zwischen den Teams kann eine enge Zusammenarbeit und Integration verhindern, aus der ansonsten innovative Lösungen entstehen könnten. Aufgrund des Wettbewerbsdrucks besteht die Gefahr, dass Risiken unterschätzt werden könnten und somit die Zielkosten nicht genug Raum für Sicherheiten bieten. Darüber hinaus bedeutet die Durchführung der „dual TOC“ Methode einen Mehraufwand für den Bauherrn. Um beide Teams in gleichem Umfang betreuen zu können, benötigt der Bauherr zwei äquivalente Teams in der PDP, von denen aber nur ein Team im Projekt bleiben wird. Die zusätzlichen Kosten des Bauherrn müssen sich in einem deutlich reduzierten Zielpreis widerspiegeln. Da viele Allianzen komplexe Interaktionen mit Stakeholdern beinhalten, ist es oftmals schwierig, während der PDP mit zwei Teams zu arbeiten.

Zwischen den beiden oben beschriebenen Auswahlprozessen existieren auch Mischformen. So hat beispielsweise Melbourne Water die beiden Auswahlprozesse kombiniert und ein hybrides Modell entwickelt, das in die „single TOC“ Methode ein Preiselement einbringt und dennoch die PDP nur mit einem ausgewählten Team durchführt. Das Ziel war es, einen Wettbewerb zu erzeugen und so im Hinblick auf die Margen bessere Ergebnisse zu erreichen. Dazu nehmen die beiden Teams, die in an den Auswahl-Workshops teilnehmen, auch an den kommerziellen Workshops teil. Bei dieser Auswahlmethode wird die Entscheidung erst nach der Durchführung der kommerziellen Workshops getroffen – unter Berücksichtigung qualitativer Kriterien und der erarbeiteten Rahmenbedingungen für die Gewinnmargen und weiteren Zuschlägen. Damit hat der Bauherr die Möglichkeit, die

[142] Vgl. DTF (2006), S. 16 und S.99 f.

finanziellen Audits der beiden Konsortien zu vergleichen und so einen Überblick über die Kostenstruktur der anrechenbaren Kosten zu bekommen.

9 Auswertung

9.1 Allgemeines

Die aus den Fallstudien, den Interviews und zahlreichen Gesprächen mit Projektbeteiligten verschiedener IPD-Teams und Allianzen gewonnenen Erkenntnisse werden nachfolgend ausgewertet. Dabei werden das LPDS, die IFOA und die Allianzen zunächst getrennt voneinander ausgewertet. Nach Identifizierung der wesentlichen Merkmale in den verschiedenen Bereichen werden die Erfolgsfaktoren und Potenziale herausgearbeitet. In Kapitel 9.3.3 wird untersucht, inwieweit die IFOA das LPDS in seiner Umsetzung unterstützt. In Kapitel 9.5 werden die Vertragsarten IFOA und Allianz gegenübergestellt. Daran anschließend erfolgt der Vergleich der Prinzipien der IFOA und der Allianzen mit anderen Vertragsarten, bevor in Kapitel 9.7 auf das Streitbeilegungsverfahren und den Streitverzicht im deutschen Recht und in Kapitel 9.8 auf die Besonderheiten für öffentliche Auftraggeber in Bezug auf deren Organisation sowie deren Einschränkungen durch die VOB eingegangen wird. In Kapitel 9.9 wird die operative Umsetzung von Partnerschaftsmodellen in Deutschland betrachtet.

9.2 Das Lean Project Delivery System

9.2.1 Wesentliche Merkmale

Das Schlüsselelement des LPDS ist die Abwicklung im integrierten Projektteam (IPD-Team), wobei für den Erfolg entscheidend ist, dass die verschiedenen Projektbeteiligten an einem Ort – dem Big Room – zusammenarbeiten. Als weitere wesentliche Merkmale für das LPDS gelten das Target Value Design, das Value Stream Mapping, das Last Planner System™, das Building Information Modeling und die kontinuierliche Verbesserung.

Die Abwicklung im IPD-Team zeichnet sich dadurch aus, dass alle Vertragsparteien vom Bauherrn über den Architekten, Generalunternehmer, Fachplaner bis zum Nachunternehmer als gleichberechtigte Partner gemeinsam in einem Team zusammenarbeiten. Ziel des Teams ist die Projektabwicklung in einer gemeinschaftlichen Zusammenarbeit und in einer respektvollen und wertschätzenden Umgebung, in der Versprechen eingehalten und Meinungen geachtet werden. Prozesse und Abläufe sollen stetig verbessert werden mit dem Ziel, das Gesamtprojekt zu optimieren anstelle der Fokussierung auf die eigenen Firmeninteressen oder die Interessen Einzelner. Die Teammitglieder sollen dazu ermutigt werden, kreative Ideen zu entwickeln, diese im Team zu diskutieren und gemeinsam weiterzuentwickeln. Im Vordergrund steht dabei immer die Lösung mit dem höchsten Wert für den Kunden. Die Planung innerhalb der IPD-Teams erfolgt in Cluster-Gruppen, die über Firmenzugehörigkeiten hinweg interdisziplinär nach Aufgabenbereichen zusammengesetzt werden.

Die Auswahl der Vertragspartner erfolgt nach deren Qualifikation und Bereitschaft, neue Wege zu gehen und innovative Ideen und Methoden zu entwickeln. Bei der Auswahl wird bereits darauf geachtet, ob die potenziellen Teammitglieder der sich bewerbenden Firmen auch in das bereits bestehende Team passen würden. Wichtig für den Erfolg des IPD-Teams ist eine hohe Kontinuität. Die verschiedenen Vertragspartner sollen bereits möglichst frühzeitig in das Team integriert werden, so dass sie sowohl in die gesamte Planungsphase als auch in die Ausführungsphase eingebunden sind. Neue Teammitglieder benötigen eine gewisse Eingewöhnungszeit, um das Team und die direkten Ansprechpartner kennenzulernen, aber auch um Vertrauen aufzubauen. Mit jedem neuen Teammitglied ändert sich auch das Team. Die Grundlage des IPD-Teams ist die Vertrauensbasis. Ein ständiger Wechsel ist dafür kontraproduktiv. Jedes Teammitglied verfügt neben seinem Fachwissen über ein enormes Projektwissen, das sich im Laufe des Projektes entwickelt hat, sowohl auf zwischenmenschlicher als auch auf projektspezifischer Ebene. Somit würde das Ausscheiden eines Teammitglieds auch einen großen Wissensverlust bedeuten und könnte den Erfolg des Teams und des Projekts schmälern.

Die gemeinsame Entscheidungsfindung im Team basiert darauf, dass Entscheidungen in Übereinstimmung getroffen und von allen Beteiligten mitgetragen werden. Dabei ist wichtig, dass diejenigen die später die Entscheidungen umsetzen, bereits in die Entscheidung eingebunden werden. Die wesentlichen Entscheidungen werden von der Kerngruppe (vgl. Kap. 6.1.2) getroffen. Für die Entscheidungsfindung der Kerngruppe ist der Input des IPD-Teams eine wichtige Basis. Kann die Kerngruppe keine Einigung erreichen, so hat der Bauherr letztendlich die Entscheidungsmacht. Im Interesse des Projektes ist es aber bei sämtlichen Entscheidungen erstrebenswert, eine gemeinsame Lösung zu finden.

Das zentrale Werkzeug der Planung ist das Target Value Design, das den Wert des Projektes, den Zeitplan und die Durchführbarkeit immer im Hinblick auf das verfügbare Budget optimiert. Dafür ist entscheidend, dass die verschiedenen Vertragsparteien möglichst frühzeitig in das IPD-Team eingebunden werden. Das Wissen und Know-how der ausführenden Firmen ist sowohl für die Ermittlung bzw. Abschätzung der Kosten als auch für die Bewertung der Durchführbarkeit wertvoll. So können Dokumente bereits frühzeitig von den entsprechenden Nachunternehmern geprüft und Probleme, die traditionell erst während oder kurz vor der Ausführung entdeckt werden, können bereits während der Planung identifiziert und eliminiert werden. Weiterhin sind die Ideen der ausführenden Firmen in der Planung hilfreich. Mit Hilfe des Set-Based-Designs, das ein Werkzeug des TVD darstellt, werden verschiedene Alternativen parallel entwickelt und verfolgt. Die endgültige Entscheidung wird dagegen erst zum spätest möglichen Zeitpunkt getroffen und basiert dann auf einer fundierten Grundlage aus verschiedenen Möglichkeiten. Würde sonst zu einem späteren Zeitpunkt eine weitere Alternative, die bis dahin noch nicht betrachtet wurde, in Erwägung gezogen, so käme es zu zeitlichen Verzögerungen. Diese werden so vermieden. Das TVD berücksichtigt auch Preissteigerungen, die regelmäßig im Budget aktualisiert werden. Dadurch entsteht eine sehr realistische Einschätzung der Kosten, die dem Auftraggeber die Sicherheit gibt, dass das Projekt innerhalb des festgelegten Budgets realisiert werden kann, und die wie eine Preisgarantie wirkt.

Mit Hilfe des Value Stream Mapping werden bestehende Abläufe und Prozesse analysiert und dokumentiert. Nach Identifizierung der wertschöpfenden und nicht-wertschöpfenden Elemente werden die Prozesse im Hinblick auf ihre Effektivität optimiert, so dass Verschwendung vermieden und der Wert maximiert wird. Da der Lean-Gedanke einen ganzheitlichen Ansatz anstrebt mit dem obersten Ziel der Wertmaximierung für den Kunden, beinhaltet eine erfolgreiche Projektplanung, dass auch aktuelle Anforderungen der Endnutzer analysiert und verbessert werden.

Die zeitliche Planung sowohl während der Planungs- als auch in der Ausführungsphase erfolgt mit Hilfe des Last Planner Systems™. Das Last Planner System™ basiert auf zuverlässigen Zusagen aller Beteiligten. Es ermöglicht, gemeinsam im Team die Puffer der einzelnen Gewerke offen zu legen und diese gemeinsam bei zeitlichen Schwierigkeiten zu nutzen oder das Projekt vorzeitig fertigzustellen. Durch die gemeinsame Planung im Team können die Arbeitsabläufe optimiert werden, auch indem traditionelle Abläufe verlassen werden und das Team gemeinsam an der Optimierung – immer im Hinblick auf das Gesamtprojekt – arbeitet. Teilweise werden so auch Arbeiten zwischen den Gewerken verschoben. Manchmal kann es für ein anderes Gewerk einfacher sein, die Arbeit ohne großen Mehraufwand zu erledigen, wogegen es für das Gewerk, das traditionell die Arbeit ausführt, einen extremen Mehraufwand bedeuten würde. Die Vergütung nach dem Selbstkostenerstattungsprinzip fördert eine Verschiebung der traditionellen Aufgabenbereiche zwischen den Vertragsparteien und ermöglicht eine Zusammenarbeit über traditionelle Grenzen der einzelnen Gewerke hinweg.

Building Information Modeling ist ein wesentlicher Bestandteil für die gemeinsame Arbeit im IPD-Team und dient der Erstellung eines multidisziplinären, vollkoordinierten 3D-Modells. Das 3D-Modell bietet die Möglichkeit zur realitätsnahen Visualisierung und ermöglicht den Zugang zu sämtlichen Projektdaten und Projektinformationen in Echtzeit. Insbesondere für die Einbeziehung der Endnutzer in den Planungsprozess ist das 3D-Modell sehr hilfreich, da diese sich so die geplanten Räume erheblich besser vorstellen können, und dadurch das

Einbringen von Endnutzer-Input erheblich vereinfacht wird. Personen, die den Umgang mit 2D-Zeichnungen nicht gewohnt sind, wie die meisten Endnutzer, haben oftmals Orientierungsschwierigkeiten. Alle Projektbeteiligten können jederzeit auf den aktuellen Stand des Modells zugreifen und es für die Planung des Designs, der Produktion, der Ablauffolge der Arbeiten und zur Kostenabschätzung nutzen. Da Änderungen fortlaufend in das Modell eingepflegt und anschließend im Team auf ihre Auswirkungen auf andere Bereiche und ihre Durchführbarkeit geprüft werden, bietet das Modell einen hohen Grad an Zuverlässigkeit. Daher können Mengenermittlungen und Abschätzungen jederzeit ohne großen Zeitaufwand und mit einem hohen Grad an Genauigkeit aus dem Modell entnommen werden.

Die kontinuierliche Verbesserung ist ein Schlüsselelement bei der Abwicklung im LPDS. Das Team verfolgt das Ziel, aus Fehlern zu lernen, Arbeitsabläufe ständig zu prüfen und zu verbessern.

9.2.2 Erfolgsfaktoren und Potenziale

Die verschiedenen untersuchten Projekte, die mit einem LPDS abgewickelt worden sind, waren durchaus erfolgreich. Die verschiedenen Merkmale, die für das LPDS als charakteristisch identifiziert worden sind, greifen bei der Umsetzung im Projekt ineinander. Aufgrund der Synergie der verschiedenen Merkmale erhöht sich das Erfolgspotenzial. Um aber das Potenzial der einzelnen Merkmale darzustellen, erfolgt die Auswertung der in Kapitel 9.2.1 identifizierten Merkmalen getrennt voneinander.

Das integrierte Projektteam ist das Grundelement des LPDS. Die Zusammenarbeit verschiedener Disziplinen und die Einbindung der Ausführenden zum frühestmöglichen Zeitpunkt sind die Grundlage für die Anwendung des Last Planner Systems™, des Target Value Designs, des Value Stream Mappings und auch des BIMs. Durch die Arbeit im IPD-Team und Nutzung des Last Planner Systems™ können erhebliche Zeiteinsparungen in Bezug auf die Bauzeit erreicht werden:

- Beim Sutter Medical Center Castro Valley (SMCCV) konnte so ein Bauzeitenplan mit einer 30% kürzeren Bauzeit im Vergleich zur konventionellen Planung erstellt werden. Die Einsparungen sind nicht nur durch die Zusammenarbeit im IPD-Team sondern auch durch den effizienten Einsatz von VSM erreicht worden, wodurch der Planungsprozess verbessert und eine Glättung der Arbeitsabläufe erreicht werden konnte.
- Beim Chinese Hospital ist es gelungen, den Bauzeitenplan um 12 Monate auf eine Bauzeit von 9 Monaten zu kürzen. Bauzeitenverkürzungen spielen in der derzeitigen

wirtschaftlichen Situation eine entscheidende Rolle, da in den USA insbesondere im Krankenhaussektor erhebliche Preissteigerungen einen wesentlichen Kostentreiber darstellen. Vom Planungsteam des Chinese Hospitals sind allein die Preissteigerungen pro Tag auf $30.000 berechnet worden.[143] Damit stellt jeder Tag an Bauzeitverkürzung einen erheblichen finanziellen Vorteil dar.

Die Verwendung von Target Value Design ermöglicht die Optimierung der Planung und Durchführbarkeit immer unter Berücksichtigung des zur Verfügung stehenden Budgets. So werden im Team innovative Ideen gefördert, die den Bauablauf vereinfachen, Zeit und Kosten einsparen. Beim CHH-Projekt ist es bereits in der Planungsphase gelungen, die ursprünglich geschätzten Kosten insgesamt um mehr als 10% zu senken und so unterhalb des vorgegebenen Budgets zu gelangen, das bereits um knapp 15% unterhalb des Benchmark liegt. Dazu beigetragen haben die Reduzierung der Sicherheiten und Reservebeträge, aber vor allem eine Vielzahl an innovativen Ideen und Optimierungen, von denen einige nachfolgend näher erläutert werden:

- Das CHH-Krankenhaus muss die Anforderungen an die Erdbebensicherheit erfüllen. Dazu war im ursprünglichen Design geplant, das Gebäude als ein seismisch isoliertes Gebäude zu gründen. Die Lösung beinhaltete, dass unter jeder Säule des Gebäudes durch ein Dämpfungselement der Energieeintrag aus einem Erdbeben reduziert wird. Dafür sind für das Gebäude eine sehr massive Struktur und entsprechende Aussteifungen notwendig. Die im Rahmen der Planung entwickelte neue Idee war, anstelle des oben beschriebenen Systems ein viskoses Wanddämpfungssystem (VWD-System) einzusetzen. Dieses hat den Vorteil, dass wesentlich weniger Aussteifungen im Gebäude notwendig sind. Das VWD-System ist eine geprüfte Technologie, die in Japan seit über 20 Jahren Anwendung findet, aber noch nie zuvor in den USA angewendet wurde. Daher herrschten unter den Planern große Bedenken, ob die Genehmigungsbehörde OSHPD[144] die Verwendung des VWD-Systems akzeptieren würde. Als Erläuterung ist an dieser Stelle darauf hinzuweisen, dass OSHPD die Planungszeichnungen erst prüft, nachdem die gesamte Planung fertiggestellt ist, was in diesem Fall ein enormes Risiko bedeutet hätte. Würde das VWD-System von OSHPD abgelehnt, so hätte die Planung erneut durchgeführt werden müssen, und es wäre ein großer zeitlicher und auch finanzieller Verlust entstanden. Dennoch war die Structural Cluster-Gruppe von dieser Lösung überzeugt und wollte versuchen, diese von OSHPD vorab genehmigen zu lassen, sofern der

[143] Vgl. SUN (2009), S. 11 ff.

[144] OSHPD steht für Office of Health Planning and Development und ist die Behörde, die sämtliche Zeichnungen für die Planung von Krankenhäusern in Kalifornien genehmigen muss. Eine solche Behörde gibt es in vielen anderen Staaten der USA nicht.

Bauherr diesem Vorgehen zustimmt. OSHPD hat das VWD-System nach zwei Testrunden als eine realisierbare Lösung akzeptiert, die in Bezug auf die Gesamtkosten des Gebäudes schätzungsweise Einsparungen im oberen einstelligen Millionenbereich mit sich führen wird.

- Ein weiteres Beispiel ist die Ausführung der Parkplätze in einer Stahl- statt Betonkonstruktion wie es ursprünglich im Business Case geplant war. Die Idee kam vom Nachunternehmer für die Betonarbeiten, obwohl er damit sein Bau-Soll reduziert. Der Vorteil der Stahlkonstruktion liegt darin, dass in Bezug auf die Bauzeit circa ein Monat eingespart werden kann und dadurch finanziell eine Einsparung im unteren einstelligen Millionenbereich entsteht. Die Stahlkonstruktion kann vorab geplant und vorgefertigt werden, was zu einer Reduzierung der Fertigungszeit auf der Baustelle führt. Dieses Beispiel zeigt deutlich, dass die Idee, das gesamte Team bei Einsparungen zu belohnen, dazu führt, dass neue Ideen durchdacht und auch umgesetzt werden. So hat die ausführende Betonfirma die Optimierung des Gesamtprojektes verfolgt und dabei auf den eigenen Umsatz bei der zunächst geplanten Ausführung der Arbeiten in Beton verzichtet, profitiert aber letztendlich von den Gesamteinsparungen, da diese im Team geteilt werden.
- Die ursprüngliche Planung hatte für das CHH-Krankenhaus zehn kleinere Dampfkessel vorgesehen. Bei der Verwendung von großen Dampfkesseln ist in Kalifornien eine Vorschrift einzuhalten, gemäß der das Personal für die Instandhaltung besonders geschult sein muss. Daher wählen die Planer in der Regel die kleineren Dampfkessel, die in der Anschaffung teurer sind, aber weniger Training für das Personal während des Betriebs benötigen. Bei der Planung im integrierten Team zusammen mit dem Bauherrn hat sich herausgestellt, dass das entsprechende Personal im Rahmen der Standardschulung grundsätzlich das benötigte Training erhält. Dadurch konnten die zehn kleinen Dampfkessel durch drei große ersetzt werden, was insgesamt zu Einsparungen von mehreren $100.000 geführt hat. Das Beispiel zeigt, dass durch einfache Kommunikation Annahmen, die über Jahre hinweg als richtig hingenommen wurden, verifiziert und dadurch Kostenreduzierungen erreicht werden können.
- Durch Standardisierung von Einbauteilen im Bereich der Klempnerleistungen konnte die ursprünglich 12-seitige Liste mit Einbauteilen auf drei Seiten gekürzt werden. Das hat allein beim Material zu Kosteneinsparungen von einer knappen Million $ geführt. Darüber hinaus werden noch Einsparpotenziale im Bereich der Arbeitsstunden entstehen, da die Einbauarbeiten aufgrund der reduzierten Anzahl von Einbauteilen standardisierter ablaufen, die Arbeiter routinierter und schneller werden. Darüber hinaus werden Suchzeiten und Fehler beim Einbau verringert.

- Durch enge Zusammenarbeit zwischen den ausführenden Firmen und den Planern in der MEP-Cluster-Gruppe (vgl. Kapitel 6.1.2) konnten im Bereich der Klempnerarbeiten sowie der Heizung, Lüftung und Klimatisierung Einsparungen im unteren einstelligen Millionenbereich erreicht werden. Dabei war vor allem entscheidend, dass die Annahmen, die die ausführenden Firmen im Rahmen der Preiskalkulation getroffen hatten, überprüft und verifiziert wurden. Durch das Fachwissen der ausführenden Firmen konnten verschiedene Systeme in der Planung miteinander kombiniert und dadurch optimiert und neue Lösungsmöglichkeiten gefunden werden.
- So konnten z.B. die Kosten für die Leitungssysteme in den Duschen und Toiletten um mehrere $100.000 verringert werden, indem die Zuleitungen in den Duschen durch geschickte Anordnung und die Zu- und Abwasserableitungen der Toiletten durch Nutzung eines gemeinsamen Systems optimiert wurden.

Beim Fairfield MOB ist es gelungen, die Kosten pro square foot auf $225 zu senken, der Marktindex eines vergleichbaren MOB liegt bei $330. Die tatsächlichen Baukosten lagen 5,3% unterhalb der Zielkosten und 18,6% unterhalb des Marktindexes. Außerdem sind in den tatsächlichen Baukosten Werterhöhungen in Höhe von 5,8% während der Planungsphase und 2,3% während der Bauausführung enthalten.[145] Hierbei ist anzumerken, dass die dort verwendete IFOA noch kein Anreizsystem enthalten hat und die Vergütung durch einen Maximalpreis in Form eines GMPs gedeckelt war. Bei Verwendung eines Anreizsystems besteht ein wesentlich höheres Potenzial zur Kostenreduzierung. Ein Großteil der Einsparungen ist auf die Auswahl von Materialien und die Nutzung von besser auf das Projekt abgestimmten Bauverfahren und Baumethoden zurückzuführen. Das Chinese Hospital hat es mit Hilfe von Target Value Design geschafft, den Preis pro square foot auf $775 zu senken, verglichen mit $900 bei vergleichbaren Krankenhäusern in SF. Die Kosten pro Bett konnten mit $2 Millionen im Vergleich zu $3 Millionen erheblich reduziert werden.[146]

Mit Hilfe des VSM wurde beim CHH-Projekt analysiert, wie viel Platz für die einzelnen Abteilungen benötigt wird, welche Anordnung von Funktionen und Abteilungen einen optimalen Ablauf im späteren Klinikalltag gewährt und wo welche Ausstattung benötigt wird. Beim Chinese Hospital konnten durch die Einbindung der Endnutzer und die Verwendung von VSM eine Minimalgröße der Zimmer ermittelt werden, so dass das Krankenhaus trotz der vorgegebenen Platzeinschränkungen im Innenstadtbereich von San Francisco mit der maximal möglichen Zimmerzahl ausgestattet werden kann.

---

[145] Vgl. BOLDT (2008), S. 2 ff.
[146] Vgl. SUN (2009), S. 17 ff.

Durch die Verwendung von BIM konnten beim Fairfield MOB 400 Kollisionen vorab entdeckt werden, die einer Summe von insgesamt $2 Millionen für Nacharbeiten entsprechen.[147] Dabei ist folgende Annahme zu Grunde gelegt worden: wäre das Problem erst in der Bauphase aufgetreten, so würden zwei Wochen an Arbeit für die Umplanung, die Nacharbeiten, den Papieraufwand, zusätzliche Zeichnungen etc. entstanden sein, die mit ca. $5.000 Kosten abgeschätzt wurden. Darüber hinaus konnten die Änderungen (Change Orders und Request for Information (RFI)) während der Bauausführung um 50% verringert werden. Unter Verwendung von BIM wurden 50% der Zeichnungen von den Architekten elektronisch geprüft und verteilt, die restlichen 50% sind den traditionellen Weg mit Stift und auf Papier durchlaufen. Die elektronische Prüfung bietet finanzielle und zeitliche Einsparungen.

In einer Studie zum Neubau des Camino Medical Group Mountain View Projects, einem Krankenhaus von Sutter Health, konnten durch die Einführung und konsequente Verwendung von BIM bereits während der Planungsphase für die Bauausführung erhebliche Einsparungen festgestellt werden. Die Anzahl der RFIs konnte während der Ausführung, gegenüber einer geschätzten Anzahl von 200 bis 300 bei vergleichbaren Projekten, auf zwei reduziert werden. Es sind keine Behinderungen während der Ausführung in den mechanischen und elektrischen Gewerken zu verzeichnen gewesen. Darüber hinaus wurden weniger als 0,2% der Ausführungsarbeiten für Nacharbeiten verwendet. Insgesamt konnten durch die Verwendung von BIM $9 Millionen, ca. 10% der Bausumme, eingespart und sechs Monate Bauzeitverkürzung erreicht werden. Die Produktivität in den technischen Gewerken konnte teilweise um bis zu 30% erhöht werden. Insgesamt sind während der Ausführung keine Änderungen und Nachträge entstanden. Die Kosten für die Verwendung des BIM betrugen weniger als 0,5% der Baukosten[148] und sind im Vergleich zu den Einsparungen in Höhe von 10% sehr niedrig.

Der Central Park Tower in Broomfield, Colorado, ein elf stöckiges Bürogebäude, zeigt ähnliche Erfolge in Bezug auf die Verwendung von BIM. Es konnten insgesamt 416 Kollisionen im Rahmen der Planung festgestellt und vorab beseitigt werden. Dies entspricht in etwa einer geschätzten Einsparung zwischen $201.855 und $265.855. Die Zahlen begründen sich auf der Berechnung der angenommenen Aufwendungen, die sonst entstanden wären. Bei jeder Kollision wären mindestens zwei Nachunternehmer involviert gewesen, für die ein zusätzlicher Koordinationsaufwand entstanden wäre. Darüber hinaus konnten Einsparungen durch Produkt- und Mengenoptimierungen in Höhe von weiteren $100.000 erreicht werden. Bei der Erstellung des Rohbaus des Central Park Towers sind keine RFIs angefallen. Im Vergleich dazu sind bei einem ähnlichen Projekt, der Village

[147] Vgl. BOLDT (2008), S. 8.
[148] Vgl. KHANZODE/FISCHER/REED (2008), S. 13 ff und DPR (2007), s.6.

Center Station – das nicht unter der Verwendung von Lean-Prinzipien abgewickelt wurde – mit einem vergleichbaren Bauvolumen allein für den Rohbau 44 RFIs entstanden, die ein Volumen von 14,77 % des Gesamtbudgets ausmachen.[149]

Der Neubau des Shawano Krankenhauses hatte Zielkosten, die bereits 3,6% unter dem Marktindex lagen. Diese konnten um weitere 14,6% unterschritten werden, womit die tatsächlichen Baukosten 17,6% unter dem Marktindex liegen. Die eingesparten Kosten wurden zu einem Großteil dazu verwendet, durch zusätzliche Leistungen Mehrwert für das Krankenhaus zu schaffen. Das Projekt konnte dreieinhalb Monate vor dem vorgesehenen Fertigstellungstermin abgeschlossen werden. Die 70 zusätzlichen Betriebstage haben dem Krankenhaus im Jahr 2006 zusätzliche Einnahmen von $1 Million beschert.[150]

Die Abwicklung im IPD-Team verursacht insbesondere zu Beginn des Projektes, also in der Planungsphase, erhöhte Kosten, die auf eine detailliertere Planung mit erhöhtem Zeitaufwand und auf die frühzeitige Einbindung der Schlüsselgewerke zurückzuführen sind. Die erhöhten Planungskosten machen sich aber am Projektende durch geringere Gesamtkosten für das Projekt bezahlt. Die dargestellten Ergebnisse der bereits abgeschlossenen Projekte beziehen sich mit Ausnahme des Fairfield MOB auf Projekte, bei denen verschiedene Lean Werkzeuge verwendet wurden, die aber nicht unter Verwendung der IFOA, sondern in Form von Pauschalpreisverträgen – teilweise mit Anreizen versehen – bzw. in Form von GMP-Verträgen abgewickelt worden sind. Die Untersuchungen beim CHH-Projekt und beim Fairfield MOB haben gezeigt, dass ein gemeinschaftlicher Vertrag mit dazugehörigem Anreizsystem die Verfolgung eines gemeinsamen Ziels weit mehr als traditionelle Verträge unterstützt, so dass das Potenzial zur Verbesserung des Projektergebnisses erheblich erhöht werden konnte.

9.2.3 Anwendbarkeit des LPDS im Rahmen traditioneller Projektorganisationsformen

Der englische Begriff *Project Delivery System* wird in Deutschland sowohl mit Projektabwicklungssystem als auch mit Projektorganisationsform übersetzt. Nachfolgend wird unter dem Begriff *Project Delivery System* die Kombination aus Projektorganisationsform, Vergabeform und Vertragsform verstanden. Das wesentliche Merkmal der Projektorganisationsform ist die Differenzierung bzw. Integration der Beratungs-, Planungs- und Ausführungsleistungen.[151]

[149] Vgl. COUSINS (2009), S. 6 und 11 ff.
[150] Vgl. BALLARD (2009), S. 22.
[151] Vgl. BÜCKER (2005), S. 109 und HAGHSHENO (2004), S. 23.

Grundsätzlich werden in Deutschland zwei verschiedene Projektorganisationsformen unterschieden:

- Design-Bid-Build: Einzelunternehmer bzw. Generalunternehmer /Generalübernehmer
- Design-Build: Totalunternehmer / Totalübernehmer

Bei der Vergabe an Einzelunternehmer wird die Leistung in einzelne Fachlose aufgeteilt. Diese werden an darauf spezialisierte Einzelunternehmer vergeben. Diese Form wird bei kleineren Projekten häufig verwendet. Ansonsten ist in Deutschland die Zusammenfassung aller Fachlose üblich, diese werden dann an einen Generalunternehmer (GU) bzw. Generalübernehmer (GÜ) vergeben. Der GU und der GÜ unterscheiden sich nach dem Ausmaß an Fremdvergabe. Werden Teile der Leistung in Eigenleistung ausgeführt, so handelt es sich um einen GU, dieser erstellt in der Regel die Rohbauarbeiten. Erfolgt die komplette Vergabe der Leistungen an Nachunternehmer, so handelt es sich um einen GÜ, dieser fungiert somit als ein Zwischenhändler von Bauleistungen. Übernimmt der GU bzw. GÜ sämtliche Planungsleistungen, die im Rahmen eines Bauvorhabens erforderlich sind, so handelt es sich um einen Totalunternehmer (TU) bzw. Totalübernehmer (TÜ). In diesem Fall beauftragt der Auftraggeber ausschließlich den TU bzw. TÜ und verzichtet auf die Beauftragung eines Architekten. Neben den oben dargestellten reinen Einsatzformen existieren auch Kombinationen. Bei der am häufigsten verwendeten GU-Einsatzform erbringt der GU neben der eigentlichen Ausführung der Bauleistung auch Teile der Ausführungsplanung. Diese wird als GU-Ausführungsplanung (GU-A,A) bezeichnet. Eine weitere Einsatzform ergibt sich, wenn der GU neben der Ausführungsplanung auch Teile der Entwurfs- und Genehmigungsplanung übernimmt, diese wird dann als GU-Entwurfsplanung (GU-E,A) bezeichnet.[152] Außerdem ist es möglich, dass das ausführende Unternehmen während der Planungsphase als Berater des Bauherrn fungiert und so bereits während der Planung sein ausführungsspezifisches Know-how einbringt. Diese Einsatzform ist in den USA unter dem Begriff Construction Management at risk bekannt.[153] In der vorliegenden Arbeit wurde der CM-Vertrag näher betrachtet und in Kapitel 4.3 dargestellt.

Öffentliche Auftraggeber unterliegen bei der Vergabe von Bauleistungen der VOB Teil A. Die Begriffe „Generalunternehmer“ und „Totalunternehmer“ werden in der VOB nicht ausdrücklich erwähnt, allerdings sind diese gemäß § 4 Nr. 3 VOB/A in Ausnahmefällen zulässig.[154] § 4 Nr. 3 VOB/A erlaubt die Vergabe mehrerer Fachlose aus wirtschaftlichen oder technischen Gründen. Die Vergabe an einen Totalübernehmer bzw. einen Generalübernehmer ist gemäß § 8 Nr. 2 VOB/A, § 8 Nr. 3 VOB/A und § 4 Nr. 8 VOB/B unzulässig,

[152] Vgl. RACKY (1997), S. 10-12.
[153] Vgl. HAGHSHENO (2004), S. 25 f.
[154] Vgl. GRALLA (1997), S. 31.

da ein Totalübernehmer bzw. ein Generalübernehmer sich nicht gewerbsmäßig mit der Leistungserbringung im eigenen Betrieb befasst.[155] Dieses gilt zumindest für die Vergabe von Bauleistungen unterhalb des Schwellenwertes, der in Abschnitt 1 der VOB/A geregelt ist. Bei der Vergabe von Bauleistungen oberhalb des Schwellenwertes ist die Teilnahme von General- oder Totalübernehmern an Öffentlichen Ausschreibungen erlaubt. Diese Auffassung gründet sich auf Artikel Nr. 2 Abs. b der Vergabekoordinierungsrichtlinie (2004/18/EG), danach gelten auch solche Verträge als öffentliche Bauaufträge, die „die Erbringung einer Bauleistung durch Dritte, gleichgültig mit welchen Mitteln" zum Gegenstand haben. Die Umsetzung in deutsches Recht ist in § 99 Abs. 3 GWB geregelt, der für die Vergabe von Bauleistungen oberhalb des Schwellenwertes gilt. Dort werden Bauleistungen, die an einen General- oder Totalübernehmer vergeben werden, explizit als „öffentliche Bauaufträge" erfasst (vgl. auch Kapitel 3.2.1).

Nachfolgend werden die Projektorganisationsformen, denen reine Einsatzformen zu Grunde liegen, auf Anwendungsmöglichkeiten der Merkmale des LPDS untersucht. Wird ein Projekt an einen Einzelunternehmer bzw. an einen Generalunternehmer oder Generalübernehmer vergeben, so sind Planung und Ausführung strikt voneinander getrennt. Die Vergabe an Einzel- bzw. Generalunternehmer oder Generalübernehmer erfolgt, nachdem die Planung bereits abgeschlossen ist. Änderungen und Einflussnahme auf die Planung sind durch den Unternehmer nur bedingt möglich. Generalunternehmer versuchen teilweise, sich durch Sondervorschläge gegenüber den Mitbewerbern abzugrenzen und so ihre Ideen in die Planung einzubringen. Die Prüfung von Sondervorschlägen führt zu einem erhöhten Zeitaufwand beim Bauherrn, da diese Idee und Möglichkeit vorab meist noch nicht in Betracht gezogen worden sind und somit vor Beauftragung einer intensiven Prüfung unterzogen werden müssen. Sollte es zu einer Beauftragung des Sondervorschlags kommen, wird ein Teil der bereits abgeschlossenen Planung hinfällig und es entsteht somit Mehraufwand, der bei einer frühzeitigen Einbindung hätte vermieden werden können. Bei der Einsatzform eines Totalunternehmers bzw. eines Totalübernehmers werden Planung und Ausführung an einen einzigen Vertragspartner vergeben. Die Schnittstelle eines dritten Vertragspartners, des Architekten, wird damit vermieden.

Das LPDS unterscheidet sich in seiner Grundidee, der gemeinsamen Abwicklung des Projektes im Team, von traditionellen Projektorganisationsformen. Die verschiedenen Beteiligten im Team sollen gleichberechtigt sein, die strikte Trennung der Aufgabenbereiche der Architekten, Generalunternehmer sowie des Bauherrn werden dadurch aufgehoben und vermischt. Das Projekt wird gemeinsam im Team geplant und ausgeführt. Nachfolgend

[155] Vgl. GRALLA (1997), S. 35.

werden die in Kapitel 9.2.1 identifizierten Merkmale des LPDS auf ihre Anwendbarkeit in herkömmlichen Projektorganisationsformen untersucht.

Projekt-organi-sations-form	Deutsche Einsatz-formen	IPD	Frühzei-tige Integra-tion	Auswahl Vertrags-partner	TVD	LPS	BIM	KVP
Design-Bid-Build	**Einzelunter-nehmer, GU, GÜ**	Nein	Nein	Private AG: Ja Öffentl. AG: Nein	Nein	Teil-weise	Teil-weise	Teil-weise
Design-Build	**TU, TÜ**	Teilweise	Teilweise	Private AG: Ja Öffentl. AG: Nein	Teil-weise	Ja	Ja	Ja

Tab. 2: Gegenüberstellung der Merkmale des LPDS und der herkömmlicher Projektorganisationsformen

Da bei der Projektorganisationsform Einzelunternehmer bzw. GU oder GÜ eine strikte Trennung zwischen Planung und Ausführung existiert, ist weder eine gemeinschaftliche Abwicklung im IPD-Team noch eine frühzeitige Integration der Vertragspartner möglich. Die Umsetzung des TVD ist nicht möglich, da dafür eine gemeinschaftliche Planung im Team Voraussetzung ist. Öffentliche Auftraggeber sind bei der Ausschreibung und Vergabe an die VOB Teil A gebunden und müssen grundsätzlich zur Auswahl der Vertragspartner eine öffentliche Ausschreibung durchführen. Unter bestimmten Bedingungen sind auch andere Vergabeverfahren zulässig (vgl. Kapitel 3.2.3). Die VOB Teil A gibt vor, dass die Vergabe anhand der Fachkunde, Leistungsfähigkeit und Zuverlässigkeit des Unternehmens sowie eines angemessenen Preises erfolgen soll. Vergibt der öffentliche Auftraggeber die Leistungen an einen GU, so unterliegt dieser bei der Vergabe der Leistungen an Nachunternehmer nicht der VOB Teil A. Die Vergabe an einen GÜ ist gemäß VOB nur oberhalb des Schwellenwertes zulässig. Private Auftraggeber unterliegen bei der Vergabe keinerlei Einschränkungen und dürfen frei vergeben.

Die Anwendung eines 3D-Modells ist auch bei Trennung von Planung und Ausführung durch den Architekten und die Fachplaner möglich, allerdings werden sich nicht sämtliche in Kapitel 9.2.2 vorgestellten Potenziale verwirklichen lassen, da diese zum großen Teil auf die gemeinsame Planung und Einbindung von auszuführenden Firmen zurückzuführen sind. Das LPS lässt sich sowohl in der Planungsphase als auch in der Ausführungsphase einsetzen, allerdings profitiert auch das LPS von einer frühzeitigen Integration der Projektbeteiligten, um den vollen Umfang an Potenzialen zu erreichen. Das gleiche gilt für die Verfolgung der kontinuierlichen Verbesserung.

Die Einsatzform als TU oder TÜ bietet im Vergleich zum Einsatz von Einzelunternehmern bzw. GU oder GÜ wesentlich mehr Möglichkeiten, die Kriterien des LPDS bei der Projektabwicklung einzusetzen. Da sowohl die Planung als auch die Ausführung in der Hand des TU oder TÜ liegen, kann dieser auch die Vorteile eines IPD-Teams nutzen. Fraglich ist allerdings, inwieweit der Bauherr bereit ist, Teil des IPD-Teams zu werden. Für eine erfolgreiche Anwendung der integrierten Planung ist es sehr wichtig, den Bauherrn mit in das Team einzubinden. Selbst bei einer TU- oder TÜ-Vergabe muss ein Teil der Vorplanung bereits vor Auftragsvergabe erstellt werden. Eine komplette Umsetzung im IPD-Team ist auch bei dieser Projektorganisationsform nicht möglich. Dennoch hat der TU oder TÜ die Möglichkeit, Vertragspartner im Vergleich zum GU/GÜ frühzeitig zu integrieren. Für die Auswahl der Vertragspartner unterliegt er keinerlei Vorschriften. Die Auswahl des TU oder TÜ erfolgt nach den Kriterien des Auftraggebers. Öffentliche Auftraggeber dürfen nur oberhalb des Schwellenwertes an einen TÜ vergeben.

Der Einsatz des TVD ist eingeschränkt möglich. Im Normalfall bietet der TU oder TÜ einen Angebotspreis an, der vertraglich vereinbart wird. Unter Verwendung entsprechender vertraglicher Rahmenbedingungen wäre es allerdings möglich, dass der TU oder TÜ mit seinem Team und unter Einbindung des Bauherrn mit Hilfe von TVD den Preis ermittelt. Dafür müsste allerdings der vertragliche Rahmen geschaffen werden, der dies ermöglicht und der den TU oder TÜ und für seine Vertragspartner auch Anreize setzt, die Kosten und Durchführbarkeit gemeinsam zu optimieren. Das LPS, BIM und KVP lassen sich uneingeschränkt anwenden, sind aber in Bezug auf das jeweilige Potenzial von der frühzeitigen Integration abhängig.

9.3 Integrated Form of Agreement

9.3.1 Wesentliche Merkmale

Die IFOA ist ein Mehrparteienvertrag, der im Gegensatz zu traditionellen bilateralen Verträgen den Bauherrn, Architekten und Generalunternehmer an einen gemeinsamen Vertrag und damit an dieselben Bedingungen bindet. Dieser Vertrag wird gemeinsam mit den drei Vertragsparteien entwickelt und verhandelt, ausgehend von einem Grundgerüst, in dem der grobe Rahmen definiert ist. Die gemeinsame Ausarbeitung des Vertrags ist eine wichtige Basis für die spätere Zusammenarbeit im Team. Die Fachplaner werden über ein Joining Agreement an den Architekten gebunden und die Nachunternehmer durch ein Joining Agreement – oder wie beim CHH-Projekt durch ein eigenes Trade Partner Agreement – an den Generalunternehmer. Dadurch gelten für die Fachplaner und die Nachunternehmer dieselben Vertragsbedingungen wie für den Architekten und den Generalunternehmer.

Die IFOA beinhaltet neben der kommerziellen Strategie, die Grundlage jedes traditionellen Vertrags ist, auch eine Verhaltensstrategie. Die nachfolgende Tabelle veranschaulicht die kommerzielle Strategie und die Verhaltensstrategie der IFOA:

Kommerzielle Strategie	**Verhaltensstrategie: 5 große Ideen**
Vergütung nach dem Selbstkostenerstattungsprinzip	Aufbau und ständige Weiterentwicklung der Beziehungen zwischen den Teamitgliedern
Fester, vorab vereinbarter Zuschlag für AGK sowie Gewinn	Zusammenarbeit sowohl während der Planung als auch in der Ausführung zwischen allen Mitgliedern im IPD-Team
Finanzielle Risiken werden im Risiko-Pool geteilt	Planung und Management der Projektes als ein Netzwerk aus Zusagen
Risiko ist auf einen festen Prozentsatz des Zuschlags für AGK sowie Gewinn begrenzt	Optimierung des Gesamtprojektes anstelle einzelner Teile
Aufteilung der Risiken im IPD-Team	Enge Verknüpfung von Erlerntem mit Handlungen
Finanzielle Einsparungen werden in Form von Belohnungen geteilt	Streitbeilegungsverfahren
Kurzfristige Zahlungsziele	

Tab. 3: Kommerzielle Strategie und Verhaltensstrategie der IFOA

Die Verhaltensstrategie definiert den Umgang im Team. Sie basiert auf den fünf großen Ideen und baut auf eine gute und ständig wachsende Beziehung der Teammitglieder untereinander. Das Team soll sowohl in der Planung als auch in der Ausführung zusammenarbeiten. Dafür sind eine frühzeitige Einbindung der wesentlichen Schlüsselgewerke von entscheidender Bedeutung sowie eine Kontinuität der Projektbeteiligten. Die Grundidee der Zusammenarbeit besteht darin, das Projekt als ein Netzwerk aus Zusagen zu führen. Bei jeglichen Überlegungen zu Verbesserungen und Entscheidungen steht die Optimierung des Gesamtprojektes im Vordergrund. Eigene Vorteile für einzelne Beteiligte und deren Firmen sollen zurückgestellt werden. Weiterhin wird von allen Beteiligten erwartet, dass sie Gelerntes in ihre täglichen Arbeiten integrieren und daraus Standards entwickeln. Darüber hinaus definiert die IFOA das Verfahren im Falle eines Streits. Oberstes Ziel ist es, ohne rechtliche Schritte auszukommen. Probleme und Streitigkeiten sollen gemeinsam im Team gelöst werden, ggf. unter Einbindung der Kerngruppe, der Repräsentanten des Senior Managements (der in der Kerngruppe involvierten Firmen), eines unabhängigen Experten oder letztendlich eines Mediators.

Die kommerzielle Strategie der IFOA zeichnet sich durch verschiedene Merkmale aus. Die Vergütung erfolgt nach dem Selbstkostenerstattungsprinzip, alle ausgeführten Arbeiten und anrechenbaren Kosten werden den Vertragspartnern vergütet. Vorab wird für alle beteiligten Firmen ein Zuschlag in Höhe eines fixen Prozentsatzes auf das jeweilige Budget festgelegt. Der Zuschlag beinhaltet die allgemeinen Geschäftskosten sowie den Gewinn. Einsparungen, die das Team erreicht und die zu Kostenreduzierungen führen, mindern den Zuschlag nicht, da dieser als Festbetrag feststeht. Prozentual auf die anrechenbaren Kosten gesehen erhöht sich sogar der Gewinn bei Kostenreduzierungen. Der Zuschlag abzüglich der Risikobeteiligung, die nachfolgend erläutert wird, ist unabhängig vom Projektergebnis garantiert. Durch Erzielen von Einsparungen kann ein Gewinn oberhalb des vorab vereinbarten Gewinns, der in den Zuschlag eingerechnet ist, erreicht werden. Finanzielle Risiken werden gemeinsam getragen, indem alle beteiligten Firmen in einen Risiko-Pool einzahlen. Die finanziellen Risiken sind durch einen vorab festgelegten Prozentsatz des Zuschlags begrenzt. Bei Ausschöpfung des Risikopools trägt der Bauherr das sogenannte Super-Risiko. Zuerst versucht das Team, Risiken zu lösen und zu eliminieren; sollte das nicht gelingen, so trägt das Team die Risiken gemeinsam. Die kommerzielle Strategie ist durch ein weiteres Merkmal gekennzeichnet: finanzielle Einsparungen werden in Form von Belohnungen zwischen Bauherrn und Projektteam geteilt. Vergleiche von Projekten mit und ohne Anreizsystem haben gezeigt, dass die ersteren wesentlich höhere Einsparungen erzielt haben. Es werden bewusst Anreize gesetzt, die die Teammitglieder dazu ermutigen, nach Einsparmöglichkeiten zu suchen. Für die verschiedenen Zielgruppen sind verschiedene Anreize notwendig. Für das Erreichen verschiedener Meilensteine, z.B. Sicherheit, Qualität, Zeitplan und Innovationen, können Bonuszahlungen vereinbart werden. Um die Mitarbeiter zu motivieren und direkt zu belohnen, eignen sich z.B. Feste oder gemeinsame Mittagessen. Direkte Bonuszahlungen an die Mitarbeiter stehen teilweise mit den Konzernrichtlinien in Konflikt und bedürfen daher im Vornherein einer besonderen Abklärung. Als weiterer Motivator wirken Auszeichnungen einzelner Teammitglieder oder auch des gesamten Teams für herausragende Leistungen.

Die Einführung und Realisierung kurzer Zahlungsziele sind für die Firmen – insbesondere in wirtschaftlich schwierigen Zeiten – eine wichtige Absicherung, die die Attraktivität der Zusammenarbeit mit dem Auftraggeber erhöht.

9.3.2 Erfolgsfaktoren und Potenziale

Die IFOA als Mehrparteienvertrag bildet eine entscheidende Grundlage dafür, das Projekt als Ganzes in den Vordergrund und über die Verfolgung einzelner Ziele zu stellen.

In der IFOA sind alle Vertragsparteien gemeinsam verantwortlich und gleichberechtigt. Die IFOA fördert die Zusammenarbeit zwischen den Beteiligten und die gemeinsame Entscheidungsfindung. Die Grundidee der Zusammenarbeit spiegelt sich in der Verhaltensstrategie der IFOA wider mit dem Ziel, das Projekt bestmöglich zu realisieren, anstatt den Fokus darauf zu legen, Schuldige für entstandene Fehler zu finden. Das Streitbeilegungsverfahren soll ohne juristische Schritte auskommen. Die IFOA gilt unter den Beteiligten, vor allem den Nachunternehmern, als ein fairer Vertrag nicht zuletzt wegen der kommerziellen Strategie. Der Zuschlag für AGK und Gewinn wird vorab vereinbart, ein Mindestzuschlag fixiert und das Risiko begrenzt ist. Die Vergütung erfolgt nach dem Selbstkostenerstattungsprinzip. Da Einsparungen zwischen dem Bauherrn und den Projektbeteiligten geteilt werden, besteht kein Sinn darin, die Kosten in die Höhe zu treiben. Da der Vertrag gemeinsam verhandelt wird, fängt die eigentliche Arbeit schon vor Vertragsunterzeichnung an. Kurze Zahlungsziele fördern diese Bereitschaft. Ein entscheidender Faktor, der die Bereitschaft zur Zusammenarbeit auch jenseits traditioneller Formen und die Innovationsbereitschaft fördert, ist die Existenz von Anreizsystemen. Während manche Firmenphilosophie darauf ausgelegt ist, dem Kunden ein Maximum an Wert zu liefern, unabhängig davon, ob es direkt in Form von Belohnungen vergütet wird, ist generell festzustellen, dass bei vielen Firmen erst Anreizsysteme die Bereitschaft hervorbringen, neue Wege zu gehen und innovativ zu sein.

Beim Fairfield MOB hat sich der Unterschied zwischen den Firmen mit traditionellem Pauschalpreisvertrag und denen mit IFOA gezeigt. Dies lässt sich auch am Gesamtergebnis des Projektes bestätigen. Firmen mit traditionellen Verträgen haben ausschließlich eigene Ziele verfolgt und wenig Kooperationsbereitschaft erkennen lassen. Wogegen bei Firmen, die an die IFOA und damit an den Teamgedanken gebunden waren, klar festzustellen war, dass diese Firmen im Sinne der Optimierung des Gesamtprojektes gehandelt haben.

9.3.3 Unterstützung des LPDS durch die IFOA

Nachdem vorausgehend die Merkmale des LPDS sowie der IFOA und die jeweiligen Erfolgspotenziale identifiziert wurden, wird in diesem Kapitel analysiert, inwieweit die IFOA die Umsetzung des LPDS unterstützt.

Durch die Gestaltung der IFOA als Mehrparteienvertrag wird der Grundstein für die spätere Zusammenarbeit im Team gelegt und der Verbund zwischen den Projektbeteiligten gestärkt.

Herkömmliche Verträge werden ausschließlich zwischen dem Bauherrn und einer weiteren Vertragspartei geschlossen. Verschiedene Vertragsparteien unterliegen somit unterschiedlichen Vertragsbedingungen, die automatisch zu unterschiedlichen Interessen der verschiedenen Vertragsparteien führen. Dadurch dass die Projektbeteiligten nicht in einem direkten vertraglichen Verhältnis zueinander stehen, verpflichten sie sich auch nicht zur gegenseitigen Zusammenarbeit. Es besteht allerdings die Möglichkeit, dies als besondere vertragliche Bedingung in die Verträge mit dem Bauherrn aufzunehmen. Der Mehrparteienvertrag dagegen, der die verschiedenen Vertragsparteien an gleiche Vertragsbedingungen bindet, ist die Grundlage für die Ausrichtung der Interessen der Vertragsparteien auf ein gemeinsames Ziel: die Optimierung des Gesamtprojektes. Der Mehrparteienvertrag vermeidet darüber hinaus die Entstehung von Schnittstellen, die zu Lücken bzw. mehrfacher Abdeckung von Leistungen führen können. Der Mehrparteienvertrag bildet damit den benötigten Rahmen, um das Projekt als Ganzes zu optimieren.

Die Verhaltensstrategie der IFOA bildet die Basis für die Bildung eines gemeinsamen Teams. Neben einer gemeinsamen Sprache und gegenseitigem Verständnis ist Vertrauen der wichtigste Faktor für die Zusammenarbeit im Team. Der Aufbau von Vertrauen ist ein Prozess, der nicht durch vertragliche Vereinbarungen in Gang gesetzt werden kann. Allerdings können verschiedene Elemente den Prozess der Vertrauensbildung unterstützen und fördern.

Bei herkömmlichen Verträgen versucht jede Vertragspartei, die eigenen Interessen zu verfolgen und sich möglichst vertraglich gegenüber Forderungen und der Verschiebung bzw. Übernahme von Risiken abzusichern. Unter den verschiedenen Vertragsparteien herrscht zumeist eine distanzierte, oftmals feindliche Haltung. Um von dieser in der Vergangenheit geprägten Einstellung und Denkweise hin zu einer gemeinschaftlichen Projektabwicklung zu gelangen, bedarf es neben der Definition einer Verhaltensstrategie auch der Absicherung der Vertragsparteien durch eine kommerzielle Strategie.

Die IFOA bietet durch ihr Vergütungssystem nach dem Selbstkostenerstattungsprinzip, durch den gesicherten Grundgewinn (mit der Möglichkeit zur Steigerung) und das begrenzte Risiko eine sichere und attraktive Ausgangslage für die Vertragspartner. Diese Sicherheit, entstehende Kosten bei einem Mindestgewinn und einem maximalen Risiko erstattet zu bekommen, schafft eine sichere Umgebung, die innovatives Denken und Generieren von Ideen bis hin zur gemeinsamen Planung und Umsetzung fördert. Das Einführen von Anreizsystemen belohnt das Verhalten der Vertragsparteien untereinander und motiviert, Kosteneinsparungen durch neue Lösungen und innovative Ideen zu realisieren, um damit gleichzeitig den eigenen Gewinn zu erhöhen.

Zusammenfassend kann festgehalten werden, dass die IFOA die Zusammenarbeit im Team belohnt und die Teambildung unterstützt. Ein wichtiger Bestandteil für die Teambildung ist, dass der Vertrag gemeinsam im Team entwickelt wird. Die IFOA fördert den Grundgedanken der Umsetzung im LPDS, der Optimierung des Gesamtprojektes anstelle der Verfolgung einzelner Ziele, indem das Team gemeinsam verantwortlich ist sowohl für die Teilung der Risiken als auch für die Teilung des Gewinns und der Belohnungen.

9.4 Allianzen

9.4.1 Wesentliche Merkmale von Allianzen

Das charakteristische Merkmal einer Allianz ist die Gründung und Abwicklung in einer fiktiven Projektgesellschaft. Diese kennzeichnet sich dadurch, dass sie keine rechtlichen Ansprüche hat, aber von der Organisation her wie eine Gesellschaft aufgebaut ist. Die Abwicklung findet in einem integrierten Team statt, in dem alle beteiligten Firmen der Allianz inklusive Bauherrn gleichberechtigte Partner sind. Der Bauherr hat somit innerhalb einer Allianz zwei Funktionen: er ist zum einen der Bauherr, der die Richtung in Form des Bau-Solls, des Zeitrahmens etc. vorgibt, zum anderen ist er aber ein Allianzpartner und Teil des Teams. Dieses spiegelt sich darin, dass Bauherrenvertreter auf verschiedenen Ebenen der Organisation präsent sind, teilweise in nicht typischen Bauherrn-Aufgaben. Die Positionen innerhalb einer Allianz für die entsprechende Stelle werden auf Basis der am besten geeignetsten Person vergeben, unabhängig von der Firmenzugehörigkeit. Damit werden Doppelbesetzungen von Stellen vermieden. Der Bauherr stellt in der Regel eine begrenzte Anzahl an Personen für das Team zur Verfügung. Das oberste Ziel ist es, dass sich alle Beteiligten an erster Stelle der Allianz zugehörig fühlen und erst an zweiter Stelle der Firma, bei der sie angestellt sind und von der sie bezahlt werden.

Der Allianzvertrag ist ein gemeinsamer Vertrag, der vom Bauherrn sowie den weiteren Allianzpartnern unterzeichnet wird. Mit Abschluss eines sogenannten Mehrparteienvertrags unterliegen alle Vertragspartner denselben Vertragsbedingungen, wodurch der Grundstein für eine gemeinsame Projektabwicklung und die Verfolgung gemeinsamer Ziele gelegt wird.

Die beiden Grundgedanken der Allianz, die Abwicklung in einem gemeinsamen Team (one-team) und die Projektabwicklung unter dem Fokus das Beste fürs Projekt (best for project) werden im Allianzvertrag sowohl durch eine kommerzielle Strategie als auch durch eine Verhaltensstrategie unterstützt (vgl. Tab. 4).

Kommerzielle Strategie	Verhaltensstrategie: Allianzprinzipien
Vergütung nach dem Selbstkostenerstattungsprinzip	Projektabwicklung in einem gemeinsamen Team (One-Team Approach)
Fester, vorab vereinbarter Gewinn	Entscheidungen werden mit Fokus auf die Optimierung des Gesamtprojektes getroffen
Risiko ist auf den Zuschlag für AGK sowie Gewinn begrenzt	„no-blame" Kultur
Aufteilung der Risiken innerhalb der Allianz	Rechtsverzicht
Finanzielle Einsparungen werden in Form von Belohnungen geteilt	
Erfolgsabhängige Anreize für nicht monetäre Kriterien werden gesetzt	
Sicherstellung des Preis-Leistungs-Verhältnisses durch externe Gutachter	

Tab. 4: Kommerzielle Strategie und Verhaltensstrategie von Allianzen

Die Verhaltensstrategie ist durch die Vereinbarung gemeinsamer Allianzprinzipien, die Vertragsbestandteil werden, geprägt. Durch die gemeinsame Entwicklung der Allianzprinzipien im Team – noch während der Auswahl-Workshops – wird eine gemeinsame Grundlage für das Team gebildet und dieses kann sich mit den Prinzipien identifizieren. Dabei soll die Abwicklung im Team stattfinden, wobei die Projektzugehörigkeit vor der Firmenzugehörigkeit steht. Alle Entscheidungen werden für das Projekt getroffen. Das Team respektiert einander und sieht von Schuldzuweisungen ab, Probleme und Schwierigkeiten werden im besten Interesse des Projektes gelöst. Der Verzicht auf gerichtliche Forderungen verstärkt den Gedanken, dass alle gemeinsam handeln und das Projekt im Vordergrund steht. Ein besonderes Merkmal des Vertrages ist, dass dieser meistens in der ersten Person geschrieben ist. Dies betont das gemeinschaftliche Verhalten und die gemeinsame Verantwortung, die der Vertrag mit sich bringt und unterstreicht durch die „WIR"-Form die Verpflichtung aller Beteiligten, die Allianzprinzipien auf dem Projekt umzusetzen.

Die kommerzielle Strategie sichert die Vergütung nach dem Selbstkostenerstattungsprinzip und begrenzt das Risiko auf den Zuschlag für AGK und Gewinn. Der vereinbarte Gewinn liegt bei einem normalen (business as usual) Projektergebnis unterhalb der marktüblichen Gewinnmargen und bietet daher den Anreiz, ein besseres Projektergebnis zu erreichen und so den Gewinn zu steigern. Ein Anreizsystem, bestehend aus zwei Komponenten, motiviert das Team ein herausragendes Projektergebnis sowohl in finanzieller als auch in nicht-monetärer Sicht zu erlangen. Dabei ist entscheidend, dass Belohnungen zwischen allen Allianzpartnern geteilt werden. Entweder gewinnen oder verlieren alle Allianzpartner. Durch die nicht-monetären erfolgsabhängigen Anreize kann das Projektergebnis in verschiedenen Bereichen, die der Bauherr als wichtig erachtet, positiv beeinflusst werden. Manche Bereiche, wie z.B. Sicherheit und Umwelt, stellen Mindestanforderungen dar, die im Falle des Nichterreichens zu finanziellen Einbußen führen, aber im Fall des Erreichens keine zusätzlichen Belohnungen mit sich bringen. In anderen Bereichen werden die Allianzpartner in Abhängigkeit vom Erfolgsgrad finanziell belohnt. Einzelne Teammitglieder können andere vorschlagen, die die Allianzprinzipien auf herausragende Art und Weise auf dem Projekt umsetzen. Alle zwei bis drei Monate wird dann ein Teammitglied von einer Jury ausgewählt, das eine Auszeichnung und eine kleine Belohnung beispielsweise in Form eines Gutscheins erhält. Externe Gutachter überprüfen das Preis-Leistungs-Verhältnis während der Bildung des Zielpreises sowie während der Ausführung und stellen damit ein transparentes Rechnungswesen sicher.

Ein weiteres wichtiges Kennzeichen der Allianz ist die Auswahl der Vertragspartner. Der dreistufige Auswahlprozess verfolgt das Ziel, das Team auszuwählen, das am besten geeignet ist, das Projekt mit einem herausragenden Ergebnis zu liefern. Dazu prüft der Bauherr während des Auswahlprozesses, wie die verschiedenen Teams Aufgaben und Probleme lösen. Dabei sind in erster Linie der Prozess und die Herangehensweise entscheidend und wie das Team untereinander sowie mit dem Bauherrn agiert. Für den Bauherrn steht stets die Frage im Vordergrund, ob er mit dem jeweiligen Team zusammen arbeiten möchte. Ziel ist es, dass sich bereits während der Auswahlworkshops ein gemeinsames Team aus Bauherrn und Bieter bildet.

9.4.2 Erfolgsfaktoren und Potenziale

Die Erfolgsfaktoren der beiden untersuchten Projekte, insbesondere der WGF-Allianz, da diese sich bereits in der Endphase befindet, werden nachfolgend herausgearbeitet. Darüber hinaus sind verschiedene abgeschlossene Projekte analysiert worden, deren Erfolge zusammenfassend dargestellt werden.

Die Abwicklung der Allianz als eine fiktive Projektgesellschaft unterstützt das Verständnis einer gemeinsamen Organisation und somit den Gedanken, das Projekt in einem gemeinsamen Team abzuwickeln. Entscheidend ist dabei, dass der Bauherr Mitglied dieses Teams ist und seine traditionelle Rolle verlässt. Die Zusammenarbeit im integrierten Team ermöglicht einen hohen Wissenstransfer, der Innovationen begünstigt. Die Kultur der Allianz, die von Schuldzuweisungen absieht und auf ein gemeinsames Verständnis auf Grundlage der Allianzprinzipien aufbaut, unterstützt die gemeinsame Zusammenarbeit und das gemeinsame Ziel, das Beste für das Projekt zu erreichen. Die Produktivität im Team wird dadurch erhöht, dass ein gemeinsames Verständnis über das Projekt, die angestrebten Ziele und zu erfüllenden Aufgaben herrscht und alle ein gemeinsames Ziel verfolgen. Damit entfallen unnötige Diskussionen und die Fokussierung auf die eigentliche Arbeit steht im Vordergrund. Die Basis für das gemeinsame Ziel wird durch die kommerzielle Strategie, indem alle an Gewinnen und Verlusten beteiligt sind, gelegt und durch die Allianzprinzipien verstärkt. Die Planung im integrierten Team bietet mehr Flexibilität im Design, dadurch dass verschiedene Möglichkeiten analysiert und Innovationen entwickelt werden können, zum einen aufgrund der gemeinsamen Planung, zum anderen durch die frühzeitige Einbindung der ausführenden Firmen als Allianzpartner, bereits zu Beginn der Planungsphase. Auch die Kommunikation mit und das Einbeziehen von Stakeholdern wird durch die Allianz positiv beeinflusst. Darüber hinaus verringert sich die Anzahl der Änderungen während der Ausführung, da die Ausführenden bereits an der Planung beteiligt waren.

Beim WGF-Projekt sind durch die Ausführung in Form einer Allianz bereits einige Erfolge vor Projektabschluss zu verzeichnen, auch wenn das finanzielle sowie das zeitliche Ergebnis erst zum Projektende feststehen werden. Die gemeinsame Entwicklung und Planung des Projektes im integrierten Team in der PDP hat dazu geführt, dass das ursprüngliche Design geändert wurde und der im Referenz-Design geplante Anschluss zum West Gate Freeway an eine andere Stelle gelegt werden konnte, die für den Bauablauf wesentlich günstiger war. Während traditionell der Grundstückserwerb für die zur Realisierung des Projektes notwendigen Grundstücke die Aufgabe des Bauherrn ist und vor Ausschreibungsbeginn stattfindet, lag bei der WGF-Allianz der Grundstückserwerb im Aufgabenbereich der Allianz mit dem Ziel, den Grundstückserwerb zu minimieren. Während der PDP erfolgte daher das Design unter den Aspekten der Minimierung des Grundstückerwerbs sowie der Reduzierung der Behinderung für bestehende Geschäfte sowie angrenzendes Gewerbe. Ohne dass zusätzliche Kosten für das Design sowie die Ausführung entstanden sind, konnte in einem Bereich mit angrenzendem Gewerbe, die zusätzliche Fahrspur für den Freeway separat zur bisherigen Fahrspur gelegt werden, so dass die für die neue Fahrspur benötigten Pfeiler außerhalb des existierenden Gewerbegebiets lagen. Somit konnten im Bereich des Grundstückerwerbs erhebliche Kosten eingespart und gleichzeitig eine erhebliche Vereinfachung für die Ausführung erreicht werden. Durch eine frühzeitige Information aller benachbarten Anlieger und Eigentümer sowie Einbindung der relevanten Beteiligten ist es gelungen, das Projekt ohne Behinderungen und ohne Schadensersatzansprüche – wie es üblicherweise häufig der Fall ist – gegenüber dem Bauherrn zu realisieren.

In direkter Nachbarschaft zur Erweiterung des Freeways ist das Melbourne Exhibition Center zeitgleich gebaut worden. Durch die gute Zusammenarbeit – die insbesondere durch die Mentalität der Allianz, dem Streben nach guter Zusammenarbeit sowie einer gemeinsamen Lösungsfindung gefördert wurde – ist es gelungen, die beiden Projekte weder durch Behinderungen in Form von zeitlichen Verzögerungen noch durch Claims gegenüber dem Bauherrn zu realisieren.

Der weitgehend ungestörte Ablauf des existierenden Freeways war ein wichtiger Punkt für den Bauherrn und hat sich dementsprechend auch in den KRAs wiedergefunden, in denen das Verkehrsmanagement ein eigenes KRA war und gute Ergebnisse in diesem Bereich belohnt wurden. In Bezug auf den fortbestehenden Verkehrsfluss durch die Vermeidung von Störungen des existierenden Verkehrs sind herausragende Ergebnisse in der entsprechenden KRA zu verzeichnen. Dies zeigt, dass durch die Verknüpfung der für das Projekt entscheidenden Bereiche mit entsprechenden Anreizen der Fokus genau auf diese Bereiche gelenkt und somit das Erreichen herausragender Ergebnisse unterstützt wird. Auch im Bereich der Arbeitssicherheit – die als Mindestanforderung nicht in das Belohnungssystem einfließt – zeigt das Erreichen von 500.000 Arbeitsstunden ohne Unfälle, die zu einem zeitlichen Ausfall einer oder mehrerer Personen führen, ein herausragendes Ergebnis. Die Definition von projektspezifischen KRAs ermöglicht eine messbare Bewertung in vorab zu definierenden Bereichen, die besonders kritisch bzw. wichtig für das Projekt sind.

Die Analyse durchgeführter Fallstudien zu abgeschlossenen Projekten ergibt folgende Übersicht, in der die Erfolge bereits abgeschlossener Projekt-Allianzen in Australien in Bezug auf Kosten und Bauzeit aufzeigt sind.

Allianz Projekt	**Bauherr**	**Zielkosten in Millionen AUD**	**Kostenunterschreitung in %**	**Bauzeitverkürzung in Monaten**
Bondi Riamp Alliance Bondi Sewage Treatment Plant[156]	Sydney Water	95	5	keine
Pacific Link Alliance Tugun Bypass Project[157]	Main Roads	543	3	6
Brisbane Inner Northern Busway Alliance Queen Street to Upper Roma Street Project[158]	Queensland Government	333	4	6
Tullamarine – Calder Interchange Alliance Tullamarine Freeway[159]	VicRoads	150	10	9
Port Motorway Alliance Port of Brisbane Motorway[160]	Queensland Motorway Limited	112	10	6

Tab. 5: Übersicht erfolgreicher Projekt-Allianzen in Bezug auf Kosten und Bauzeit

Dabei sind erhebliche Bauzeitverkürzungen sowie auch Kostenunterschreitungen im Vergleich zu den in der PDP entwickelten Zielkosten festzustellen. Dieses spiegelt sich auch in einer umfassenden Studie wider, die 2008 von der Alliancing Association of Australia (AAA) in Zusammenarbeit mit der RMIT Universität Melbourne durchgeführt worden ist. Im Rahmen der Studie „Alliances Performance Survey in Public Sector Infrastructure" wurden elf öffentliche Bauherren befragt, die Erfahrungen aus insgesamt 30 Infrastrukturprojekten im öffentlichen Sektor in ganz Australien präsentieren. Ziel der Studie war es, die Vorteile von Allianzen aus Bauherrensicht im Bereich von öffentlichen Infrastrukturprojekten darzustellen. Als Ergebnis konnte festgestellt werden, dass mehr als 80% der untersuchten Projekte ein Ergebnis unterhalb der Zielkosten erreichen konnten. 80% der Projekte sind zu oder vor dem vereinbarten Endtermin fertiggestellt worden. Die Projekte, die zeitlich oder finanziell gut abgeschlossen haben, konnten auch überdurchschnittliche Ergebnisse im Bereich der KRAs aufweisen. Insgesamt haben die Befragten angegeben, dass die Projekte ein gutes Preis-Leistungs-Verhältnis darstellen. Darüber hinaus zeigen die Ergebnisse der Studie, dass die Flexibilität innerhalb der Allianz Innovationen in den Bereichen Technologie und Ausführung sowie Prozesse fördern. Der relativ geringe Umfang von 30 untersuchten Projekten

[156] Vgl. AAA (2009), S. 7.
[157] Vgl. AAA (2008b), S. 6.
[158] Vgl. AAA (2008c), S. 2 und S. 6.
[159] Vgl. AAA (2008a), S. 8
[160] Vgl. MANLEY (2004), S. 5.

repräsentiert dennoch einen signifikanten Anteil an öffentlichen Infrastrukturprojekten und lässt generelle Schlussfolgerungen zur Ausführung von Allianzen aus Bauherrensicht zu.[161]

In einer weiteren in Australien durchgeführten Studie untersucht Sweeney die Abwicklung traditioneller Aufträge im Vergleich zur Abwicklung in Form einer Allianz in Bezug auf Bauzeit und Kosten. Im Rahmen der Studie sind insgesamt knapp 300 Projekte erfasst worden, davon im Staat Victoria 234 Projekte, die im Zeitraum von 1997 bis 2007 in Form traditioneller Aufträge abgewickelt wurden. Darunter waren 104 öffentliche und 130 private Projekte. Unter dem in diesem Zusammenhang benutzten Begriff „traditionelle Aufträge" versteht Sweeney neben einem Pauschalpreisvertrag auch einen GMP-Vertrag bzw. einen Construction Management-Vertrag. Relationale Verträge sind hier ausgenommen. Die zu Vertragsabschluss vereinbarten Kosten werden verglichen mit den tatsächlich entstandenen Kosten für die Realisierung des Projektes inklusive eventuell gezahlter Kosten für Claims. Dabei sind Zusatzleistungen, die vom Bauherrn separat beauftragt wurden, aus den tatsächlichen Kosten heraus gerechnet worden. Weiterhin wurden 40 Allianzen aus Australien und Neuseeland, die im Zeitraum von 1997 bis 2008 abgewickelt wurden, untersucht. Das Ergebnis wird in der nachfolgenden Tabelle dargestellt:[162]

	Tatsächliche Kosten im Vergleich zu den zum Vertragszeitpunkt vereinbarten Kosten		Tatsächliche Bauzeit im Vergleich zur ursprünglichen Bauzeit	
	% Projekte im Budget	Durchschnitt an Mehrkosten	% Projekte im Zeitplan	Durchschnitt an Bauzeitverlängerung
Traditionelle Aufträge	16,7%	25,2%	39,0%	10,2%
Allianzen	82,5%	0,8% MINDERKOSTEN	100,0%	8,6% VERKÜRZUNG

Tab. 6: Vergleich der Ergebnisse verschiedener Projektabwicklungsformen in Bezug auf Kosten und Zeit[163]

Das Ergebnis der oben dargestellten Studie zeigt, dass nur ein geringer Anteil der traditionellen Aufträge am Projektende innerhalb des Budgets abschließen. Über 80% der Projekte schließen mit höheren Kosten ab. Beim Vergleich aller Projekte mit traditionellen Aufträgen schließen diese im Durchschnitt mit einer Kostenüberschreitung von 25,2% ab. Darüber hinaus benötigen über die Hälfte der Projekte mehr als die geplante Bauzeit; im Durchschnitt aller Projekte liegt die Bauzeitverlängerung bei 10,2%. Bei der Abwicklung in Form einer Allianz schließen dagegen prozentual über viermal so viele Projekte im Rahmen des Budgets ab, nämlich über 80%. Im Durchschnitt aller untersuchten Allianzen weisen diese eine Kostenunterschreitung von 0,8% auf. Die untersuchten Allianzen konnten alle

[161] Vgl. AAA (2008), S. 17 f.
[162] Vgl. SWEENEY (2009)
[163] Vgl. SWEENEY (2009), S. 224.

innerhalb des geplanten Zeitrahmens realisiert werden und weisen eine durchschnittliche Bauzeitverringerung von 8,6% auf. Im Vergleich dieser Studie mit der Studie der AAA ist eine Übereinstimmung bei den innerhalb des Budgets abgewickelten Allianzen festzustellen. 25 der 30 untersuchten Allianzen konnten innerhalb bzw. unterhalb der Budgets realisiert werden, was einem Prozentsatz von 83,3% entspricht. Allerdings weisen 20% der im Rahmen der AAA-Studie untersuchten Allianzen eine Bauzeitverlängerung auf. Selbst bei einer konservativen Betrachtung, in diesem Fall einer Bauzeitverlängerung von 20%, weisen Allianzen im Vergleich zu traditionellen Projektabwicklungen erhebliche Verbesserungen in bezüglich der Bauzeit auf. Im Vergleich zu traditionellen Aufträgen, bei denen die Realisierung innerhalb des Zeitrahmens bei 39% der Projekte lag, konnten prozentual gesehen doppelt so viele Allianzen zum bzw. vor dem Fertigstellungstermin, nämlich 80% der Allianz-Projekte, realisiert werden.

Melbourne Water hat für die Vergabe von zwei Projekt-Allianzen und vier Programm-Allianzen im Rahmen des Investitionsprogrammes einen hybriden Auswahlprozess entwickelt, der eine Mischform aus der „single TOC" Methode und der „dual TOC" Methode darstellt (vgl. Kap. 8.5.3). Dieser Auswahlprozess für die verschiedenen Allianzen hat sich insgesamt über einen Zeitraum von 14 Monaten erstreckt und insgesamt waren 300 Leute beteiligt. Melbourne Water hat zur Review des Auswahlprozesses eine Studie durchgeführt, die die Erfolgsfaktoren aber auch Verbesserungspotenziale aufzeigt, um daraus Empfehlungen für künftige Auswahlprozesse zu generieren. Die Studie stützt sich auf 15 Interviews sowie auf eine Online-Befragung von 115 an den Auswahlprozessen beteiligten Personen (davon Bauherrenvertreter von Melbourne Water sowie durch den Auswahlprozess ausgewählte Allianzpartner und eine geringe Anzahl an nicht-ausgewählten Bietern). Als Ergebnis der Studie konnte festgestellt werden, dass der Fokus des Auswahlprozesses sich nun nicht mehr wie bei vergangenen Projekten auf die Auswahl des Teams mit der besten technischen Lösung und dem niedrigsten Preis beschränkt, sondern darüber hinaus verschiedene Bereiche in Form von KRAs definiert, die der Auswahl zu Grunde gelegt werden. Dabei bildet der Auswahlprozess den entsprechenden Rahmen, um herausragende Ergebnisse erreichen zu können. Dieses geschieht dadurch, dass der hybride Auswahlprozess zum einen ein transparentes Preis-Leistungs-Verhältnis darstellt zum anderen das Team auswählt, mit dem es möglich ist, herausragende Ergebnisse zu erreichen. Gemäß der durchgeführten Studie hat die Einführung der preislichen Wettbewerbskomponente keinen Einfluss auf die Beziehungen, die sich im Rahmen des Auswahlprozesses innerhalb des Teams aus Bieter-Konsortium und Bauherr bilden. Der hybride Auswahlprozess garantiert eine objektive Vergabe und ist im Rahmen der Vergabe öffentlicher Bauvorhaben zulässig. Die Auswahl-Workshops sind entscheidend, um das Potenzial des Teams zu demonstrieren und einen Eindruck davon zu bekommen, wie das

Team zusammenarbeitet. Dabei wird das Team insbesondere bei den kommerziellen Workshops in der Bewältigung schwieriger Situationen und Konversationen gefordert. Wichtig ist, dass bei der Auswahl des bevorzugten Konsortiums sowohl das Potenzial des Teams als auch die preislichen Komponenten in die Entscheidung einfließen.[164]

Die Abwicklung in Form einer Allianz weist, wie in diesem Kapitel dargestellt, erhebliche Potenziale zur Verbesserung des Projektergebnisses – in verschiedenen Bereichen – auf. Allerdings entsteht auch hier zu Projektbeginn im Vergleich zu traditionellen Projekten ein höherer Finanzierungsbedarf. Dies ist zum einen in den Mehrkosten für die Abwicklung im integrierten Team und dem damit verbundenen höheren Personalaufwand während der Planungsphase begründet, zum anderen in dem Auswahlprozess, der für alle Beteiligten einen höheren Zeit- und Kostenbedarf bedeutet. Zum Projektende spiegelt sich – wie vorab gezeigt – diese Investition in geringeren tatsächlichen Kosten für die Realisierung des Projektes wider.

9.5 Gegenüberstellung der Vertragsarten IFOA und Allianz

In diesem Kapitel werden die Vertragsformen IFOA und Allianz miteinander verglichen und die Gemeinsamkeiten und Unterschiede herausgearbeitet. Dabei wird die Analyse anhand verschiedener Kriterien, die für die Analyse der Vertragsarten in den vorausgegangenen Kapiteln erarbeitet wurden, vorgenommen. Beide Verträge sind Mehrparteienverträge und werden gemeinsam im Team entwickelt bzw. verhandelt. Beiden Vertragsarten liegt derzeit kein Standardvertrag oder Mustervertrag zu Grunde. Der Bauherr gibt in der Regel einen Vertragsentwurf vor, der bei der IFOA gemeinsam mit den Vertragsparteien besprochen und weiterentwickelt wird, was einen zeitintensiven Prozess darstellt. Beim Allianzvertrag wird der Vertragsentwurf im Rahmen des kommerziellen Workshops besprochen, die gemeinsam erarbeiteten Allianzprinzipien werden eingefügt und gewünschte Änderungen können vorgenommen werden. Beide Vertragsarten kennzeichnen sich durch eine kommerzielle und eine Verhaltensstrategie, die sich von der Grundidee her gleichen, was sich auch in den Elementen der Strategien widerspiegelt. Allerdings sind Unterschiede in Bezug auf das Anreizsystem und die Gewinnmargen festzustellen. Grundlegende Unterschiede zeigen sich in der Form der Projektabwicklung.

Die kommerzielle Strategie basiert auf dem Selbstkostenerstattungsprinzip. Bei der IFOA dürfen die anrechenbaren Kosten nicht höher als die marktüblichen Kosten am Ort des Projektes sein. Die Kosten werden intern vom kaufmännischen Leiter während der regelmäßigen Kontrollen des Zielpreises geprüft. Bei der Allianz beruhen die anrechenbaren

[164] Vgl. MELBOURNE WATER (2009), S. 4 f.

Kosten auf den Werten vorausgegangener Projekte. Zur Validierung werden von jedem Allianzpartner mindestens fünf relevante Projekte, die innerhalb der letzten drei Jahre abgeschlossen wurden, herangezogen. Ein Wirtschaftsprüfer identifiziert anhand mindestens zehn relevanter, kürzlich abgeschlossener (sowohl guter als auch schlechter) Projekte die durchschnittliche Höhe der Zuschläge für AGK und Gewinn. Die Einbindung externer Gutachter und Wirtschaftprüfer spielt insbesondere dann eine wichtige Rolle, wenn die Auswahl der Vertragspartner allein anhand von qualitativen Kriterien getroffen wird. Da in diesem Fall während der Auswahlphase kein Preis-Wettbewerb stattfindet, kann durch die Einbindung externer Prüfer eine transparente Kostenabrechnung und ein gutes Preis-Leistungs-Verhältnis gewährleistet werden.

Beide Vertragsarten begrenzen das Risiko der Vertragspartner. Das letztendliche Risiko bei Kostenüberschreitungen liegt damit auf Seite des Bauherrn. Bei der Allianz steht der gesamte Zuschlag für AGK sowie Gewinn im Risiko, bei der IFOA ist nur ein Anteil dieses Zuschlags im Risiko. Die IFOA bietet als Anreiz eine Gewinnmarge, die höher als branchenüblich ist und durch ein Anreizsystem zusätzlich erhöht werden kann. Auch bei Unterschreitung der Zielkosten wird der Zuschlag für AGK sowie Gewinn auf die ursprünglichen Zielkosten gezahlt, damit hat sich bereits die Gewinnmarge erhöht. Zusätzlich werden die Vertragspartner an den Einsparungen beteiligt (je höher die Einsparungen, desto höher die Beteiligung). Da die Einsparungen wieder in das Projekt investiert werden, profitieren die Vertragspartner doppelt, da sie auch auf diese Beträge die Zuschläge für AGK sowie Gewinn vergütet bekommen. Bei der Allianz dagegen wird eine Gewinnmarge niedriger als branchenüblich vereinbart, um so Anreize zu setzen, die Kosten zu unterschreiten und herausragende Projektergebnisse auch in den anderen – nicht monetären – Bereichen zu liefern. Die Allianzpartner werden einerseits an den finanziellen Einsparungen (Unterschreitung des Zielpreises) beteiligt, andererseits werden nicht-monetäre Ziele mit finanziellen Anreizen verknüpft. Durch die Festlegung verschiedener Bereiche mit den dazugehörigen Mindestanforderungen und die Verknüpfung dieser Bereiche mit finanziellen Anreizen, werden die Ergebnisse in diesen Bereichen bewusst gesteuert. Das Anreizsystem und die unterschiedliche Gewinnmarge sind die wesentlichen Unterschiede zwischen den beiden Verträgen.

Die Verhaltensstrategie basiert bei beiden Verträgen auf der Abwicklung in einem gemeinsamen Team – in dem sich die verschiedenen Vertragspartner vorrangig dem Team zugehörig fühlen und erst nachrangig der Firma – und auf der Verfolgung des gemeinsamen Ziels, das Projekt zu optimieren. Die Philosophie der IFOA beruht auf den „fünf großen Ideen" (vgl. Kapitel 6.1.1), die u.a. auf ein Netzwerk von Zusagen, das durch das LPS verwirklicht wird, und auf kontinuierliche Verbesserung aufbauen. Bei der Allianz werden im

Rahmen der Verhaltensstrategie keine speziellen Werkzeuge verwendet. Allerdings wird versucht, die Erfahrungen in Form eines Abschlussberichtes zu sammeln und daraus für zukünftige Projekte zu lernen. Die IFOA definiert ein Verfahren, das im Streitfall anzuwenden ist. Dabei ist eine gerichtliche Lösung die letzte Möglichkeit, die es unbedingt zu vermeiden gilt. Die meisten Allianzverträge schließen eine gerichtliche Lösung von vornherein aus und vereinbaren daher einen Verzicht auf gerichtliche Entscheidung bei Streitigkeiten. Dies fördert die Zusammenarbeit im Team und unterstützt den Gedanken, dass alle an die gleichen Bedingungen gebunden sind.

Die Projektabwicklung, die den beiden Verträgen zu Grunde liegt, weist erhebliche Unterschiede auf. Die IFOA vereinbart das LPDS als Projektorganisationsform, das neben dem Grundgedanken – der Abwicklung in einem frühzeitig integrierten Team – verschiedene Werkzeuge enthält, die dieses unterstützen. Die Abwicklung einer Allianz erfolgt ebenfalls in einem frühzeitig integrierten Team, allerdings ohne eigenes System mit verschiedenen Werkzeugen zur Umsetzung. Das LPDS enthält das TVD, mit Hilfe dessen die Projektkosten überprüft und aktiv gelenkt werden können. Mit dem LPS wird das Projekt anhand zuverlässiger Zusagen gesteuert. Als ein weiteres wichtiges Werkzeug gilt BIM, mit dessen Hilfe Zeichnungen koordiniert, in einem 3D-Modell veranschaulicht und so Fehler frühzeitig erkannt und behoben werden können.

Bei beiden Vertragsarten geschieht die Projektabwicklung in einem integrierten Team, das aus dem Bauherrn, dem Architekten sowie Fachplanern und dem GU bzw. einem Joint-Venture aus mehreren GUs besteht. In der IFOA ist die Anwendung des LPDS festgelegt. Das Team wird in der Planungsphase nach Bedarf um die entsprechenden NUs bzw. Lieferanten erweitert, so dass diese ihr Wissen und ihre Erfahrungen einbringen können und somit einen erheblichen Anteil an der Planung, deren Realisierbarkeit und Kalkulation haben. Damit geschieht bei der IFOA eine frühzeitige Integration aller Beteiligten in Abhängigkeit vom jeweiligen Bedarf. Die Allianz startet mit einem integrierten Team aus Bauherrn, Architekt und GU, das zusammen die Planung verwirklicht und den Zielpreis ermittelt; Nachunternehmer und Lieferanten werden erst in der Ausführungsphase beauftragt. Damit können deren Erfahrungen nicht in die Planungsphase eingebunden werden.

Bei beiden Ansätzen ist der Bauherr Teil des Teams, allerdings ist das Besondere bei der Allianz, dass der Bauherr seine traditionelle Rolle verlässt und unterschiedliche Rollen im Team übernimmt, beispielsweise als Bauleiter oder kaufmännischer Leiter. Bei der Allianz werden die verschiedenen Funktionen auf dem Projekt nicht nach der Firmenzugehörigkeit besetzt, sondern es wird jeweils die am besten geeignetste Person für die Stelle gesucht. Gerade die Einbindung des Bauherrn in nicht Bauherrn-typische Aufgaben unterstreicht den Gedanken, dass ein gemeinsames Team das Projekt ausführt.

Die Auswahl der Vertragspartner geschieht bei beiden Verträgen anhand qualitativer Kriterien. Die Allianz verwendet dafür einen sehr systematischen Prozess mit verschiedenen Auswahlstufen, in denen das Team zusätzlich zu den Angebotsunterlagen anhand von Interviews und Workshops bewertet wird. Dabei ist entscheidend, das Team zu finden, das die höchste Kompetenz besitzt, das Projekt erfolgreich umzusetzen. Bei der Reinform der Allianz geschieht dies ausschließlich aufgrund qualitativer Kriterien, verschiedene Mischformen von Allianzen binden auch ein Preiselement in die Auswahl ein. Es wird davon ausgegangen, dass ein kompetentes Team in der Lage ist, das Design bestmöglich zu planen und in einem guten Preis-Leistungs-Verhältnis zu realisieren. Der systematische Auswahlprozess der Allianz beschränkt sich allerdings auf die Auswahl der Allianzpartner, also den Architekten und den GU, die sich in Form eines Konsortiums als ein Team bewerben. Im Rahmen des kommerziellen Workshops wird die Vergabestrategie für Nachunternehmer und mögliche Sub-Allianzen besprochen. Der Bauherr kann hier Vorgaben machen und darauf bestehen, in den Auswahlprozess der NU eingebunden zu werden. Meistens obliegt die Auswahl der Nachunternehmer dem GU, der in der Regel die Arbeiten an die NU mit einem Pauschalvertrag vergibt. Bei der IFOA unterliegt die Auswahl des Architekten und GU keinem definierten Prozess, vielmehr wird hier auf die guten Erfahrungen aus vergangenen Projekten mit Firmen zurückgegriffen, die zusätzlich das Potenzial besitzen, das LPDS erfolgreich umzusetzen und möglichst schon Erfahrungen damit haben. Dabei wird nicht zwingend ein Team ausgewählt, auch wenn das aus Sicht des Bauherrn wünschenswert wäre, sondern der Architekt und der GU können auch getrennt voneinander bestimmt werden. Für die Auswahl der Nachunternehmer wird projektspezifisch ein Auswahlprozess definiert, an dem jeder aus dem Team teilnehmen kann. Als Auswahlkriterien spielen sowohl qualitative Kriterien, wie die Bereitschaft in einem integrierten Team zu arbeiten, als auch der Preis eine Rolle. Die Nachunternehmer und Fachplaner werden an die gleichen Bedingungen wie der Architekt und GU gebunden und sind Teil des Teams. Sie tragen die Risiken mit, werden aber im Gegenzug auch an den Belohnungen beteiligt.

Der Vergleich der beiden Vertragsarten zeigt, dass die IFOA mit der Definition des LPDS eine klare Vorgabe zum Projektablauf macht, indem verschiedene Werkzeuge definiert werden. Der Erfolg des LPDS hängt von der vereinbarten kommerziellen sowie der Verhaltensstrategie ab, dabei können einige Elemente aus den Allianzen übernommen werden, um den Erfolg des LPDS positiv zu beeinflussen.

Die nachfolgende Tabelle gibt einen zusammenfassenden Überblick über die Gegenüberstellung der Vertragsarten IFOA und Allianz.

Kriterien		**IFOA**	**Allianz**
Vertrag	**Entwicklung/Verhandlung**	gemeinsam	Vorlage vom BH, kleine Änderungen möglich
Kommerzielle Strategie	**Selbstkostenerstattung**	Basis: übliche Kosten am Ort des Projektes	Basis: abgeschlossene Projekte
	Kostenkontrolle	keine externe Kontrolle	Überprüfung des Preis-Leistungs-Verhältnisses durch externe Gutachter
	Risikobeteiligung	Anteil an Zuschlag für AKG sowie Gewinn	Zuschlag für AKG sowie Gewinn
	Gewinnmarge	höher als branchenüblich	niedriger als branchenüblich
	Anreizsystem	Orientiert an Zielkosten	Orientiert an Zielkosten
			und weiteren nicht monetären Kriterien
Verhaltens-strategie	**Best for Project**	Ja	Ja
	One Team	Ja	Ja
	Netzwerk aus Zusagen	LPS	Nein
	Kontinuierliche Verbesserung	KVP	Lessons learned
	Streitbeilegung	Verfahren	Rechtsverzicht
Projekt-abwicklung	**Projektorganisationsform**	LPDS	Allianz
	Frühzeitige Einbindung	Sämtliche Beteiligte je nach Bedarf	Nur Allianzpartner ohne NU
	Integriertes Team	BH, A, GU, NU, Fachplaner, Lieferanten	BH, A, GU
	Einbindung Bauherr	Integriert, BH-Funktion	Partner
	Auswahlverfahren	Qualitative Kriterien	Qualitative Kriterien
	Architekt, GU	Erfahrungen mit den entsprechenden Firmen	Sehr systematischer Prozess mit Interviews und Workshops
	NUs	Im Team, zusätzlich Preiskomponenten	Vergabestrategie obliegt dem GU

Tab. 7: Gegenüberstellung der Vertragsarten IFOA und Allianz

9.6 Gegenüberstellung der Prinzipien der IFOA, der Allianzverträge und anderer Vertragsarten

Nachfolgend werden der Pauschalpreisvertrag sowie die in Kapitel 4 vorgestellten innovativen Verträge auf die in Kapitel 9.3.1 identifizierten wesentlichen Merkmale, die sowohl der IFOA als auch – wie in Kapitel 9.5 festgestellt – dem Allianzvertrag zu Grunde liegen, hin untersucht.

	Mehrparteienvertrag	**Selbstkostenerstattung**	**Risikoteilung**	**Anreizsystem**	**Auswahl nach Qualifikation**	**Streitbeilegung**
Pauschalpreisvertrag	Nein	Nein	Nein	Nein	Eingeschränkt möglich	Möglich
GMP	Nein	Eingeschränkt möglich	Nein	Ja	Ja	Möglich
CM	Nein	Nein	Nein	Nein	Ja	Möglich
NEC	Nein	Möglich	Möglich	Möglich	Ja	Ja
PPC 2000	Ja	Möglich	Ja	Ja	Ja	Ja

Tab. 8: Gegenüberstellung der Kriterien der IFOA, der Allianzverträge und anderer Vertragsarten

Mehrparteienvertrag

Die IFOA sowie Allianzverträge und auch PPC 2000 unterscheiden sich von den anderen Vertragsformen dadurch, dass sie ein Mehrparteienvertrag sind und somit das gesamte Team an die gleichen Vertragsbedingungen knüpfen.

Vergütung

Die Vergütung der IFOA und auch der Allianzverträge erfolgt nach dem Selbstkostenerstattungsprinzip und erhält dadurch einen besonders fairen Charakter. Beim GMP-Vertrag erfolgt die Vergütung ebenfalls nach dem Selbstkostenerstattungsprinzip, allerdings sind die Kosten nach oben durch den garantierten Maximalpreis gedeckelt. Der Auftragnehmer trägt somit das alleinige Risiko bei Kostenüberschreitungen. Bei der IFOA und auch bei den Allianzverträgen ist das Risiko der Auftragnehmer begrenzt und das letztendliche Risiko liegt beim Bauherrn. Beim CM-Vertrag wird entweder ein Global-Pauschalpreis vereinbart oder die Vergütung erfolgt nach dem gleichen Prinzip wie beim GMP-Vertrag. In der oben dargestellten Tab. 8 wird der CM-Vertrag ausschließlich mit einer Pauschalpreisvergütung dargestellt, da bei einer Vergütung mit einem Maximalpreis die gleichen Kriterien wie beim GMP-Vertrag gelten. Beim NEC Vertrag ist kein Vergütungsmodell vorgeschrieben, es können verschiedene Vergütungsmodelle vereinbart werden. Beim PPC 2000 Vertrag wird in der Regel ebenfalls ein Maximalpreis vereinbart.

Teilung von Risiken

Während die IFOA, die Allianzverträge sowie der PPC 2000 Vertrag die Idee verfolgen, das Projekt im Team abzuwickeln und sowohl Gewinne als auch Risiken zu teilen, werden beim Pauschalpreisvertrag, beim GMP-Vertrag sowie beim CM-Vertrag Risiken nicht gemeinsam geteilt, sondern einzelnen Vertragspartnern zugewiesen. Beim NEC-Vertrag ist eine Risikoteilung möglich.

Anreizystem

Der Pauschalpreisvertrag sieht kein Anreizsystem vor, was auch dem Gedanken des Vertrags, der Pauschalierung des Endpreises, widersprechen würde. Beim CM-Vertrag muss unterschieden werden, welche Vergütungsform gewählt wurde. Bei Vereinbarung eines Globalpauschalpreises gilt gleiches wie beim Pauschalpreisvertrag, bei der Vereinbarung eines Maximalpreises gleiches wie beim GMP-Vertrag. Der GMP-Vertrag enthält zwei Anreizmechanismen, einmal für Optimierungsgewinne, die in der Planungs- und Ausführungsphase erzielt werden können, und für Vergabegewinne, die bei der Vergabe an Nachunternehmer erreicht werden können. Der PPC 2000 Vertrag belohnt das Team für das Erreichen von Einsparungen und darüber hinaus die Arbeiter für gute Leistungen. Beim NEC-Vertrag ist die Vereinbarung eines Anreizsystems möglich.

Auswahlkriterien

Beim Pauschalpreisvertrag erfolgt die Auswahl der Projektpartner in der Regel nach dem Preis bzw. den Anforderungen der VOB Teil A. Generell ist es beim Pauschalpreisvertrag für private Auftraggeber möglich, die Projektbeteiligten anhand qualitativer Kriterien auszuwählen. Da beim GMP-Vertrag die Vergabe bereits in einer frühen Projektphase stattfindet, erfolgt die Vergabe aufgrund von Referenzen, Know-how sowie personellen und finanziellen Kapazitäten des Auftragnehmers und nicht anhand eines reinen Preiswettbewerbs. Auch beim CM-Vertrag erfolgt die Auswahl anhand eines Preis-, Leistungs- und Know-how-Wettbewerbs. Bei den anderen relationalen Verträgen, dem NEC und dem PPC 2000, spielen qualitative Kriterien bei der Auswahl der Vertragspartner eine ausschlaggebende Rolle.

Streitbeilegung

Die relationalen Verträge unterscheiden sich vom Pauschalpreisvertrag und den anderen innovativen Verträgen dadurch, dass sie einen genauen Ablauf im Falle eines Streites festlegen. Der Allianzvertrag geht sogar soweit, dass ein Streitverbot sowie ein

Rechtsmittelverzicht vertraglich vereinbart werden kann. Die Philosophie des CM-Vertrags besagt, dass Streitigkeiten zu vermeiden sind, allerdings wird eine Vorgehensweise zur Streitbeilegung nicht vertraglich vereinbart.

Abschließend kann festgehalten werden, dass insbesondere die relationalen Verträge einen Großteil der wesentlichen Merkmale enthalten, die der IFOA und auch – wie in Kapitel 9.5 festgestellt – Allianzverträgen zu Grunde liegen. Von allen Vertragsarten zeichnet sich die IFOA durch die Definition und vertragliche Vorgabe der Abwicklung im LPDS aus.

9.7 Streitbeilegungsverfahren und Streitverzicht im deutschen Recht

Allgemeine Geschäftsbedingungen sind im deutschen Recht in §§ 305 ff. BGB in Form des AGB-Rechts geregelt. Dadurch unterscheidet sich das deutsche Recht von anderen Rechtsordnungen. Allgemeine Geschäftsbedingungen zeichnen sich dadurch aus, dass der Inhalt nicht mehr verhandelbar ist. Werden Vertragsregeln mehr als dreimal verwendet, so handelt es sich bereits um Allgemeine Geschäftsbedingungen. Um aber die Interessen beider Vertragsparteien in den Allgemeinen Geschäftsbedingungen zu vertreten und die Vertragspartner zu schützen, sind im Rahmen des AGB-Rechts verschiedene Kontrollinstrumente geschaffen worden. Dazu gehören die Einbeziehungskontrolle, die Verständnis- oder Transparenzkontrolle sowie die Inhaltskontrolle. Letztere besagt, dass der Verwender Allgemeiner Geschäftsbedingungen bei deren Gestaltung die Interessen der Vertragspartner berücksichtigen muss. Demnach gelten sämtliche Klauseln als unwirksam und werden automatisch als nicht existent behandelt, die den Vertragspartner entgegen den Geboten von Treu und Glauben unangemessen benachteiligen. Nach dem Gesetz gelten, alle übrigen Klauseln des Vertrags weiter. Klauseln des AGB-Rechts können ihre Gültigkeit verlieren, sofern der Verwender diese zur Disposition stellt und dem Vertragspartner die Möglichkeit gibt, seine Interessen im Rahmen der Verhandlung selber einzubringen und zu vertreten. In diesem Fall ist die Vertragsfreiheit wieder hergestellt und die tatsächlich ausgehandelten Klauseln unterliegen nicht der Inhaltskontrolle. An sogenannte Individualvereinbarungen stellt die Rechtsprechung allerdings sehr hohe Anforderungen, so dass Individualvereinbarungen in der Praxis sehr selten vorkommen.

Vertragsklauseln, die sich mit Streitverzichten bzw. der Erschwernis zum Zugang zu Recht und Gericht beschäftigen, sind in Deutschland am AGB-Recht sowie dem Verfassungsrecht zu messen. Ein Rechtsverzicht mit Ausschluss der Gerichtsbarkeit, wie er in den australischen Allianzverträgen vereinbart wird, ist nach deutschem AGB-Recht unwirksam. Regelungen zum Streitverzicht sind im Einzelfall zu prüfen.[165]

Die Grundidee bei der Vereinbarung von Regelungen im Streitfall bis hin zum Streitverzicht besteht darin, Probleme möglichst frühzeitig zu erkennen und auf schnelle und effektive Art und Weise im Team zu lösen. Gelingt dieses nicht, so können durch verschiedene Rückfallebenen nicht direkt am Streitfall beteiligte Personen hinzugezogen werden. Dies können Vorgesetzte, unabhängige Experten bis hin zu Mediatoren sein. Hierbei gibt es unterschiedliche Streitbeilegungsverfahren, von denen zwei Verfahren in Kapitel 6.2.4 und Kapitel 8.3.4 vorgestellt wurden. Alle Streitbeilegungsverfahren haben das gemeinsame Ziel, die Streitigkeit ohne ein gerichtliches Verfahren zu lösen. Verfahren vor staatlichen Gerichten erfordern aufgrund der rechtsstaatlichen und verfassungsrechtlichen Grundsätze einen beträchtlichen Aufwand und viel Zeit, was sich in einer langen Prozessdauer widerspiegelt. Vor diesem Hintergrund galt in Deutschland lange Zeit das Schiedsverfahren als ein wirtschaftliches und lösungsorientiertes Streitverfahren, da es vergleichsweise schnell zu Lösungen führte. Mittlerweile haben sich auch Schiedsverfahren insbesondere für große Bauprojekte zu Verfahren mit langer Dauer und hohen Kosten entwickelt.[166]

Als Lösungsansatz gilt in erster Linie die Streitvermeidung. Eine darauf ausgelegte Vertragsgestaltung mit einer darauf abgestimmten Projektorganisation, die die Zusammenarbeit im Team fördert, kann dafür hilfreich sein. Im Streitfall kann ein Streitbeilegungsverfahren dazu dienen, Regeln für eine rasche Streitbeilegung zu definieren. Wobei festzuhalten ist, dass diese Methode auf eine freiwillige Einigung der Vertragsparteien und den Willen zur Streitbeilegung zurückgreift. Der vertraglich vereinbarte Ausschluss von Rechtsmitteln ist wie eingangs bereits erwähnt in Deutschland nicht zulässig. Dennoch sind die Problematik und die damit verbundenen Konsequenzen langer Entscheidungswege auf den Projektablauf bekannt. Der Deutsche Baugerichtstag e.V. hat eine Empfehlung an den Gesetzgeber erarbeitet, die eine gesetzliche Regelung zur außergerichtlichen Streitbeilegung in allen Bausachen durch das Adjudikationsverfahren vorschlägt. Dabei ist das Verfahren auf Antrag einer Partei durchzuführen. Im Rahmen des Adjudikationsverfahrens treffen Adjudikatoren, die aus den Berufsgruppen der Architekten, Ingenieure oder Juristen kommen und sich von Experten anderer Fachrichtungen unterstützen lassen können, aufgrund einer summarischen Sachverhalts- und Rechtsprüfung innerhalb kürzester Fristen eine Entscheidung mit vorläufiger Bindungswirkung. Diese gilt vorläufig und ist bindend bis – ggf. durch ein staatliches Gericht bzw. ein Schiedsgericht – eine andere Entscheidung getroffen wird. Das Adjudikationsverfahren basiert auf Erfahrungen aus England, Wales und Schottland, wo es bereits seit 1996 eine Adjudikation-Gesetzgebung gibt. Dort gilt dieses

[165] Vgl. OPPLER (2009), S. 81 f.
[166] Vgl. BÜCKER (2007), S. 43 f.; OPPLER (2009), S. 85 f.

Gesetz für alle Bauverträge und lässt sich nicht ausschließen. Jede Partei hat das Recht, einen Streit vor einen Adjudikator zu bringen. Dieser wird innerhalb von sieben Tagen eingesetzt und muss innerhalb von 28 Tagen seine Entscheidung fällen; diese gilt als vorläufig bindend, bis sie eventuell von einem Nachfolgeverfahren geändert wird. Die Erfahrungen zeigen, dass zum einen die Gerichte erheblich entlastet wurden, zum anderen die Akzeptanz der Entscheidungen gut ist. Als Nachteil ist festzuhalten, dass der große Zeitdruck gelegentlich zu Fehlurteilen führt und der Kläger bevorteilt ist, da ihm im Gegensatz zum Beklagten, dem nur eine kurze Zeit zur Klageerwiderung bleibt, eine unbegrenzte Zeit für die Klagevorbereitung zur Verfügung steht. Dennoch empfiehlt der Deutsche Baugerichtstag e.V. geeignete Pilotprojekte zu finden, um das Verfahren in Deutschland zu testen.[167]

9.8 Spezialfall öffentliche Auftraggeber

9.8.1 Unterschiede in der Organisation und Einstellung im Vergleich zu privaten Auftraggebern

Öffentliche Auftraggeber unterscheiden sich aufgrund ihrer Organisation und der gegebenen Rahmenbedingungen grundsätzlich von privaten Auftraggebern. Während private Auftraggeber in ihrem Denken und Handeln dem marktwirtschaftlichen Gedanken unterliegen, sind die Interessen öffentlicher Auftraggeber anders priorisiert; dort spielen neben den marktwirtschaftlichen Komponenten auch politische Interessen eine Rolle. Entscheidungen werden oft dezentralisiert getroffen und nicht von den Personen, die sie später umsetzen müssen. Dies steht in direktem Gegensatz zum Lean-Ansatz, bei dem Entscheidungen immer auf der Umsetzungsebene getroffen werden sollen. Öffentliche Auftraggeber gelten als risikoscheu und zurückhaltend gegenüber der Implementierung von neuen und unbekannten Prozessen. Zudem haben öffentliche Auftraggeber Vorgaben in Bezug auf die Verteilung des Budgets zu erfüllen; so steht ihnen beispielsweise nur ein bestimmter Prozentsatz des Gesamtbudgets für die Planung zur Verfügung. Das erschwert die Einführung von Änderungen, die erhöhte Kosten zu Projektbeginn mit sich führt. Dabei sind die Möglichkeiten, die Projektkosten zu reduzieren, zu Projektanfang am höchsten; bereits bei Ausführungsbeginn sind die Einflussmöglichkeiten auf die Projektkosten um ein Vielfaches geringer.

Viele Mitarbeiter öffentlicher Auftraggeber sind durch ein hohes Misstrauen in Bezug auf Planer, die als zu langsam und teuer, und Ausführende, insbesondere Generalunternehmer, die als „Nachtrags-Artisten“ gelten, geprägt. Erfahrungen in der Vergangenheit vor allem bei

[167] Vgl. JUROWICH (2009), S. 120 ff.

Einzel- und Generalunternehmervergaben haben dazu beigetragen. Um später ein Mitglied des Projektteams zu werden und gemeinsam im und mit dem Team zusammenzuarbeiten, ist Vertrauen die Basis. In dieser Hinsicht muss insbesondere bei öffentlichen Auftraggebern ein Umdenken erfolgen. Öffentliche Auftraggeber stoßen innerhalb der eigenen Organisation schnell an finanzielle Grenzen.

Darüber hinaus sind öffentliche Auftraggeber in Deutschland an die VOB gebunden, die die Art der Vergabe und auch die Auswahl der Projektbeteiligten vorgibt. Inwieweit hier Handlungsspielraum besteht, wird im nachfolgenden Kapitel 9.8.2 erörtert.

9.8.2 Möglichkeiten und Einschränkungen bei der Anwendung der VOB

Der Grundsatz der Vergabe gemäß VOB/A § 2 Abs. 2 besagt, dass bei der Vergabe von Bauleistungen kein Unternehmer diskriminiert werden darf. Öffentliche Vergaben, bei denen das Bau-Soll bei Vertragsabschluss nicht genau feststeht bzw. nicht unverändert bestehen bleiben soll, sondern während der Vertragsdurchführung optimiert und damit verändert werden kann, sind damit unzulässig. Jedoch kann bei der freihändigen Vergabe bzw. dem Verhandlungsverfahren sowie beim Wettbewerblichen Dialog das Bau-Soll im Rahmen der Vergabe angepasst werden. Dagegen können Änderungen des Bau-Solls, die bei Vertragsabschluss nicht festliegen und erst während der Vertragsdurchführung entstehen, zu einer Diskriminierung der nicht berücksichtigten Bieter führen, was für die öffentliche Vergabe von Bauleistungen nicht zulässig ist.[168] Relationale Verträge, wie bereits in Kapitel 4.4.1 beschrieben, kennzeichnen sich dadurch, dass sie sich im Laufe der Zeit entwickeln und verändern, d.h. im Umkehrschluss, dass das Bau-Soll vor Vertragsbeginn nicht eindeutig beschrieben werden kann. Damit sind relationale Verträge im Rahmen der öffentlichen Vergabe unzulässig.

Auftraggeber in Deutschland müssen Bauaufträge gemäß VOB Teil A vergeben und sind demnach in der Regel bei der Ausschreibung an den Wettbewerb gebunden. Öffentliche Auftraggeber müssen in der Regel das Folgende beachten:

- Das Vorbereiten von detaillierten Dokumenten, das die Auswahl der Vertragspartner anhand von Preisen ermöglicht.
- Grundsätzlich ist eine Öffentliche Ausschreibung durchzuführen (in Ausnahmefällen sind andere Arten der Ausschreibung zulässig).
- Es müssen alle Angebote angenommen werden, die die Mindestanforderungen erfüllen.

[168] Vgl. FRANKE/MERTENS (2007a), § 9 VOB/A, Rdn. 26.

- Die Auftragsvergabe erfolgt an den wirtschaftlichsten Bieter. Der Bauherr kann den Auftrag nicht an den Bieter, der am besten in das Projekt passen würde, vergeben. Der wirtschaftlichste Bieter ist der Bieter, der die Anforderungen an Fachkunde, Leistungsfähigkeit und Zuverlässigkeit erfüllt, über ausreichend technische und wirtschaftliche Mittel verfügt und zu einem angemessenen Preis anbietet.
- Vertragsbedingungen können nicht verhandelt werden.
- Die Vergabe an einen TÜ ist für öffentliche Auftraggeber nur oberhalb der Schwellenwerte zulässig, da sich der TÜ gewerbsmäßig nicht mit der Leistungserbringung im eigenen Betrieb befasst.

Diese Anforderungen stehen in Konflikt mit den folgenden grundlegenden Charakteristika des Lean-Ansatzes und dem ihn unterstützenden Vertragsmodell:

- Ein gemeinsamer Mehrparteienvertrag zwischen dem Bauherrn, dem Architekten, den Fachplanern, dem Generalunternehmer und den Nachunternehmern.
- Frühzeitige Integration und kontinuierliche Zusammenarbeit der Projektbeteiligten.
- Gemeinsame Verhandlungen bzgl. der Risikohandhabung und der Anreizsysteme.
- Beziehungen, die über das Projekt hinausgehen und die von den zusammen gemeisterten Erfahrungen leben (lessons learned).
- Die Belohnung der Beteiligten basiert auf dem Gesamterfolg des Projektes.
- Optimale Benutzung von BIM, da hierfür eine frühzeitige Zusammenarbeit notwendig ist.

Die VOB Teil A lässt allerdings auch einige Ausnahmen zu, bei denen die Vergabe von Bauleistungen nicht an einen vorausgehenden Wettbewerb gebunden ist. Dies ist in § 3 Nr. 4 VOB/A (Abschnitt 1) im Rahmen der Freihändigen Vergabe geregelt bzw. in den Abschnitten 2 und 3 der VOB/A im Rahmen des Verhandlungsverfahrens. Eine Ausnahme liegt vor, wenn:

- für die Ausführung der Leistung nur ein bestimmter Unternehmer in Betracht kommt. Dazu müssen besondere Gründe wie z.B. Patentschutz oder besondere Erfahrungen oder der Bedarf an speziellen Geräten vorliegen.
- die Leistung nach Art und Umfang vor der Vergabe nicht eindeutig und erschöpfend festgelegt werden kann.
- die Leistung besonders dringlich ist.

Die Vergabe an einen Totalübernehmer bzw. einen Totalunternehmer löst einige Konflikte mit den Lean-Prinzipien:

- Der Design-Build Vertrag kann sowohl den Bauherrn, den Architekten sowie ggf. Fachplaner als auch den Generalunternehmer und ggf. Nachunternehmer einschließen.
- Möglichkeit zur Zusammenarbeit zwischen dem Bauherrn, den Architekten, den Fachplanern, dem Generalunternehmer und den Nachunternehmern.
- Festlegung anderer Kriterien durch den TU/TÜ zur Auswahl der weiteren Vertragspartner anstelle des Preises.
- Vertragsbedingungen können vereinbart werden, einschließlich der Risikohandhabung und der Belohnungen.

Die VOB Teil A sieht eine strikte Trennung zwischen Planung und Ausführung vor, d.h. der Auftragnehmer wird in der Regel erst nach abgeschlossener Planung mit der Ausführungsleistung beauftragt. Damit ist der Ansatz der gemeinschaftlichen Abwicklung in einem integrierten Team bereits während der Planungsphase nicht in vollem Umfang möglich. Dies gilt auch bei der Vergabe an einen TU, da auch hier in der Regel ca. 30% der Planung bereits erstellt worden sind.

Bei einer klassischen Trennung zwischen Planungs- und Ausführungsleistung ist es dennoch möglich, den Generalunternehmer bzw. weitere Fachunternehmer mit Planungsleistungen zu beauftragen und so in die Planung zu integrieren. Im Rahmen der Kontinuität, des Know-how-Erhalts und auch des Projekterfolgs ist es aber das Ziel, diesen Unternehmer auch für die Ausführungsphase zu beauftragen. Genau hier liegt aber das Problem: übernimmt ein General- oder Fachunternehmer Planungsleistungen während der Planungsphase, so besitzt er bereits Vorkenntnisse. Gemäß dem Grundsatz der Chancengleichheit bei der Vergabe von Leistungen durch öffentliche Auftraggeber, ist eine Besserstellung aufgrund von Vorkenntnissen gegenüber Mitbewerbern nicht erlaubt. Gemäß den Festlegungen des Vergabeüberwachungsausschusses des Bundes ist im Einzelfall zu prüfen, ob die Vorkenntnisse zu einem überlegenen Angebot in preislicher oder technischer Hinsicht führen können. Im Falle eines überlegenen Angebotes ist das entsprechende Angebot vom Vergabeverfahren auszuschließen oder der öffentliche Auftraggeber muss dafür Sorge tragen, dass die Informationsvorsprünge aufgehoben werden, indem er alle Bewerber auf den gleichen Informationsstand bringt. Weiterhin ist die unmittelbare Beteiligung des in der Planungsphase eingebundenen Unternehmers bei der Vergabe des Anschlussauftrags ausgeschlossen; das beinhaltet auch die Erarbeitung von Ausschreibungsunterlagen.[169] Dies

[169] Vgl. ESCHENBRUCH (2003), Rdn. 532, 1353 ff.

bedeutet für öffentliche Auftraggeber, dass es schwierig sein wird, einen Unternehmer zu finden, der bereit ist, in der Planungsphase Kenntnisse und Know-how einzubringen; wohlwissend, dass seine Ideen ggf. von einem anderen Unternehmer ausgeführt werden könnten. Dieses stellt für die Unternehmer eine hohe Barriere dar. Damit ist für öffentliche Auftraggeber sowohl in der Planungs- als auch in der Ausführungsphase die Abwicklung in einem integrierten Team derzeit nicht möglich.

Ein weiteres wichtiges Merkmal für die Zusammenarbeit im LPDS ist die Auswahl der Projektbeteiligten anhand qualitativer Kriterien. Bei einer öffentlichen Ausschreibung muss der Bieter gemäß § 8 Nr. 3 VOB/A Nachweise zu seiner Eignung in Bezug auf Fachkunde, Leistungsfähigkeit und Zuverlässigkeit erbringen. Dazu kann der Auftraggeber folgende Nachweise verlangen:

- Umsatz des Unternehmens in den letzten drei abgeschlossenen Geschäftsjahren
- Ausführung vergleichbarer Leistungen in den letzten drei abgeschlossenen Geschäftsjahren
- Zahl der durchschnittlich beschäftigten Arbeitskräfte in den letzten drei abgeschlossenen Geschäftsjahren
- Zur Verfügung stehende technische Ausrüstung
- Das für Leitung und Ausführung vorgesehene technische Personal
- Eintragung in das Berufsregister
- Andere für die Prüfung der Fachkunde geeignete Nachweise

Seit der Einführung des Präqualifikationsverfahrens (vgl. Kapitel 3.2.4.2) können Bauherren die Nachweise zur Eignung der Bieter direkt aus der allgemein zugänglichen Liste des Vereins für Präqualifikation von Bauunternehmen e.V. entnehmen. Darüber hinaus kann der Bauherr weitere zusätzliche Nachweise von den Unternehmen verlangen.

Der Wettbewerbliche Dialog (vgl. Kapitel 3.2.4.1) gibt als vierte Vergabeart öffentlichen Auftraggebern bei komplexen Bauvorhaben oberhalb des Schwellenwertes die Möglichkeit, die Vertragspartner neben der preislichen Komponente anhand zusätzlicher qualitativer Kriterien auszuwählen. Dabei kann der Auftraggeber während der Vergabe im Rahmen der Dialogphasen auf das Wissen und Know-how der Bieter zurückgreifen und dieses für die Lösungsfindung seiner vorab definierten Anforderungen nutzen. Mit der Einführung des Wettbewerblichen Dialogs als vierte Vergabeart ist ein Schritt zur Einbindung des Bauunternehmers und Einbeziehung seines Know-hows in der Planungsphase gemacht worden, dennoch kann hier weder von einem integrierten Team noch von einer frühzeitigen Integration, wie sie im Sinne des Lean-Ansatzes wünschenswert ist, gesprochen werden. Mit Vertragsabschluss unterliegt die Planung des Bauvorhabens im Wesentlichen dem Bieter;

dieser übernimmt die Kostenrisiken für Planung und Ausführung sowie für die technische Richtigkeit und Vollständigkeit seiner Planungsleistungen.[170] Die Rolle des Bauherrn beschränkt sich neben der Definition seiner Anforderungen auf die Termin- und Budgetvorgaben.

Zusammenfassend kann festgestellt werden, dass die VOB den grundlegenden Prinzipien des Lean-Ansatzes – einer frühzeitigen Integration verschiedener Beteiligter sowie einer kontinuierlichen Zusammenarbeit aller Projektbeteiligten – im Wege steht. Damit werden öffentliche Bauherren derzeit an der Umsetzung einer gemeinschaftlichen Projektentwicklung sowie der der Projektabwicklung gehindert. Dadurch entgeht ihnen die Möglichkeit, die Kosten bereits von Projektbeginn an effektiv zu steuern, nämlich dann, wenn der Einfluss auf die Kosten am höchsten ist.

9.8.3 Ausblick weltweit

Wie in Kapitel 9.8.2 dargestellt, ist in Deutschland eine komplette Umsetzung des LPDS derzeit bei öffentlichen Auftraggebern derzeit nicht realisierbar. Die Problematik, die sich öffentlichen Auftraggebern stellt, ist weltweit in vielen Ländern ähnlich. Nachfolgende Beispiele verdeutlichen, inwieweit innovative Ideen und Vorschläge in anderen Ländern zu Ausnahmeregelungen geführt haben. Dabei ist an dieser Stelle darauf hinzuweisen, dass auch in Deutschland unter gewissen Umständen Ausnahmeregelungen möglich sind. Als Beispiel ist das Konjunkturpaket II zu nennen, das in Kapitel 3.2.4.3 vorgestellt worden ist. Hier hat die Bundesregierung in Abweichung zu den Regelungen gemäß VOB Teil A die Vergabe für öffentliche Auftraggeber vereinfacht und eine Anhebung der Schwellenwerte sowie eine Verkürzung der Angebotsfrist zugelassen, um damit eine zügigere Vergabe und schnellere Umsetzung des Konjunkturpakets zu ermöglichen.

Auch in den USA, in denen insbesondere im privaten Sektor die Umsetzung des LPDS und der IFOA am weitesten fortgeschritten sind, gelten für öffentliche Auftraggeber besondere Bestimmungen. Die einzelnen Staaten unterliegen unterschiedlichen Regularien. Generell gilt für öffentliche Auftraggeber in den USA, dass die Vergabe an den günstigsten, vertretbaren Bieter erfolgt. Die Abwicklung des Projektes im LPDS ist derzeit für öffentliche Auftraggeber nicht möglich. Die Auswahl der Vertragspartner auf Basis qualitativer Kriterien stellt einen Widerspruch zu den Vergaberichtlinien für öffentliche Auftraggeber dar. Kalifornien ist derzeit bei der Umsetzung des LPDS im privaten Sektor führend. Hier ist der Versuch gescheitert, Vorschriften für öffentliche Auftraggeber staatlicher und lokaler Behörden einzuführen, nach denen eine Abwicklung im *Integrated Project Delivery System* –

[170] Vgl. GRALLA/PALGEN (2007), S. 35.

das weitestgehend dem LPDS entspricht – zulässig ist. Colorado ist derzeit der einzige Staat in den USA, in dem die Abwicklung im *Integrated Project Delivery System* zumindest eingeschränkt möglich ist. Dies ist nur dann der Fall, wenn die Abwicklung im *Integrated Project Delivery System* zeitliche und finanzielle Einsparungen mit sich bringt. Die Auswahl der Vertragspartner erfolgt dann anhand des vorteilhaftesten Angebotes mit dem höchsten erreichbaren Wert. Dabei werden Verträge auf herkömmliche Art und Weise zwischen dem öffentlichen Auftraggeber und dem Architekten sowie dem GU geschlossen; ein Mehrparteienvertrag zwischen mehreren Projektbeteiligten ist hier nicht möglich. Derzeit ist noch ungeklärt, ob Angebote verhandelt werden dürfen.[171] Dennoch demonstriert Colorado, dass die Abwicklung im IPD-Team auch in den öffentlichen Sektor eingebracht werden kann. Die Bemühungen sind in den USA vorhanden, dies auch in anderen Staaten im öffentlichen Sektor zu ermöglichen.

Wie nachfolgende Beispiele zeigen, konnten in Kalifornien für verschiedene Projekte im öffentlichen Sektor Ausnahmegenehmigungen erreicht werden: Die kalifornische Regierung hat einen schlechten Zustand ihrer Gefängniskrankenhäuser festgestellt und eine Frist für die Beseitigung dieses Missstandes gesetzt. Nachdem die Zeit verstrichen war, ohne dass entsprechende Maßnahmen getroffen worden waren, ist Anfang 2008 der Bundesrichter eingeschritten, der ein Budget zur Umsetzung des Programms in Höhe von $8 Milliarden zur Verfügung gestellt und eine Zwangsverwaltung bestimmt hat. Die California Prison Health Care Receivership Corporation (CPR) ist nun für die Umsetzung des Programms verantwortlich. Es umfasst den Neubau von sechs Gefängniskrankenhäusern mit einem zur Verfügung stehenden Budget von $6 Milliarden sowie den Umbau mehrerer Gefängniskrankenhäuser mit einem verfügbaren Budget von $2 Milliarden. CPR unterliegt als Zwangsverwalter grundsätzlich den Anforderungen an öffentliche Auftraggeber; jedoch ist es aufgrund der Dringlichkeit der Situation gelungen, eine Ausnahmegenehmigung zu bekommen und die Auswahl der Projektbeteiligten auf Grundlage qualitativer Kriterien, die auf die Abwicklung im integrierten Team und auf die Umsetzung von Lean-Prinzipien ausgerichtet waren, zu treffen. Darüber hinaus sollte in Form eines *Coopetition*[172] ein Prototyp entwickelt werden, der den Anforderungen des Bauherrn entspricht und diese kostenbewusst umsetzt. Dazu sind drei Teams ausgewählt worden, bestehend aus Architekt und Generalunternehmer. Die Idee des *Coopetition* ist bereits von Sutter Health bei der Entwicklung eines Prototyps für ein Krankenhaus benutzt worden. Verschiedene Teams arbeiten voneinander getrennt an einer Lösung, tauschen sich aber zwischendurch untereinander aus. Am Ende nehmen dann entweder alle oder nur ausgewählte Teams am

[171] Vgl. GEHRIG (2009), S. 6 f.

[172] Der Begriff *Coopetition* setzt sich aus den englischen Wörtern *cooperation* (Zusammenarbeit) und *competition* (Wettbewerb) zusammen und entspricht einer wettbewerblichen Zusammenarbeit.

Design-Wettbewerb teil. Beim CPR-Projekt hat sich aus den anfänglichen drei Teams ein gemeinsames Team gebildet, das zusammen den Prototyp erarbeitet hat. CPR hatte als Anreiz jedem Team zugesagt, später ein Gefängniskrankenhaus bauen zu können. Das dargestellte Beispiel verdeutlicht, dass auch im öffentlichen Sektor insbesondere bei schwierigen und dringlichen Projekten, Möglichkeiten der Ausnahmeregelung existieren und andere Ansätze in der Auswahl der Vertragspartner und der Projektorganisation gewählt werden können.

Die Universität in San Francisco (UCSF) ist ein öffentlicher Bauherr und unterliegt daher bei der Vergabe von Bauleistungen dem Wettbewerb. Präqualifikationen sind nur bei der Vergabe von „Design and Build", also der Vergabe an einen Totalunternehmer bzw. einen Totalübernehmer, zulässig. Der Direktor des Capital Programs der UCSF – das Capital Program umfasst den Bau sämtlicher Gebäude der UCSF mit Ausnahme medizinischer Gebäude – hatte die Idee, die Zusammenarbeit zwischen den Projektbeteiligten zu fördern. Es selbst war zwölf Jahre lang in der japanischen Bauindustrie tätig und hat dort ein viel partnerschaftlicheres Zusammenarbeiten erlebt, als es derzeit in den USA üblich ist. Da die meisten Projekte in den USA länger als geplant dauern und über Budget enden, wollte er diese Situation durch ein „Mehr" an Zusammenarbeit verbessern. Seine Idee war, auch für die Auswahl des Generalunternehmers das Präqualifikationsverfahren zu nutzen und diesen aufgrund des besten Preis-Leistungs-Verhältnisses zu ermitteln. Dies bestimmt sich aus der Division der berechneten Leistung durch den Angebotspreis. Die Bestimmung der Leistung erfolgt anhand der Beantwortung eines Fragebogens, der im Rahmen der Präqualifikation einzureichen ist. Dieser wird später in diesem Kapitel näher erläutert.

Für die Umsetzung dieser Methode war eine Ausnahmegenehmigung, die vom Gesetzgeber bewilligt werden musste, notwendig. UCSF hat als Bauherr die Erlaubnis bekommen, mit dieser Methode Projekte zu vergeben. Ein Zwischenbericht ist im Jahr 2010 und ein Endbericht im Jahr 2015 abzugeben. Ziel ist es, die Erfolge gemessen an Qualität, Zeit und Kosten aufzuzeigen und dadurch nachzuweisen, dass diese Methode den Wettbewerb nicht beschränkt und kleinere Unternehmen nicht benachteiligt. Jedes Projekt, das mit dieser Methode abgewickelt wird, muss derzeit vorab genehmigt werden und ein Mindestauftragsvolumen von $3 Millionen haben, um den Markt für kleinere Unternehmen bestehen zu lassen.

Für die Präqualifikation sind fünf Kriterien entscheidend, die unterschiedlich gewichtet werden. Die Gewichtung wird nachfolgend in Klammern angegeben:

1. Finanzielle Situation des Unternehmens [10%]
2. Relevante Erfahrungen des Unternehmens [25%]

3. Demonstrierte Management Kompetenzen [45%]
4. Erfüllung der Arbeitsvorschriften [10%]
5. Erfüllung von Sicherheitsstandards und –vorschriften [10%]

Bei der Angabe der finanziellen Situation muss der Unternehmer aus seinem letzten Geschäftsbericht verifizierte Angaben zu Einnahmen und Verlusten machen. Dies dient zur Prüfung, ob der Unternehmer auch finanziell in der Lage ist, das Projekt zu realisieren. Beim nächsten Kriterium werden die Erfahrungen des Unternehmens anhand vergleichbarer Projekte geprüft. Hier sind vom Unternehmer mindestens drei Projekte anzugeben, deren Auftragsvolumen mindestens $50 Millionen beträgt und die dem ausgeschriebenen Bauvorhaben in Bezug auf Umfang, Komplexität und Design am ähnlichsten sind. Mindestens eines der Projekte sollte mit Lean-Methoden ausgeführt worden sein. Es soll beschrieben werden, wie die Umsetzung erfolgt ist und welche Effekte in Bezug auf die Produktion, die Kosten, die Qualität und den Bauzeitenplan festgestellt werden konnten. Bei mindestens einem der Referenzprojekte sollen Nachunternehmer bereits während der Planung eingebunden worden sein. Hier ist die Rolle des Unternehmens bei der Koordination anzugeben sowie die erzielten Effekte durch die frühzeitige Einbindung der Nachunternehmer. Desweiteren ist mindestens ein Projekt zu benennen, bei dem BIM eingesetzt wurde. Dabei ist der Design- und Koordinierungsprozess darzustellen, die Rolle des Unternehmens bei der Koordinierung sowie die durch die Verwendung von BIM erzielten Ergebnisse. Weiterhin ist für alle Referenzprojekte anzugeben, inwieweit dort Auseinandersetzungen, Claims bzw. Verspätungen eingetreten sind. Diese sind einzeln zu benennen, sofern sie einen Betrag von $50.000 überschreiten.

Das Auswahlkriterium mit dem höchsten Gewicht sind die Managementkompetenzen des Unternehmens. Dazu wird u.a. der Bauzeitenplan näher betrachtet. Hier sind Beispiele für einen Bauzeitenplan zu Beginn der Ausführungsphase sowie zum Ende der Bauzeit anzugeben. Ergänzend soll aus der Mitte der Bauzeit ein 6-wöchiger Vorausschauplan mit den dazugehörigen PEA-Werten aus den Last-Planner-Sitzungen abgegeben werden. Das Unternehmen soll zeigen, inwieweit es kompetent ist, Nachunternehmer zu leiten. Hierfür sollen definierte Prozess und Arbeitsstandards eingereicht sowie die Erfolge mit Schlüsselgewerken aufgezeigt werden. Weiterhin ist anzugeben, inwieweit Konflikte mit Hilfe von BIM aufgedeckt werden konnten und dazu im Vergleich, wie viele Konflikte noch während der Bauzeit aufgetreten sind. Die Kompetenz des Unternehmens in Bezug auf die Koordinierung während der Planung ist ein weiteres entscheidendes Kriterium sowie auch die Organisation des Projektteams. Hier sind insbesondere die Qualifikationen, Schulungen und Erfahrungen der Schlüsselpersonen gefragt, die für das ausgeschriebene Projekt eingeplant sind. Unter den Punkten 4 und 5 ist nachzuweisen, inwieweit die gestellten Vorschriften erfüllt werden.

Um sicherzustellen, dass der GU das Projekt auch handhaben kann, darf das Projektvolumen pro Jahr nicht größer als 20% seines jährlichen Umsatzes in der Bay-Area sein. Beim ersten Projekt, bei dem der GU mit dieser Methode ausgewählt wurde, sind nach der Präqualifikation noch drei Wettbewerber übrig geblieben, von denen der GU mit dem besten Preis-Leistungs-Verhältnis ausgewählt wurde. Vertragsgrundlage ist ein Pauschalpreisvertrag, der zusätzlich ein Anreizsystem enthält. Die Anreize sind an verschiedene sowohl über Kosten als auch über Zeit definierte Meilensteine geknüpft. Werden die Meilensteine erreicht, so werden alle am Projekt Beteiligten belohnt. Weitere Anreize sind an die Zuverlässigkeit des PEA-Wertes gebunden.

Auch dieses Beispiel zeigt, dass auf die Idee und Initiative eines Einzelnen hin eine Ausnahmeregelung für einen Zeitraum von acht Jahren gewährt wurde, in dem die vorgeschlagene Methode zur Auswahl der Vertragspartner und zur Vorgehensweise der Projektabwicklung sowie die Kombination von Anreizsystemen an verschiedenen Projekten der UCSF getestet werden können, um danach gegebenenfalls langfristig die Gesetze zu ändern.

Abschließend kann festgehalten werden, dass neue Vertrags- und Projektabwicklungsmodelle z.B. dadurch getestet und geprüft werden können, dass für ein spezielles oder auch mehrere Projekte – möglichst für einen Zeitraum von mehreren Jahren – eine Ausnahmegenehmigung erteilt wird. Ein anderer Weg ist, Projekte mit einem hohen Grad an Dringlichkeit für die Implementierung neuer Modelle zu nutzen.

9.9 Partnering bei privaten Auftraggebern in Deutschland

Der Hauptverband der Deutschen Bauindustrie hat 2004 zur Verbesserung der Realisierung von Bauprojekten den Arbeitskreis „Partnerschaftsmodelle in der Bauwirtschaft“ gegründet, der im darauffolgenden Jahr ein Modell zur konstruktiven und lösungsorientierten Projektabwicklung präsentiert hat, das in zwei Broschüren „Partnering bei Bauprojekten“ und „Leitfaden Kompetenzwettbewerb“ dargestellt wird. Auslöser waren erstens die derzeitigen Rahmenbedingungen der Projektabwicklung im Schlüsselfertigbau, für die sich bei großen und komplexen Bauvorhaben ein Global-Pauschalpreisvertrag auf Basis einer funktionalen Leistungsbeschreibung etabliert hat. Bei diesem Ansatz werden Planungsleistungen zunehmend in den Leistungsumfang und Verantwortungsbereich des Bauunternehmers verlagert. Die vertraglichen Leistungsbeschreibungen sind oftmals nicht eindeutig und risikobehaftet. Zweitens ergeben sich aus der konventionellen Bauvertragsabwicklung erhebliches Konfliktpotenzial sowie Ineffizienzen. Dies liegt bei Global-Pauschalverträgen zum einen an der unterschiedlichen Auslegung des Bau-Solls seitens Auftraggeber und Auftragnehmer zum anderen an der Gestaltung der Aufbau- und Ablauforganisation der Bauprojekte, die nicht auf gemeinsam definierte Projektziele ausgerichtet sind. Die späte Einbindung der Bauunternehmer führt bei konventionellen Vertragsmustern oftmals zu Wiederholungen im Planungsprozess. Beide Gründe machen deutlich, dass für innovative Vertrags- und Projektabwicklungsformen eine Notwendigkeit besteht.[173]

9.9.1 Partnerschaftsmodelle

Das Partnerschaftsmodell der deutschen Bauindustrie beinhaltet sechs Kernelemente, die als Erfolgsfaktoren für eine kooperative und effiziente Projektabwicklung gelten. Dies sind die frühzeitige Einbindung des Auftragnehmers in die Planungsphase, die gemeinsame Festlegung des Bau-Solls, eine ausgewogene Vertragsgestaltung und Risikominimierung für Auftraggeber sowie Auftragnehmer, transparente Zusammensetzung der pauschalierten Vergütung, gemeinsame Festlegung der Projektablaufstrukturen und gemeinsames Projektcontrolling sowie die Vereinbarung außergerichtlicher Konfliktlösungsmodelle. Partnerschaftsmodelle eignen sich besonders zur Umsetzung funktional definierter Anforderungen, bei denen frühestmögliche Kosten- und Terminsicherheiten im Vordergrund stehen.

Das Partnerschaftsmodell unterscheidet zwei Phasen: die bauvorbereitende Phase und die Bauphase. Es ist damit entsprechend dem klassischen zweiphasigen Construction Management at Risk-Modell (vgl. Kapitel 4.2 und 4.3) angelegt, bei dem der Auftragnehmer in die Planungsphase und die Erstellung der Leistungsbeschreibung eingebunden ist, auf deren Grundlage am Ende der ersten Phase ein Angebot erstellt wird. Dafür sind ein aufgeschlüsselter Angebotspreis sowie ein detaillierter Terminplan vorzulegen. Am Ende der bauvorbereitenden Phase besteht eine beiderseitige Ausstiegsoption, die zur Beendigung des Vertragsverhältnisses führen kann. In diesem Fall kann der Auftraggeber das Angebot eines anderen Unternehmers einholen. Andernfalls tritt die Bauphase in Kraft. Für die Ausführungsplanung und die schlüsselfertige Bauleistung wird ein Bauvertrag geschlossen. Dieser enthält grundsätzliche partnerschaftliche Elemente. Die Auswahl des Bauunternehmers für die bauvorbereitende Phase erfolgt aufgrund eines Kompetenzwettbewerbs anstelle eines reinen Preiswettbewerbs. Ersterer ermöglicht es, mehrere Entscheidungskriterien heranzuziehen und dadurch – anders als bei einem üblichen reinen Präqualifikationsverfahren – eine Rangfolge der Bewerber zu ermitteln. Im Gegensatz zum Wettbewerblichen Dialog, bei dem die zu erbringende Bauleistung im Rahmen einer

[173] Vgl. BAUINDUSTRIE (2005)

Dialogphase mit mehreren Bewerbern parallel konkretisiert wird, zielt der Kompetenzwettbewerb darauf ab, genau einen Bewerber für die bauvorbereitende Phase zu ermitteln. Zu den Mindestanforderungen gehören die rechtliche Zuverlässigkeit und die wirtschaftliche Qualität. Als Entscheidungskriterien werden im Leitfaden der Deutschen Bauindustrie genannt:

- Kompetenz des Bewerbers zur Planungssteuerung und –koordination für schlüsselfertige Bauleistungen bzw. Kompetenz und Leistungsfähigkeit der mit ihm kooperierenden Planungsbüros
- Kompetenz und Ressourcen des Bewerbers in den Bereichen Arbeitsvorbereitung, Projektmanagement, Beschaffung und Bauausführung
- Kompetenz und Erfahrung der einzelnen vorgesehenen Mitarbeiter des Bewerbers für das Projektteam in Bezug auf den Bauwerkstyp und in Bezug auf Partnerschaftsmodelle
- Örtliche bzw. regionale Präsenz des Bewerbers
- Managementsysteme des Bewerbers in Bezug auf Sicherheits- und Gesundheitsschutz, Qualitätssicherung und Umweltschutz
- Erfolgsquote der vom Bewerber durchgeführten Arbeitssicherheits-Maßnahmen
- Ethikkodex und Corporate-Governance-Kodex des Bewerbers
- vom Bewerber vorgesehene Vergütungsregelung/-höhe für die Leistungen der ersten Vertragsphase
- indikativer Angebotspreis des Bewerbers für die Bauleistung (2. Vertragsphase) [174]

Es ist wichtig, dass die im Rahmen des Kompetenzwettbewerbs getroffenen Entscheidungen dokumentiert werden, so dass sie jederzeit transparent und nachvollziehbar sind.

Bisher haben sich Partnerschaftsmodelle auf dem deutschen Baumarkt noch nicht branchenweit etablieren können. Während die großen Baukonzerne durch eigene Partnering-Modelle auf die bestehende Nachfrage eingegangen sind, ist bei Projektsteuerern und Architekten eine skeptische Haltung zu beobachten. Dies liegt zum Teil daran, dass Partnerschaftsmodelle bislang als bauunternehmerisches Geschäftsmodell galten. Die vorgenommene Standardisierung durch den Hauptverband der Deutschen Bauindustrie kann zur Marktakzeptanz beitragen. Auftraggeber wenden Partnerschaftsmodelle vorrangig an, um eine frühestmögliche Kostensicherheit und eine eigene personell schlanke Projektleitungsorganisation zu erreichen. Dafür eignen sich Bauvorhaben mit einer hohen Wahrscheinlichkeit für Leistungsänderungen wie z.B. Einkaufzentren, Bürogebäude und Hotels. Primär Auftraggeber, die auf positive Erfahrung mit dem betreffenden Auftragnehmer

[174] Vgl. BAUINDUSTRIE (2007)

zurückblicken, wenden das Partnerschaftsmodell vermehrt an. Gerade die Ausstiegsoption zwischen den beiden Phasen ist für den Auftraggeber von entscheidender Bedeutung und somit ein unabdingbares Akzeptanzkriterium für Partnerschaftsmodelle.[175]

9.9.2 Operatives Partnering

Nachfolgend geht es nicht darum, das Thema Partnering und seine Anwendung auf dem deutschen Markt umfassend darzustellen, vielmehr soll anhand eines Beispiels aufgezeigt werden, wie das Thema Partnering in Deutschland bei privaten Bauvorhaben operativ umgesetzt wird. Dazu dient das sogenannte ARGE-Modell von Züblin für den Neubau der ADAC-Zentrale.

Mit dem ZÜBLIN teamconcept ist ein eigenes Geschäftsmodell entwickelt worden, das mit seiner derzeitigen Anwendung beide Grundsätze des Partnerings in konkrete, vertraglich festgelegte Methoden und Arbeitsweisen transformiert und überwiegend bei komplexen Großprojekten angewendet wird, z.B. bei der Realisierung von Bürogebäuden und Hotels. Das Geschäftsmodell verfolgt die Umsetzung der zwei grundlegenden Prinzipien: Kooperation statt Konfrontation, bei dem die Zusammenarbeit aller Beteiligten im Mittelpunkt steht, und Mehrwert für alle Vertragsparteien. Auf der Basis gemeinsamer Ziele sollen die Projekte kostengünstiger, schneller und qualitativ besser abgewickelt werden. Das Konzept enthält sechs Elemente, die mit denen des Partnerschaftsmodells der deutschen Bauindustrie identisch sind. Das ZÜBLIN teamconcept verspricht Sicherheiten in den Bereichen Kosten, Qualität und Termin sowie darüber hinaus eine zuverlässige Realisierung des Projekts.[176]

Die Kostensicherheit wird bereits durch eine verbindliche und transparente Kostenkalkulation während der Planungsphase erreicht. Diese wird im weiteren Projektverlauf kontinuierlich bewertet, fortgeschrieben und optimiert, wobei sämtliche Kostenermittlungen stets unter Betrachtung der gesamten Lebenszykluskosten geschehen. Die Grundsätze der Qualitätssicherung sind in einem Managementsystem verankert, das für alle Züblin-Mitarbeiter verpflichtend ist. Die Bauausführung erfolgt nach projektspezifischen Qualitätsmanagement-Plänen, in die auch die Nachunternehmer einbezogen werden. Zusätzlich ist eine Qualitätsüberwachung durch unabhängige Gutachter und Institutionen garantiert. Die Auswahl der Nachunternehmer erfolgt nach Leistungsfähigkeit, Bonität und Zuverlässigkeit. Die Terminsicherheit wird zum einen durch beschleunigte Entscheidungsprozesse zum anderen durch bessere Verzahnung der Projektphasen gewährleistet.

---

[175] Vgl. RACKY (2007), S. 157 und RACKY (2009), S. 138 ff.
[176] Vgl. ZÜBLIN (2007)

Die Auswahl des Vertragspartners für die erste Phase erfolgt durch einen Kompetenzwettbewerb (anhand der in Kapitel 9.9.1 dargestellten Kriterien), in dem der Partner mit der höchsten Innovations- und Leistungsfähigkeit ausgewählt wird. Am Ende der ersten Vertragsphase ist das Bau-Soll eindeutig festgelegt. Der Bauherr erhält eine verbindliche Kostenkalkulation und einen detaillierten Terminplan. Zu diesem Zeitpunkt besteht die bereits im Rahmen des Partnerschaftsmodells beschriebene beidseitige Ausstiegsoption. Der Auftraggeber hat die Möglichkeit, das Projekt auszuschreiben und über einen Wettbewerb den Bauunternehmer für die Ausführung zu finden.

Das ZÜBLIN teamconcept kann neben den zwei Phasen der zuvor beschriebenen Partnerschaftsmodelle optional um eine dritte Vertragsphase erweitert werden. In diesem Fall würde Züblin während der Nutzung des Gebäudes als Betreiber fungieren. In der ersten Vertragsphase, der bauvorbereitenden Phase, erfolgt die Beauftragung als Projektberater und die frühzeitige Einbindung in den Projektierungs- und Planungsprozess. Wird eine Einigung über die Vergütung der Bauleistung erzielt, erfolgt die Beauftragung als Bauunternehmer für die Ausführung. Während das ZÜBLIN teamconcept für die Einbindung in Projektierung und Planung einen Beratervertrag vorsieht, stehen für die zweite Vertragsphase, die Ausführung, verschiedene Vertragsmodelle zur Auswahl, die auch variabel kombiniert werden können. Dies sind der Pauschalvertrag, der GMP-Vertrag, der Einheitspreisvertrag und der Cost-plus-Fee-Vertrag. Dabei sind der Pauschalvertrag und der GMP-Vertrag die für die Ausführungsphase am häufigsten verwendeten Vertragsarten. Sie eignen sich insbesondere bei einem vorab exakt definierten Bau-Soll. Stehen aber z.B. für die Erstellung eines Gebäudes am Ende der ersten Vertragsphase noch nicht alle Mieter fest, so bietet sich der Cost-plus-Fee-Vertrag an, da hier Änderungen leicht möglich und einfach abrechenbar sind.

Aus der Weiterentwicklung des ZÜBLIN teamconcepts ist das ARGE-Modell entstanden, das derzeit beim Neubau der ADAC-Zentrale in München umgesetzt wird. Aufgrund der Budgetsteigerung – u.a. durch Baupreissteigerungen, Steuererhöhungen, Risikoerhöhungen und benutzerspezifische Anforderungen – von 30% innerhalb von zwei Jahren bestand das Risiko, dass die Vergabeziele bei einer Generalunternehmer-Vergabe nicht erreicht werden könnten. Während intensiver Verhandlungen zwischen dem Auftraggeber, der ADAC e.V., und der Ed. Züblin AG – die bereits an der ursprünglichen GU-Ausschreibung teilgenommen hatte – entstand die Idee, das Projekt als eine ARGE, an der beide Unternehmen je zur Hälfte beteiligt sind, zu realisieren. Bauherr ist weiterhin der ADAC e.V., Auftraggeber für die ausführenden Firmen die ARGE. Zwischenzeitlich hatte der Bauherr bereits eine gewerkeweise Ausschreibung für den Rohbau durchgeführt. In dem ARGE-Modell wird diese verwirklicht, bei der der Auftraggeber direkt Einfluss auf die Vergaben nehmen kann.

Zusätzlich werden durch die Einbindung des Generalunternehmers die Vorteile einer Schlüsselfertigvergabe realisiert. Die Vergabe an Nachunternehmer erfolgt nach dem Grundsatz der Wirtschaftlichkeit. Da bei den Gewerken Fassade und Haustechnik ein großes Optimierungs- und damit auch Einsparungspotenzial gesehen wurde, sind diese beiden Gewerke nach einem partnerschaftlichen Ansatz vergeben worden. Dabei sind im Rahmen eines Präqualifikationsverfahrens je zwei Bieter ausgewählt worden, die dann nach Durchlauf einer Optimierungsphase anhand von qualitativen sowie monetären Kriterien bestimmt wurden. Der Bauvertrag zwischen ADAC und Züblin basiert auf einem Cost-plus-Fee-Vertrag und enthält eine Bonus-Malus-Regelung, bei der Einsparungen bzw. Mehrkosten gegenüber dem Angebotspreis zwischen Bauherrn und GU 50:50 geteilt werden. Die Beteiligung an Kostenüberschreitungen ist für den GU begrenzt.

Die Umsetzung in einem ARGE-Modell bringt verschiedene Vorteile mit sich insbesondere in Bezug auf die Kostenentwicklung und die Risikominimierung. Verglichen mit einer Paketvergabe an verschiedene Teil-GUs reduziert das ARGE-Modell die Risikokosten von 10% bei der Paketvergabe auf 5,5% beim ARGE-Modell. Dabei spielt eine wesentliche Rolle, dass die ARGE gemeinsam sämtliche Schnittstellen steuert und Leistungen koordiniert, so dass sowohl das Planungs- und Schnittstellenrisiko als auch das Koordinations- und Terminrisiko minimiert werden. Aufgrund des ARGE-Modells besteht bei den Partnern kein wirtschaftliches Interesse an Nachträgen. Auch die Möglichkeit für Planungsoptimierungen und Vergabegewinne verringert das Risiko. Durch eine gemeinsame Entscheidungsfindung innerhalb des Teams werden die Entscheidungsprozesse kürzer und effektiver als bei einer herkömmlichen Projektabwicklung im Rahmen einer GU-Vergabe, wo der Entscheidungsprozess verschiedene Stufen – Bauherr, Projektsteuerer, Objektüberwacher, GU – vorsieht.[177] Das ARGE-Modell bietet durch die Gründung einer eigenen Firma – die u.a. ein eigenes Rechnungswesen und eine eigene Buchhaltung hat – höchstmögliche Transparenz zwischen den Beteiligten und damit eine offene Zusammenarbeit. Dadurch können Risikozuschläge z.B. für die Nachunternehmervergabe und den Schlüsselfertigbau, die die Gesamtkosten beeinflussen, reduziert werden.

Beim Ausfall des Generalplaners hat sich das ARGE-Modell bereits bewähren können, da die ARGE kein Interesse an einem gestörten Bauablauf hat. Während bei einem herkömmlichen Pauschalvertrag die unvollständige Ausführungsplanung zu Störungen im Bauablauf und daraus resultierenden Nachträgen geführt hätte, war es hier im beiderseitigen Interesse die Situation bestmöglich zu lösen, wobei Züblin teilweise Planungsleistungen übernommen hat. Die Kostenerstattung aufgrund eines Cost-plus-Fee-Vertrags ermöglicht diese Flexibilität.

[177] Vgl. DEMUTH (2009)

Die Umsetzung in einem ARGE-Modell fordert ein großes Vertrauen zwischen den Beteiligten. Um die Vorteile – insbesondere die Transparenz des ARGE-Modells – nutzen zu können, muss der Bauherr sich aktiv in das Projekt einbringen und benötigt daher ein hohes Maß an Sachverstand.

9.9.3 Gegenüberstellung von Partnering-Ansatz und Lean-Management-Ansatz

Das ARGE-Modell zeigt einen Ansatz, der von der Idee her dem Prinzip des Alliancing, bei dem das Projekt in einer fiktiven Projektgesellschaft abgewickelt wird, ähnelt. Bei beiden rückt neben der frühzeitigen Integration die gemeinschaftliche Projektabwicklung in den Vordergrund. Nach Abschluss des Projekts werden die Erfahrungen und ggf. weitere Umsetzungen zeigen, inwieweit dies Modell in Zukunft in Deutschland Anwendung finden wird.

Bisher ist das Thema Partnering in erster Linie in Form eines bauunternehmerspezifischen Geschäftsmodells aufgegriffen worden. Bauherren haben vereinzelt nach der Idee des Partnering gefragt, um so Projekte mit Partnern – mit denen sie in der Vergangenheit bereits erfolgreich und auch schon partnerschaftlich zusammengearbeitet haben – zu realisieren. Neben der Kostensicherheit haben Bauherren oftmals auch die Verschlankung ihrer eigenen personellen Projektleitungsorganisation als Vorteil gesehen.[178] Gerade hier liegt einer der grundlegenden Unterschiede zum Ansatz des Lean Management. Bei der Umsetzung in einem Lean-Projektabwicklungssystem, wie es im nachfolgenden Kapitel dargestellt wird, spielt der Bauherr eine entscheidende Rolle bei der Projektrealisierung. Dieser ist Teil des Teams und trifft Entscheidungen gemeinsam mit dem Team; er ist unverzichtbar bei der gemeinsamen Definition und Entwicklung des Projektumfangs. Nur wenn der Bauherr intensiv in die Planung eingebunden ist, lassen sich spätere Änderungen und damit verbundene erneute Planungen erheblich reduzieren. Die Übertragung des Planungsrisikos an den Auftragnehmer, wie es durch seine Einbindung in die bauvorbereitende Phase im Rahmen des Partnerschaftsmodells geschieht, widerspricht dem Lean-Gedanken, bei dem nicht eliminierbare Risiken gemeinsam im Team getragen werden. Der beidseitigen Ausstiegsoption beim Partnerschaftsmodell wird von Bauherrenseite große Bedeutung zugemessen, wenn diese auch in der Realität selten genutzt wird. Im Interesse des Bauherrn sollte allerdings die kontinuierliche Einbindung aller Projektbeteiligten sein. Wird nach Abschluss der ersten Phase die Zusammenarbeit mit dem Auftragnehmer beendet, so verfügt der Bauherr im besten Fall über eine optimierte Planung, die er für die Ausschreibung nutzen kann. Das erhoffte Potenzial in Bezug auf Kosten und Zeit bleibt allerdings aus, da mit Beauftragung eines anderen Auftragnehmers die übliche Trennung zwischen Planung

[178] Vgl. RACKY (2009), S. 138.

und Ausführung wieder besteht und der herkömmliche Wissensverlust zwischen den beiden Phasen weiter existiert.

Ein Kernelement des Partnerschaftsmodells ist die transparente Zusammensetzung der pauschalierten Vergütung. Wie die Untersuchungen im Rahmen dieser Arbeit gezeigt haben, spielt ein faires Vergütungssystem für die Ausrichtung der Interessen auf ein gemeinsames Projektziel eine nicht unwesentliche Rolle. Hierfür bildet der Selbstkostenerstattungsvertrag die Grundlage, um in Kombination mit einem Anreizsystem Innovationen und Optimierungen seitens der Auftragnehmer hervorzurufen.

Neben der Einbindung der Generalunternehmer sind auch die Nachunternehmer in die Planungsphase einzubinden, um deren Wissen für Optimierungen, Innovationen und später auch für die Planung der Ausführungsprozesse nutzen zu können. Für die Einbindung der Nachunternehmer – zumindest der wesentlichen Gewerke – ist es entscheidend, diese auch an Anreizen zu beteiligen, bestenfalls durch eine Einbindung in das Anreizsystem. Die bereits frühzeitige Einbindung der Nachunternehmer ist auch für die Ermittlung des Zielpreises von Bedeutung, damit diese konkrete Zahlen liefern können; andernfalls kann der Preis durch den Generalunternehmer nur geschätzt werden und ist somit risikobehaftet. Das Partnerschaftsmodell der deutschen Bauindustrie sowie die meisten umgesetzten Modelle ziehen oftmals weiterhin eine Trennlinie zwischen Generalunternehmer und Nachunternehmern und binden diese weder in die Planung noch später in das Team ein.

Neben den zuvor dargestellten Unterscheidungsmerkmalen verfügt das Lean-Projektabwicklungssystem über konkrete Methoden und Werkzeuge, die die Umsetzung sowohl in Planung als auch Ausführung aktiv unterstützen.

10 Das Lean-Projektabwicklungssystem

Als Ergebnis der Arbeit wird das Lean-Projektabwicklungssystem vorgestellt, das die für die Umsetzung von Lean Management im Bauwesen notwendigen Kriterien sowohl für die Lean Projektorganisation, die Vergabe, die vertraglichen Regelungen und die interne Organisation des Bauherrn definiert. Zu Grunde liegen die Untersuchungen, Ergebnisse und Auswertungen, die in den vorangegangenen Kapiteln dargestellt wurden. Dabei wird die Umsetzung der verschiedenen Kriterien – unter Berücksichtigung der damit verbundenen Herausforderungen – durch Handlungsempfehlungen für die Praxis konkretisiert. Änderungsvorschläge zeigen, was sich in der VOB ändern müsste, damit eine vollständige Implementierung auch für öffentliche Bauherren möglich wäre.

Grundsätzlich ist im Vorfeld eines jeden Bauvorhabens die passende Projektorganisationsform auszuwählen und darauf sind die Vergabe und die Vertragsform abzustimmen. Die Form der Projektorganisation beschreibt die Differenzierung und Integration der Beratungs-, Planungs- und Ausführungsleistung. Ein wesentliches Merkmal der Lean-Projektorganisation ist die frühzeitige Integration der Beteiligten, die bereits seit Beginn der Planungsphase miteinander die Planung innerhalb des vorgegebenen Budgets erstellen sollen. Bei diesem Ansatz sind der Bauherr, die Planer, die ausführenden Firmen und ggf. Berater frühzeitig in die Planung integriert und das Projekt wird gemeinsam mit den Beteiligten in einem integrierten Projektabwicklungsteam ausgeführt. Der typische Einsatz eines Generalunternehmers, der die Ausschreibung erst nach Abschluss der Planung erhält, ist hier nicht zielführend.

Die Wahl der Projektorganisationsform ist von den Randbedingungen des jeweiligen Projektes abhängig, dabei ist folgendes zu prüfen:

- Sind die Anforderungen und Erwartungen an das Projekt seitens des Bauherrn klar definiert?
- Wenn nicht, besteht Bedarf dies gemeinsam im Team zu entwickeln?
- Besteht Bedarf die Konzepte während des Projektverlaufs anzupassen?

Das Lean-Projektabwicklungssystem eignet sich grundsätzlich für jede Art von Projekten, empfiehlt sich aber besonders für komplexe Projekte, deren Bau-Soll vorab nicht genau definiert werden kann und die während der Planung in interdisziplinären Teams besonders vom Input verschiedener Ausführender profitieren.

	Erfolgsfaktoren		Empfehlung	Änderungen VOB	Erfolge
LEAN-PROJEKTORGANISATION	Integriertes Team	*Aufstellung Team*	Ziel der Bildung eines integrierten Teams ist es, durch das Zusammenbringen interdisziplinärer Teammitglieder im Big Room sicherzustellen, dass das komplette Wissen und Know-how für die Planung und Entwicklung innovativer Lösungen zur Verfügung steht. Dazu müssen die Teammitglieder neben fachspezifischem Wissen auch die entsprechende Persönlichkeit aufweisen. Sie müssen bereit sein, fachübergreifend zusammenzuarbeiten, innovative Ideen einzubringen, offen zu kommunizieren und auch konstruktive Problemlösungen beizusteuern. Die Auswahl der Teammitglieder birgt dahingehend eine Herausforderung, da insbesondere die menschlichen Komponenten vorab schwer zu beurteilen sind.	Die grundsätzlich in der VOB vorgesehene Trennung zwischen Planung und Ausführung müsste aufgehoben werden, um bei der Vergabe an Einzel- bzw. Generalunternehmer eine gemeinschaftliche Projektabwicklung und insbesondere eine frühzeitige Integration der Vertragspartner zu ermöglichen.	Die frühzeitige Integration der Projektbeteiligten fördert die Optimierung der Planung und hat somit einen wesentlichen Einfluss auf die Ausführung, indem die Prozesse planbarer und stetiger werden. Ideen und Wissen der verschiedenen Vertragspartner können zu Beginn der Planung eingebracht werden, genau dann, wenn der Einfluss auf die Kosten am größten ist. Durch die Einbindung der ausführenden Partner können Fehler bereits während der Planung erkannt werden; teure und zeitaufwendige Umplanungen, die sonst in der Ausführungsphase entstehen, entfallen damit…
		Integration jenseits der Firmengrenzen	Die Grundlage für ein integriertes Team aus Bauherrn, Architekten, Generalunternehmern und Nachunternehmern sowie ggf. Lieferanten basiert auf dem gemeinsamen Ziel: der Optimierung des Gesamtprojektes. Durch die gemeinsame Entwicklung und Vereinbarung grundlegender Prinzipien wird eine Basis für das Team geschaffen, die darüber hinaus durch Teambildungs- und Schulungsprozesse gestärkt wird.		
		Einbindung neuer Teammitglieder	Für neue Teammitglieder kann es anfangs schwierig sein, sich in das bereits bestehende Team zu integrieren und Vertrauen aufzubauen. Team-Workshops spielen bei der Integration eine wichtige Rolle. Darüber hinaus kann es notwendig sein, im Projektverlauf die zu Projektbeginn gemeinsamen entwickelten Prinzipien anzupassen, so dass sich neue Teammitglieder besser mit den Prinzipien identifizieren können.		

	Erfolgsfaktoren		Empfehlung	Änderungen VOB	Erfolge
LEAN-PROJEKTORGANISATION	**Integriertes Team**	*Neue Rollenverteilung für die Beteiligten*	Die Abwicklung im integrierten Team verändert nicht nur die Rolle des Bauherrn, sondern auch die des Architekten und der Fachplaner sowie die des Generalunternehmers und der Nachunternehmer. Die Architekten und Fachplaner führen traditionell die Planung alleine aus. Sie sind es nicht gewohnt, Input von ausführenden Firmen, also Nicht-Planern, zu bekommen und müssen daher bereit sein, auch deren Vorschläge anzunehmen, diese zu diskutieren und ggf. in ihre Planung einzubauen und zu übernehmen. Generalunternehmer und Nachunternehmer sind traditionell nicht in die Planung einbezogen; sie verfügen allerdings über zahlreiche Erfahrungen aus der Praxis, oftmals auch in Bezug auf Design und dessen nicht immer einfache Umsetzung. Dieses Wissen, ihr Produkt- und Ausführungs-Know-how, können sie jetzt bereits bei der Planung einbringen. Für eine erfolgreiche Zusammenarbeit müssen die Vertragsparteien gegenseitiges Verständnis aufbringen und eine gemeinsame Sprache entwickeln.		...Weiterhin wird der Bauherr im Rahmen der Angebote nicht mit Sondervorschlägen konfrontiert. Sondervorschläge bergen ein Risiko, da der Bauherr diese Variante nicht selber geplant hat und sie nur grob prüfen kann. Werden Sondervorschläge beauftragt, so ist eine Umplanung nötig, die ihrerseits Kosten verursacht, die bei einer gemeinsamen Planung von Beginn an nicht angefallen wären. Die frühzeitige Integration im integrierten Team ist der Schlüssel zum Erfolg. Nur so können die verschiedenen Werkzeuge, die die Umsetzung von Lean unterstützen, ihr volles Potenzial entfalten.
		Vertrauen	Ein Schlüsselkriterium für den Erfolg der Zusammenarbeit im Team ist das Vertrauen untereinander. Vertrauensaufbau braucht Zeit. Das Team muss zusammenfinden und sich entwickeln. Es wird fortlaufend durch neue Teammitgliedern ergänzt, die ihrerseits integriert werden müssen. Das Team lernt sich gegenseitig kennen, die Verantwortlichkeiten werden abgegrenzt und die Kompetenzbereiche definiert. Die wöchentlichen Besprechungen in kleinen Gruppen sowie im gesamten Team helfen dabei. Kennen sich einzelne Teammitglieder bereits, kann das den Prozess der Team- und Vertrauensbildung fördern. Schwierig wird es allerdings bei Teammitgliedern von Projekten, bei denen das Verhältnis zwischen den Vertragsparteien schlecht war. Dass diese Teammitglieder in das Team integriert werden, ist eine besondere Herausforderung.		

	Erfolgsfaktoren		Empfehlung	Änderungen VOB	Erfolge
LEAN-PROJEKTORGANISATION	**Frühzeitige Einbindung der Beteiligten**	*Kostenverschiebung: höherer Finanzierungsbedarf zu Projektbeginn*	Eine frühzeitige bedarfsgesteuerte Einbindung Beteiligter aller Disziplinen - auch von Nachunternehmern und ggf. von Lieferanten - ist für die Optimierung des Designs sowie für das Generieren von Innovationen und damit für die positive Beeinflussung des finanziellen Projektergebnisses entscheidend. Bei der Finanzierungsplanung ist zu beachten, dass zu Projektbeginn ein höherer Finanzierungsbedarf notwendig ist.		Hohes Potenzial zur Beeinflussung der Kosten, von Projektbeginn an, durch: • Know-how der Ausführenden • Reduzierung von Änderungen • Gleichzeitige Planung von Prozess und Produkt • Grundlage für den Erfolg der verschiedenen Werkzeuge
		Anreiz für ausführende Firmen, sich in die Planungsphase einzubringen	Damit ausführende Firmen ihr Wissen und ihre Erfahrung in die Planungsphase einbringen können, müssen sie ihr qualifiziertestes Personal zur Verfügung stellen, das sie andererseits aber auch in der Ausführungsphase gebraucht hätten. Eine reine Bezahlung der Planungsleistung auf Stundenbasis ist selten attraktiv genug, so dass Anreize zu schaffen sind.	Teilnehmern aus der Planungsphase müsste es ermöglicht werden, am Wettbewerb für die Ausführung teilzunehmen, um so das bereits erworbene Wissen zu erhalten.	
	Einbindung Bauherr	*Hohe Kompetenzanforderungen*	Das Kompetenzprofil des Bauherrn ändert sich, indem der Bauherr als ein Teil des Teams in sämtliche Entscheidungen und Prozesse eingebunden ist und darüber hinaus Aufgaben im Team übernehmen muss. Im Rahmen der Auswahlprozesse obliegt ihm die Bewertung der Bieter und deren Fähigkeit am Projekterfolg beizutragen. Durch Schulungen und Workshops kann der Bauherr auf seine neuen Aufgabenbereiche und Rollen vorbereitet werden.		Die Wünsche des Bauherrn werden mit ihm gemeinsam im Team erarbeitet. So reduzieren sich Designänderungen, die sonst oft später im Prozess stattfinden und zu hohen Kosten führen.
	Werkzeuge	*Integration und Implementierung neuer Lean-Werkzeuge*	Eine Vielzahl von Werkzeugen aus dem Lean-Werkzeugkasten steht zur Verfügung, um u.a. eine zuverlässige Zusammenarbeit sowie das konzeptionelle Bestimmen eines Zielpreises zu ermöglichen. Dabei ist wichtig, dass das Team geschult wird, diese zu implementieren, fortlaufend zu überprüfen und zu verbessern. Diesen Prozess sollten ein oder mehrere Lean-Manager, die über entsprechende Erfahrung verfügen, begleiten.		Die Anwendung der Werkzeuge beeinflusst die Kosten, die Qualität und die Zeit positiv. Die Wirkung hängt von den Rahmenbedingungen, im Wesentlichen der frühzeitigen Einbindung, ab.

	Erfolgsfaktoren		Empfehlung	Änderungen VOB	Erfolge
VERGABE	**Bekanntmachung**	*Vorstellung Vergabestrategie*	Die Ausschreibung eines Projektes kann entweder öffentlich bekannt gemacht oder gewünschte potenzielle Bieter können direkt angesprochen werden. Die neue Vergabestrategie sollte den Bietern im Rahmen einer Informationsveranstaltung vorgestellt werden. Die Bieter müssen während der Angebotsphase die Möglichkeit haben, auftretende Fragen in Bezug auf das einzureichende Angebot sowie den Auswahlprozess zu stellen.	Zur Realisierung komplexer Projekte müssten neue Vergabeverfahren zugelassen werden, die die Vergabe anhand vorab definierter Kriterien ermöglicht und die die Auswahl des geeigneten Teams über den Preis stellen. Dazu müsste der Begriff „komplexe Projekte“ eindeutig definiert werden.	Der Vertragspartner, der den Willen und die Kompetenz besitzt, Lean-Methoden anzuwenden und den Fokus auf die Optimierung des Gesamtprojektes zu legen, wird Innovationen und Einsparungen sowohl in Planung als auch Ausführung einbringen und somit die Kosten, die Bauzeit und die Qualität positiv beeinflussen.
	Auswahlverfahren	*Bestimmung des Verfahrens*	Bei der Bestimmung des Auswahlverfahrens ist der Prozess mit den dazugehörigen Auswahlstufen festzulegen und mit den Auswahlkriterien abzustimmen. Ein mehrstufiger Prozess aus einem schriftlichen Angebot, einer Interviewrunde sowie Auswahl- und kommerziellen Workshops bietet eine gute Ausgangslage, das Bieterteam, seine Zusammenarbeit sowie dessen Herangehensweise beim Lösen von Aufgaben und Problemen kennenzulernen, um darauf aufbauend eine fundierte Entscheidung treffen zu können.		
		Durchführung	Für die Durchführung der Interviews und der Workshops ist das Auswahlgremium aus erfahrenen Personen des Bauherrn auszuwählen und zur Vorbereitung auf den Auswahlprozess zu schulen. Dies geschieht am besten durch die Einbindung erfahrener Experten. Ziel während des Auswahlprozesses ist es herauszufinden, wie das Team – inkl. Bauherrn - zusammenarbeitet und Probleme löst. Bereits während der Workshops soll die Grundlage für die Zusammenarbeit im späteren Team gelegt werden.		

	Erfolgsfaktoren		Empfehlung	Änderungen VOB	Erfolge
VERGABE	**Auswahlverfahren**	*Personal*	Der Auswahlprozess erfordert die Einbindung zahlreicher Führungskräfte des Bauherrn, die die im Rahmen des Workshops gewonnenen Erkenntnisse und Fähigkeiten an ihr Team weitergeben. Die Workshops stellen einen Prozess dar, in dem alle Beteiligten inklusive Bauherrn dazulernen und sich weiterentwickeln.		Speziell auf die Anforderungen des Bauherrn abgestimmte Auswahlworkshops bieten die Möglichkeit, das Team, sein Zusammenspiel mit dem Bauherrn sowie sein Verhalten in schwierigen Situationen kennenzulernen und dahingehend auszuwählen. Die Chemie zwischen dem Bauherrn und dem Team des Vertragspartners ist für die weitere Zusammenarbeit ein entscheidender Faktor und für den Projekterfolg maßgeblich.
		Kosten	Da sich die Bewerber vorab intensiv auf die (anfangs neuen) Anforderungen vorbereiten müssen, sind die Kosten für die Bewerber hoch. Es empfiehlt es sich, den erfolglosen Bewerbern zeitnah ein Feedback zu geben, um ihr Interesse an künftigen Projekten zu wahren.		
		Nachunternehmerstrategie	Die Vergabe an Nachunternehmer sollte gemeinsam im Team geschehen, wobei im Einzelfall zu prüfen ist, ob für alle Nachunternehmer die gleichen Vertragsbedingungen gelten. Zur Integration der Nachunternehmer ist dies zu empfehlen. Nachunternehmervergaben mit einem sehr geringen Arbeitsumfang können eventuell in Form von Pauschalverträgen erfolgen.		
	Auswahlkriterien	*Art*	Bei der Festlegung der Auswahlkriterien ist die grundsätzliche Entscheidung zu treffen, ob die Vergabe ausschließlich anhand qualitativer oder auch preislicher Komponenten zu treffen ist.	Die Auswahl anhand vorab definierter und gewichteter qualitativer Kriterien müsste grundsätzlich erlaubt sein.	
		Festlegung	Die Auswahl der Vergabekriterien ist auf das übergeordnete Ziel, die Optimierung des Gesamtprojektes, abzustimmen. Wichtig ist, dass die Vertragsparteien bereit sind, neue Wege zu gehen, und Engagement, Leidenschaft und Führungsfähigkeiten mitbringen. Sie sollen darüber hinaus bereit und in der Lage sein, sowohl Innovationen hervorzubringen als auch Probleme frühzeitig zu identifizieren, um so gemeinsam im Team ein herausragendes Projektergebnis zu erreichen. Sofern sie Lean-Erfahrung haben, ist diese sicherlich von Vorteil, kann aber insbesondere bei den ersten Lean-Projekten nicht als zwingend vorausgesetzt werden. Neben der Festlegung der entscheidenden Kriterien ist in den verschiedenen Stufen des Auswahlprozesses auch deren Bewertung und Einfluss auf das Gesamtergebnis festzulegen.		

	Erfolgsfaktoren		Empfehlung	Änderungen VOB	Erfolge
VERTRAG	**Grundgedanke**	*Zusammenarbeit im Team*	Im Rahmen des Lean-Ansatzes ist das Ziel des Vertrags, eine Umgebung zu schaffen, in der kreative Ideen entstehen können und die Teammitglieder motiviert sind, für den gemeinsamen Erfolg zusammenzuarbeiten. Der Vertrag soll im Gegensatz zu herkömmlichen Verträgen, die bei Nichteinhaltung von Terminen Strafen vorsehen, die Zusammenarbeit und das Verhalten im Team fördern und belohnen. Dazu enthält der Vertrag zusätzlich zu der üblichen kommerziellen Strategie eine Verhaltensstrategie.		
	Mehrparteienvertrag	*Einbindung der Nachunternehmer*	Der Vorteil eines Mehrparteienvertrags liegt darin, dass sämtliche Vertragspartner an die gleichen Vertragsbedingungen gebunden sind. Dies ist für das Einbinden der Nachunternehmer auch zu empfehlen, sofern diese auch an dem Anreizsystem beteiligt sind. Dadurch verfolgen alle ein gemeinsames Ziel. Da zu Beginn der Planungsphase noch nicht alle späteren Projektbeteiligten feststehen, sollte zwischen Bauherrn, Architekten und Generalunternehmer ein Vertrag geschlossen werden. Weitere Fachplaner werden vertraglich an den Architekten und Nachunternehmer an den Generalunternehmer gebunden.	Mehrparteienverträge sind in Deutschland im Bauwesen aufgrund der unterschiedlichen Leistungsspektren nicht vorgesehen.	Ein Mehrparteienvertrag festigt den Verbund zwischen den Beteiligten, fördert die Gleichberechtigung und vermeidet Schnittstellen.
	Verhandlung	*Einfluss der Vertragspartner*	Zulässige Vertragsverhandlungen, die den Vertragsparteien Spielraum geben, Einfluss auf die Vertragsgestaltung zu nehmen, stärken die Verbundenheit der Vertragsparteien und unterstützen die Zielsetzung des gemeinsamen Vertrags. Der Spielraum ist so zu begrenzen, dass es aufgrund des Verhandlungsspielraums nicht zu Verzögerungen kommt.	Neue Vergabemodelle müssten die Verhandlung und gemeinsame Ausrichtung der Interessen zulassen.	Erhöhung der Identifikation mit dem Vertrag und Förderung der Teambildung.

	Erfolgsfaktoren		Empfehlung	Änderungen VOB	Erfolge
VERTRAG	**Kommerzielle Strategie**	*Vergütungs-system*	Die Vereinbarung eines Selbstkostenerstattungsvertrags, der die anrechenbaren Kosten sowie die Zuschläge für AGK und Gewinn vorab festlegt, ist die Grundlage des Vergütungssystems, das durch ein entsprechendes Anreizsystem dazu beiträgt, gemeinsam im Team das Projekt zu verwirklichen und Innovationen einzubringen.	Die Verwendung eines Selbstkostenerstat-tungsvertrags müsste grundsätzlich als ein mögliches Vergütungssystem zugelassen werden.	Die faire Vergütung durch einen Selbstkostenerstat-tungsvertrag sowie die Risikobegrenzung bilden eine attraktive und sichere Ausgangslage für alle Beteiligten und fördern innovatives Denken, das sich wiederum in Einsparungen spiegelt. Die gemeinsame Risikoteilung im Team fördert die Zusammenarbeit und die Optimierung des Gesamtprojekts.
		Kostenkontrolle	Insbesondere bei einer Vergabe Basis ausschließlich qualitativer Kriterien empfiehlt es sich, einen Wirtschaftsprüfer hinzuzuziehen. Dieser kann die Höhe der anrechenbaren Kosten auf Grundlage von Referenzprojekten bestimmen, sowie die Höhe der AGK und des Gewinns bei abgeschlossenen Projekten. Die Einbindung eines externen Prüfers gewährleistet die Sicherstellung eines guten Preis-Leistungs-Verhältnisses.		
		Risikobeteiligung	Bei Vereinbarung der Vergütung nach dem Selbstkostenerstattungsprinzip ist festzulegen, wie mit Kostenüber- und Kostenunterschreitungen umzugehen ist. Kostenunterschreitungen im Rahmen des Anreizsystems werden zwischen Bauherrn und den anderen Vertragspartnern geteilt. Es ist zu entscheiden, ob Kostenüberschreitungen gedeckelt werden und somit das letztendliche Risiko beim Bauherrn liegt. Darüber hinaus ist festzulegen, ob die Vertragspartner mit ihrem Zuschlag für AGK und Gewinn ganz bzw. zu welchem Anteil im Risiko sind.		

	Erfolgsfaktoren		Empfehlung	Änderungen VOB	Erfolge
VERTRAG	**Kommerzielle Strategie**	*Anreizsystem*	Ein entsprechendes Anreizsystem, erhöht für Firmen die Attraktivität des Projektes und bietet den Anreiz, Kosten einzusparen, Innovationen hervorzubringen und auch in weiteren vorab vereinbarten Bereichen, ein herausragendes Projektergebnis zu liefern. Die Grundidee eines Anreizsystems besteht darin, das Verhalten des Teams positiv zu beeinflussen und die Interessen der Vertragsparteien zu vereinen. Das Anreizsystem soll die Optimierung sowie den Erfolg des Gesamtprojektes unterstützen. Im Rahmen des Anreizsystems ist festzulegen, inwieweit Belohnungen an die Firmen ausgezahlt bzw. Mitarbeiter auch direkt belohnt werden sollen. Bei der direkten Belohnung von Mitarbeitern sind Konzernrichtlinien bzw. Vorgaben der Gewerkschaften zu prüfen. Im Sinne der Optimierung des Gesamtprojektes empfiehlt es sich, die Belohnungen nicht in Pakete zu schnüren und einzelne Firmen oder Untergruppen zu belohnen. Dies verursacht eine zusätzliche Schnittstellenproblematik und kann zu Unruhe im Team führen. Ziel sollte es sein, Belohnungen an das gesamte Team zu vergeben und dies möglichst zeitnah.		
		Lean-Prinzi-pien	Die Lean-Prinzipien, die bei der Realisierung des Projektes umzusetzen sind, sollten vertraglich vereinbart werden. Der Umfang für die einzelnen Vertragsparteien ist zu beschreiben und möglichst genau zu definieren.		
		Wissens-transfer	Es ist vertraglich zu regeln, wie mit dem in der Projektlaufzeit gemeinsam generierten Wissen während des Projekts und nach Projektende umgegangen werden soll. Das gleiche gilt für bereits bestehendes Wissen und Systeme, die ein Projektpartner für die Realisierung des Projektes zur Verfügung stellt.		

	Erfolgsfaktoren		Empfehlung	Änderungen VOB	Erfolge
VERTRAG	**Verhaltensstrategie**	*Definition einer gemeinsamen Grundlage*	Die Verhaltensstrategie spielt neben der kommerziellen Strategie die entscheidende Rolle für die Umsetzung des Lean-Ansatzes. Dabei regelt die Verhaltensstrategie das Verhalten der verschiedenen Vertragspartner untereinander. Wichtig ist, dass die Prinzipien während der Auswahlworkshops in Zusammenarbeit zwischen den Vertragsparteien und dem Bauherrn - aufbauend auf der Philosophie des Bauherrn und der der Lean-Prinzipien - entwickelt werden. Bei Handlungen und Entscheidungen soll der Fokus stets auf der Optimierung des Gesamtprojektes liegen. Es soll in einem Team gearbeitet werden, in dem Vertrauen herrscht und zuverlässige Zusagen getroffen werden. Dabei sollen Prozesse stets überdacht und verbessert werden.		Die Verhaltensstrategie definiert die Teamarbeit und sichert so eine gemeinsame Sprache zwischen den Beteiligten. Sie gilt als wichtiges Element, um das Gesamte anstelle einzelner Teile zu optimieren. Weiterhin stärkt sie den Zusammenhalt im Team, definiert Ziele und Prinzipien, was sich insgesamt im positiven Projektergebnis spiegelt.
		Streitbeilegung	Soll ein bestimmtes Verfahren zur Streitbeilegung verwendet werden, so ist dieses in den Vertrag einzuarbeiten. Wichtig ist jedoch, dass von den Vertragsparteien das Verständnis und der Wille da sind, Streitigkeiten gemeinsam und möglichst ohne ein gerichtliches Verfahren zu lösen.		

	Erfolgsfaktoren		Empfehlung
Interne Organisation des Bauherrn	**Firmenstrategie**	*Implementierung Lean Ansatz*	Entscheidet sich ein Bauherr für die Implementierung des Lean-Ansatzes, so stellt sich die Frage, ob dies auf Projektebene - beispielsweise mit einzelnen Pilotprojekten - geschieht, oder ganzheitlich bei allen künftigen Projekten. Unabhängig von der Wahl der Implementierungsstrategie ist die Unterstützung durch die Unternehmensführung erforderlich, da der Lean-Ansatz ein komplettes Umdenken aller Beteiligten erfordert. Ist diese Unterstützung anfangs nicht gewährleistet, so empfiehlt es sich, die Implementierung mit der Einführung einzelner Werkzeuge und später mit der Initiierung von Pilotprojekten zu beginnen. So kann zuerst das eigene Team überzeugt werden und nach sich einstellenden Erfolgen letztendlich auch Skeptiker sowie die Unternehmensführung.
		Ganzheitlicher Ansatz in Bezug auf die Lebenszykluskosten	Der Lean-Gedanke verfolgt einen ganzheitlichen Ansatz mit dem Ziel, den gesamten Lebenszyklus eines Bauwerkes zu betrachten. Die Baukosten stellen nur einen Teil dar. Daher sind insbesondere auch die Prozesse, die später im geplanten Bauwerk stattfinden, zu analysieren und zu optimieren. Diese dienen mit als Grundlage für die Planung.
		Information: neue Strategie	Ist die Entscheidung für den Lean-Ansatz gefallen, so sollte der Bauherr auf einer Informationsveranstaltung allen potenziellen Projektbeteiligten den Lean-Ansatz mit der zu Grunde liegenden Strategie erläutern. Darüber hinaus sollte der Bauherr darlegen, wie künftige Projekte ablaufen werden, was er von den Beteiligten erwartet, aber auch wie vergütet wird. Teilnehmer der Veranstaltung sollten alle denkbaren Projektbeteiligten sein, mit denen der Bauherr in Zukunft gerne zusammenarbeiten möchte. Dazu gehören Architekten, Fachplaner, Generalunternehmer und Nachunternehmer.

	Erfolgsfaktoren		Empfehlung
Interne Organisation des Bauherrn	**Anforderungs-profil**	*Bauherr*	Bei der Projektabwicklung in einem integrierten Projektteam stellen sich neue Anforderungen an den Bauherrn. Dieser ist nun Teil eines Teams, in dem gemeinsam geplant und auch möglichst gemeinsam und übereinstimmend entschieden wird. Der Bauherr kann das Recht beanspruchen, die letztendliche Entscheidung allein treffen zu dürfen. Der Bauherr ist dafür verantwortlich, die richtigen Prozesse zu entwickeln, um mehr Wert und Zuverlässigkeit zu schaffen. Der Bauherr ist verantwortlich dafür, dass sich eine Kultur auf dem Projekt entwickelt, in der gegenseitiger Respekt und Vertrauen herrscht und die somit eine enge Zusammenarbeit ermöglicht. Grundlage dafür kann sowohl eine Projektphilosophie als auch ein entsprechender vertraglicher Rahmen sein. Es ist wichtig, dass die Lean-Prinzipien durch das Management des Bauherrn vorgelebt werden. Der Bauherr hat als Mitglied des Teams auch Verpflichtungen und genauso wie die anderen Teammitglieder zuverlässige Aussagen zu treffen und diese auch einzuhalten.
		Entscheidungsbefugnis	Damit die Einbindung der Repräsentanten des Bauherrn erfolgreich gelingt, müssen diese auch bevollmächtigt werden. Die einzelnen Repräsentanten des Bauherrn müssen bereit sein, sich in das Team einzubringen und mit Architekten und Unternehmern zusammenzuarbeiten. Dazu müssen sie einerseits über Lean-Kenntnisse, andererseits auch über fachspezifisches Wissen sowohl in der Planung als auch in der Ausführung verfügen.

11 Matrix zur Messung quantitativer Ergebnisse

Die Untersuchungen in den USA und Australien haben gezeigt, dass quantitative Ergebnisse auf unterschiedliche Art und Weise gemessen werden. Eine direkte Vergleichbarkeit ist dadurch zumeist schwierig. Die wesentliche Problematik besteht darin, die erreichten messbaren Ergebnisse den verschiedenen Werkzeugen, die als Erfolgsfaktoren des Lean-Projektabwicklungssystem identifiziert worden sind, zuzuordnen. Um in Zukunft quantitative Messwerte zu erhalten, die einerseits ihre Wirkung auf die verschiedenen Faktoren darstellen, andererseits zu vergleichbaren Ergebnissen führen, ist im Rahmen dieser Arbeit eine Matrix entwickelt worden, die speziell auf diese beiden Anforderungen ausgerichtet ist.

Dazu sind die drei Messgrößen Kosten, Zeit und Qualität definiert worden. Diese werden an fünf Haupteinflussfaktoren gemessen: Value Stream Mapping (VSM), Target Value Design (TVD), Last Planner System^{TM} (LPS^{TM}), Building Information Modeling (BIM) und kontinuierliche Verbesserung (KVP). Da neben diesen identifizierten Faktoren insbesondere die drei Kernprinzipien – die frühzeitige Integration, die Projektabwicklung in einem interdisziplinären Team sowie das Vertrauen im Team – einen wesentlichen Anteil haben, wird zusätzlich die Auswirkung dieser drei Größen auf jeden einzelnen Haupteinflussfaktor gemessen. Dazu wird in einem ersten Schritt abgefragt, ob die Abwicklung in einem interdisziplinären Team und eine frühzeitige Integration stattgefunden haben. Wenn ja, ist für beide der jeweilige Grad anzugeben, der als niedrig, normal bzw. hoch eingestuft wird. Das gleiche gilt für den Grad des Vertrauens im Team.

Die nachfolgende Tabelle veranschaulicht die Struktur der Matrix und dient gleichzeitig zur Darstellung des Ergebnisses am Projektende.

		MESSGRÖSSEN						EINFLUSS		
		KOSTEN [%]				ZEIT [%]	QUALITÄT Grad	IPD Grad	frühz. Int. Grad	Vertrauen Grad
		Planung	Bauphase	Σ = P+B	Betrieb		u s o	n m h	n m h	n m h
HAUPTEINFLUSSFAKTOREN	VSM									
	TVD									
	LPS									
	BIM									
	KVP									
	Σ									

Legende

u = unterhalb des Standards | n = niedrig
s = Standard | m = mittel
o = oberhalb des Standards | h = hoch

Tab. 9: Struktur der Matrix

Entscheidend für die Erstellung der Matrix ist, dass die Messungen über die gesamte Projektlaufzeit von der Planung bis zur Fertigstellung des Bauwerks durchgeführt werden.

Die Kostenänderungen werden prozentual im Verhältnis zu den Zielkosten gemessen. Dabei wird zwischen Planungskosten, Baukosten und Betriebskosten unterschieden. Entstehen Kostenänderungen in Bezug auf die Entsorgungskosten des Bauwerks, so werden diese aus Gründen der Übersichtlichkeit den Betriebskosten zugeordnet. Es ist unbedingt zu prüfen, wie die Zielkosten ermittelt und festgelegt worden sind. Die Zielkosten sollten entweder durch externe Prüfer validiert oder mit vorhandenen Benchmark-Zahlen verglichen werden. Nur ein realistischer Zielkostenwert kann als Grundlage für prozentuale Preisänderungen genommen werden. Die Abweichung von der ursprünglichen Bauzeit wird in Monaten gemessen und lässt sich abschließend prozentual darstellen. Die Qualität wird am Standard der Ausschreibung gemessen.

Für jeden Haupteinflussfaktor sind verschiedene Erfolgskriterien definiert worden, die sich aus den Untersuchungen und Auswertungen der im Rahmen dieser Arbeit durchgeführten Fallstudien ergeben haben, und die auf das entwickelte Lean-Projektabwicklungssystem abgestimmt worden sind.

HAUPTEINFLUSSFAKTOREN	ERFOLGSKRITERIEN	MESSGRÖSSEN KOSTEN [%]	 ZEIT [%]	 QUALITÄT [Grad]
VSM	Prozessverbesserung	x	x	O
VSM	Einbindung der Endnutzer	x		x
TVD	Innovationen	O	x	x
TVD	Verbesserung der Planung	x	x	O
TVD	Verbesserung des Bauablaufs / Prozesse	x	O	x
TVD	Produkt- und Mengenoptimierung	O		x
LPS	Stetige Planung	x	x	
LPS	Stetiger Arbeitsfluss	x	O	x
LPS	Just In Time	O	x	x
BIM	Reduzierung von Planungsfehlern	O	x	x
BIM	Reduzierung von Behinderungen während der Bauzeit	O	x	x
BIM	Reduzierung von Nacharbeiten	x	x	O
BIM	Reduzierung von Nachträgen	O		
BIM	Genauere Mengenberechnung	O		
KVP	neu definierte Standards	O	x	

Legende O = Haupteinfluss
x = Einfluss

Tab. 10: Übersicht der Erfolgskriterien und deren Einfluss auf die Messgrößen

Tab. 10 zeigt den Einfluss der jeweiligen Erfolgskriterien auf die Messgrößen. Ein großes Kreuz stellt einen Haupteinfluss dar; wobei festzustellen ist, dass die meisten Erfolgskriterien auf alle drei Messgrößen Einfluss haben.

Um für jeden Erfolgsfaktor quantifizierbare Messgrößen zu erhalten, muss die Matrix von Projektbeginn an verwendet werden. Dabei ist jede Einsparung bzw. Veränderung in Bezug auf Kosten und Zeit dem jeweiligen Erfolgskriterium zuzuordnen. Am Projektende können so quantitative Ergebnisse in Abhängigkeit von den fünf verschiedenen Haupteinflussfaktoren aufgezeigt werden. Die Anwendung auf verschiedenen Projekten ermöglicht die Ermittlung von Kennzahlen in den Bereichen Kosten und Zeit für die fünf Haupteinflussfaktoren. Darüber hinaus können die Auswirkungen der frühzeitigen Integration sowie die der Abwicklung in interdisziplinären Teams dargestellt werden. Bereits durchgeführte Untersuchungen haben gezeigt, dass sich die frühzeitige Integration der Projektbeteiligten sowie die Abwicklung des Projektes in einem interdisziplinären Team auf die Haupteinflussfaktoren sowohl in Bezug auf den Preis als auch in Bezug auf die Bauzeit positiv niederschlagen. Das gleiche gilt für das Vertrauen im Team, eine der Grundvoraussetzungen. Dies wird sich auch in den Projektergebnissen widerspiegeln. Ein hoher Grad in allen drei Einflussbereichen wird insgesamt zu höheren Einsparungen und Bauzeitverkürzungen führen.

Der Zusammenhang zwischen den Haupteinflussfaktoren und den Messgrößen verschiedener abgeschlossener Projekte (vgl. Kap. 9.2.2) ist in Tab. 11 dargestellt.

HAUPTEINFLUSSFAKTOREN	MESSGRÖSSEN KOSTEN [%] Planung	Bauphase	Σ = P+B	Betrieb	ZEIT [%]	QUALITÄT Grad u s o	EINFLUSS IPD Grad n m h	frühz. Int. Grad n m h	Vertrauen Grad n m h
VSM		1		7	-30				
TVD		2	-14	8					
LPS		3		9	-30				
BIM		4	-10	10					
KVP		5		11					
Σ		6	-18,6	12	-12				

Projekte

1

2 Chinese Hospital, Marktindex

3

4 Camino Medical Group Mountain View, Baukosten

5

6 Fairfield MOB, Marktindex

7 Sutter Medical Center Castro Valley (LPS+VSM)

8

9 Sutter Medical Center Castro Valley (LPS+VSM)

10

11

12 Fairfield MOB

Legende

u = unterhalb des Standards; s = Standard; o = oberhalb des Standards

n = niedrig; m = mittel; h = hoch

Tab. 11: Beispielhafte Ergebnisse von verschiedenen Projekten in den USA

Zu beachten bleibt, dass bei den zuletzt dargestellten Messwerten keine detaillierte Aufteilung in die Erfolgskriterien der Haupteinflussfaktoren vorgenommen wurde. Es sind nur Einsparungen bei den Gesamtkosten sowie bei der Bauzeit gemessen worden, so dass für die anderen Bereiche keine Werte vorliegen. Genaue Werte können erst durch kontinuierliche Messungen während der gesamten Planung und Bauzeit bei künftigen Projekten ermittelt werden.

Die Werte in Tab. 11 stellen Messgrößen verschiedener einzelner Projekte dar. Dementsprechend ergeben sich die Werte in der Summenzeile (Σ) nicht als Addition der Haupteinflussfaktoren, wie es in einer Projektmatrix sein müsste. Sie stellen die Ergebnisse verschiedener einzelner Projekte dar, die auf die Abwicklung in einem integrierten Team unter der Anwendung von Lean-Prinzipien zurückzuführen sind. Eine Aufschlüsselung in die verschiedenen Faktoren war hier im Nachhinein nicht möglich. Darüber hinaus stellen die Werte Maximalwerte der unterschiedlichen Projekte dar.

12 Fazit und Ausblick

Im Rahmen dieser Arbeit wurde das in den USA bereits weit verbreitete Lean Project Delivery System (LPDS) auf seine wesentlichen Merkmale und Erfolgsfaktoren hin untersucht und neben dem LPDS auch die Vertragsform IFOA analysiert. Ergänzend und im Vergleich dazu wurden die australischen Allianzverträge untersucht. Als Ergebnis ist das Lean-Projektabwicklungssystem entwickelt worden, das die Lean-Projektorganisationsform zusammen mit dem Vergabeverfahren und dem Vertragsmodell definiert und darüber hinaus Empfehlungen für die interne Organisation des Bauherrn trifft. Um in Zukunft messbare und vergleichbare Ergebnisse aufweisen zu können, wurde eine Matrix entwickelt, die es ermöglicht, den Zusammenhang zwischen dem Projektergebnis und den für die Umsetzung der Lean-Projektabwicklung identifizierten Hauteinflussfaktoren darzustellen.

Die Untersuchungen im Rahmen dieser Arbeit haben gezeigt, dass in einer gemeinsamen Planung in einem Team verschiedener Disziplinen ein hoher Projekterfolg liegt, der sich sowohl an der Höhe der Kosten, der Länge der Bauzeit als auch in Bereichen wie Sicherheit, Qualität und Zufriedenheit der Beteiligten messen lässt. Dabei ist die Einbindung ausführender Firmen bereits zu Beginn der Planung von entscheidender Bedeutung. Zu Projektbeginn ist der Einfluss, der auf die Kosten genommen werden kann, am größten; zu Ausführungsbeginn ist dieser bereits um ein Vielfaches reduziert. Daher ist es essentiell, das Wissen und die Erfahrung der ausführenden Firmen so früh wie möglich einzubeziehen. Geschieht dieses erst nach Abschluss der Planung, lassen sich die Kosten kaum noch beeinflussen, im Gegenteil, es entstehen in Form von Planungsänderungen in der Regel höhere Kosten. Das o.g. Vorgehen fordert von allen Beteiligten ein Umdenken und bringt Herausforderungen mit sich, die in der Arbeit identifiziert und im Rahmen des Lean-Projektabwicklungssystems in Form von Empfehlungen aufgearbeitet worden sind. Den verschiedenen Projektbeteiligten stellen sich neue Aufgaben und auch für den Bauherrn erweitern sich die Kompetenzanforderungen. Darüber hinaus beinhaltet die Anwendung des LPDS eine Vielzahl von neuen Werkzeugen. Als wesentliche Werkzeuge sind das Target Value Design, das Last Planner System™, das Value Stream Mapping, das Building Information Modeling und die kontinuierliche Verbesserung identifiziert worden. Dabei unterstützt insbesondere das Target Value Design durch das Bilden eines Zielpreises ein gutes Preis-Leistungs-Verhältnis.

Zur erfolgreichen Umsetzung des LPDS ist der Fokus der Vergabestrategie auf die Auswahl eines passenden Teams zu richten. Dabei werden die Vertragspartner anhand ihrer Erfahrungen und Leistungen bei abgeschlossenen Projekten und insbesondere anhand ihrer Fähigkeiten zur Abwicklung eines erfolgreichen Projektes ausgewählt. Anhand eines reinen

Preiswettbewerbs ist es nicht möglich, das passende Team zu finden, mit dem gemeinschaftlich das Projekt entwickelt werden kann. Dabei sind die Vergabekriterien auf das gemeinsame Projektziel, die Optimierung des Gesamtprojektes, abzustimmen.

Ein relationaler Vertrag, der neben der üblichen kommerziellen Strategie als wesentlichen Bestandteil die Verhaltensstrategie enthält, ist als Grundlage zur Unterstützung einer gemeinschaftlichen Projektabwicklung am besten geeignet. Ein Mehrparteienvertrag knüpft alle Vertragsparteien an die gleichen Vertragsbedingungen. Die kommerzielle Strategie kennzeichnet sich durch ein gerechtes Vergütungssystem, das in Verbindung mit einem entsprechenden Anreizsystem die Vertragsparteien anspornt, ein herausragendes Projektergebnis zu liefern. Dabei werden die Risiken aber auch die Belohnungen zwischen dem Bauherrn und den weiteren Vertragsparteien geteilt. Die Verhaltensstrategie definiert eine gemeinsame Grundlage für das Verhalten der verschiedenen Vertragsparteien untereinander und legt auch das Verfahren im Falle von Streitigkeiten zwischen den Vertragsparteien fest. Dabei ist es entscheidend, die Verhaltensprinzipien auf die Lean-Prinzipien sowie die Prinzipien des Bauherrn und die Projektziele abzustimmen. Die gemeinsame Entwicklung der Prinzipien im Team stärkt dabei die Identifizierung der Teammitglieder mit diesen und erleichtert die Umsetzung der Prinzipien im Projektalltag. Für den Projekterfolg ist entscheidend, dass die Prinzipien insbesondere vom Bauherrn und dem Führungspersonal des Projektes vorgelebt werden.

Das im Rahmen der Arbeit entwickelte Lean-Projektabwicklungssystem stellt die Grundlage für die Umsetzung des Lean-Ansatzes mit der dazugehörigen Organisation, der Vergabestrategie und dem Vertragsmodell dar. Die Untersuchungen haben gezeigt, dass insbesondere komplexe Projekte, bei denen das Bau-Soll vorab schwer zu bestimmen ist, von einer gemeinschaftlichen Projektabwicklung profitieren. Komplexe Projekte finden sich insbesondere im Infrastruktursektor, der von öffentlichen Bauherren bestimmt wird, wieder. Während in den USA bereits einzelne Staaten versuchen, eine gemeinschaftliche Projektabwicklung auch im öffentlichen Sektor zu ermöglichen, ist dieses in Australien bereits geschehen. Dort sind insbesondere im Infrastrukturbereich große Erfolge mit der gemeinschaftlichen Projektabwicklung in Form von Allianzen zu verzeichnen.

In Deutschland müssen öffentliche Bauherren die VOB anwenden. Diese lässt derzeit keine frühzeitige Integration der Projektbeteiligten zu. Damit fehlt der Grundstein für eine gemeinschaftliche Projektabwicklung zur Optimierung des Gesamtprojektes und die Möglichkeit zur Reduzierung der Kosten von Projektbeginn an. Auch ein Vergabeverfahren, das die Vertragsparteien ausschließlich anhand qualitativer Kriterien bestimmt, ist derzeit nicht zulässig. Die kommerzielle Strategie, bestehend aus einem Selbstkostenerstattungsvertrag und einem dazugehörigen Anreizsystem, ist nach VOB nur in Ausnahmesituationen vorgesehen. Das Ziel, komplexe Projekte gemeinsam in einem integrierten Team – bestehend aus Bauherrn, Planern und ausführenden Firmen – zu entwickeln und gemeinsam zu realisieren, kann für öffentliche Bauherren in Deutschland derzeit nicht verwirklicht werden. Dabei ist es gerade hier entscheidend und erfolgsversprechend, das Wissen und die Erfahrung insbesondere auch ausführender Firmen frühzeitig einzubinden.

Für komplexe Projekte, bei denen das Bau-Soll vorab nicht eindeutig bestimmt werden kann und die daher insbesondere von einer frühzeitigen Integration der verschiedenen Beteiligten profitieren würden, ist zu empfehlen, die strikte Trennung gemäß den Regelungen der VOB zwischen Planung und Ausführung zu lockern. Mit Einführung der vierten Vergabeart, dem Wettbewerblichen Dialog, ist ein erster Ansatz vorhanden, der es auch öffentlichen Auftraggebern ermöglicht, unter bestimmten Voraussetzungen ausführende Firmen im Rahmen einer Dialogphase in die Planung einzubeziehen. Allerdings sind auch bei dieser Vergabe von Seiten des Bauherrn weiterhin intensive technische und wirtschaftliche Vorplanungen notwendig, so dass sich eine frühzeitige Integration nicht vollständig erreichen lässt und wesentliche Verbesserungspotenziale ungenutzt bleiben. Dabei schränkt die VOB durch die Trennung zwischen Planung und Ausführung die Kontinuität der Projektbeteiligten – insbesondere der Planer – maßgeblich ein. Dadurch entsteht ein Wissensverlust zwischen Planungs- und Ausführungsphase. Die Auswahl der Beteiligten richtet sich gemäß den Vorgaben der VOB für eine öffentliche Ausschreibung auf einen Preiswettbewerb aus. Lediglich in Ausnahmefällen ist ein Kompetenzwettbewerb, beispielsweise in Form eines Wettbewerblichen Dialogs, zulässig. In diesem Fall kann die Auswahl der Bieter anhand preislicher und qualitativer Komponenten getroffen werden. Die Auswertungen der vorliegenden Arbeit zeigen, dass das Zusammenspiel des gesamten Teams Voraussetzung für das Erreichen von Innovationen und gemeinsamen Optimierungen ist. Vor diesem Hintergrund ist ein reiner Preiswettbewerb nicht zielführend. Über den Wettbewerblichen Dialog hinaus ist über neue Vergabemethoden für öffentliche Auftraggeber nachzudenken.

Die Umsetzung des Lean Management im Bauwesen steht derzeit in Deutschland erst am Anfang. Die vorliegende Arbeit gibt mit dem entwickelten Lean-Projektabwicklungssystem die Grundlage, um Lean Management im Bauwesen als einen ganzheitlichen Ansatz auf Bauprojekten zu implementieren. Dazu sind die erarbeiteten Vertragskriterien in für Deutschland gültige Verträge umzusetzen sowie Bauherren erforderlich, die erste Projekte unter dem Lean-Ansatz ausführen.

Literaturverzeichnis

AAA (2008)

ALLIANCING ASSOCIATION OF AUSTRALASIA Limited (Hrsg.): Report on Project alliancing activities in Australasia 2008, 2008

AAA (2008a)

ALLIANCING ASSOCIATION OF AUSTRALASIA Limited (Hrsg.): Tullamarine – Calder Interchange Alliance, Case Study, April 2008

AAA (2008b)

ALLIANCING ASSOCIATION OF AUSTRALASIA Limited (Hrsg.): The Pacific Link Alliance – Tugun Bypass Project, Case Study, December 2008

AAA (2008c)

ALLIANCING ASSOCIATION OF AUSTRALASIA Limited (Hrsg.): Brisbane Inner Northern Busway Alliance, Case Study, December 2008

AAA (2009)

ALLIANCING ASSOCIATION OF AUSTRALASIA Limited (Hrsg.): Bondi RIAMP Alliance, Case Study, April 2009

AIA (2004)

AIA, The American Institute of Architects (Hrsg.): Target-Value Design, 2004

ALCHIMIE (2003)

ALCHIMIE Pty Ltd. and Phillips Fox Lawyers (Hrsg.): Project Alliances – An overview, Centre of Advanced Engineering Seminars, Auckland and Christchurch, New Zealand, March 2003

BAKER/GIBBONS/MURPHY (2001)

BAKER, G., GIBBONS, R., MURPHY, K.: Relational Contracts and the Theory of the Firm, in: The Quarterly Journal of Economics, Februar 2001, S. 39-84

BALLARD (2008)

BALLARD, G.: The Lean Project Delivery System: An Update, in: Lean Construction Journal 2008, S. 1-19

BALLARD (2009)

BALLARD, G.: An Update on Target Value Design, Vortrag beim Design Forum in St. Louis, MO, USA, 18. – 19. Juni 2009

BALLARD/KOSKELA/HOWELL/ZABELLE (2001)

BALLARD, G., KOSKELA, L., HOWELL, G., ZABELLE, T.: Production system design in construction, in: Proceedings of the 9th annual conference of the International Group for Lean Construction, Singapore, 2001, S. 1-15

BALLARD/TOMMELEIN/KOSKELA/HOWELL (2002)

BALLARD, G., TOMMELEIN, I., KOSKELA, L., HOWELL, G.: Lean construction tools and techniques, in: Design and Construction – Building in Value, Kap. 15, S. 227 – 255, Elsevier Science Ltd., 2002

BAUINDUSTRIE (2005)

Hauptverband der Deutschen Bauindustrie (Hrsg.): Partnering bei Bauprojekten, Berlin, 2005

BAUINDUSTRIE (2007)

Hauptverband der Deutschen Bauindustrie (Hrsg.): Leitfaden für die Durchführung eines Kompetenzwettbewerbs bei Partnerschaftsmodellen, Berlin, 2007

BENNETT/JAYES (1995)

BENNETT, J., JAYES, S.: Trusting the Team: the best practice guide to partnering in construction, London: Thomas Telford, 1995

BOLDT (2008)

The Boldt Company (Hrsg.): Sutter Health Fairfield Medical Office Building, Ergebnisbericht, The Boldt Company, Mai 2008

BÜCKER (2005)

BÜCKER, M.: Construction Management: Untersuchungen zur Anwendbarkeit der US-amerikanischen Projektabwicklungsform Construction Management at Risk in Deutschland, Aachen: Shaker Verlag, 2005

BÜCKER (2007)

BÜCKER, M.: Alliance Contracting – Streitverzicht beim Bauvertrag, in: Baumarkt und Bauwirtschaft, 6/2007, S. 41-44

CADEZ (2000)

CADEZ, I.: Ein Mix aus Chancen und Risiken – Bauverträge mit Garantierter Maximum-Preis-Vergütung, in: Bauwirtschaft Nr. 1, 2000, S. 20-23

CADEZ (2001)

CADEZ, I.: Construction Management- und GMP-Verträge – Risikoprofile bei Komplexen Global-Pauschalverträgen, in: Bauwirtschaft Nr. 9, 2001, S. 30-33

CHA (1997)

CHA, California Healthcare Association (Hrsg.): SB 1953 – Hospital Facilities Seismic Safety Act, Fact Sheet, 1997

COCKSHAW (1995)

COCKSHAW, A.: Working Together to Achieve Higher Goals, Construction News, London, Oct. 26, 1995

COLLEDGE (2004)

COLLEDGE, B.: Relational Contracting – Creating Value Beyond the Project, im Tagungsband zum Relational Contracting Symposium, Atlanta, USA, 18./19. November, 2004, S. 1-19

COUSINS (2009)

COUSINS, B.: Virtual Design and Construction for Lean Project Delivery, Vortrag beim Design Forum in St. Louis, MO, USA, 18. – 19. Juni 2009

DAIGNEAU/ARGYLE/DOUGLAS (2009)

DAIGNEAU, W., ARGYLE, T., DOUGLAS, K.: Contracting on a level playing field, in: Seminarunterlagen zur 2009 PDC Conference, 09. März 2009, in Phoenix, Arizona, USA

DBWELT (2008)

DBWELT (Hrsg.): DB ProjektBau zäumt die Baustelle von hinten auf – Ansätze aus der Automobilbranche sollen die Planung und Abwicklung von Bauprojekten effizienter machen, in: DB WELT, September 2008

DEMUTH (2009)

DEMUTH, O.: 15 Jahre teamconcept – Operatives Partnering am Beispiel „Neubau ADAC-Zentrale“, Vortrag beim Expertenforum der VDI-Initiative „Partnerschaft am

Bau": Neue Formen der Zusammenarbeit und der Vertragsgestaltung bei Planung und Ausführung großer Bauprojekte, 20.10.2009

DORNBUSCH/PLUM (2003)
DORNBUSCH, J., PLUM, H.: Claim-Management beim VOB-Vertrag: Abweichungen, Ansprüche, Nachträge, 2. Aufl., Heinsberg: Heinz Plum, 2003

DPR (2007)
DPR Construction Inc. (Hrsg.): Camino Medical Group Case Study, Beitrag zur Konferenz: Arizona BIM Conference 2007, 16. und 17. August 2007

DTF (2006)
Department of Treasure and Finance, Victorian Government (Hrsg.): Project Alliancing Practitioners´ Guide, 2006

ELMUTI/KATHAWALA (2001)
ELMUTI, D., KATHAWALA, Y.: An overview of strategic alliances, in: Management Decision, 39/3 2001, S. 205-217

ESCHENBRUCH (2001)
ESCHENBRUCH, K.: Construction Management – Neue Perspektiven für Auftraggeber und Projektmanager, in: NZBau – Neue Zeitschrift für Baurecht und Vergaberecht, 11/2001, S. 585-592

ESCHENBRUCH (2003)
ESCHENBRUCH, K.: Recht der Projektsteuerung, 2. Auflage, Düsseldorf: Werner Verlag, 2003

FLECKENSTEIN (2006)
FLECKENSTEIN, M.: Abbau von Hemmnissen für Public Private Partnership: Das ÖPP-Beschleunigungsgesetz, in: Deutsches Verwaltungsblatt, 2/2006, S.75-82

FRANKE/MERTENS (2007)
FRANKE, H.; MERTENS, S.: Bauleistungen, in: Franke, H.; Kemper, R.; Zanner, C.; Grünhagen, M. (Hrsg.): VOB-Kommentar – Bauvergaberecht – Bauvertragsrecht – Bauprozessrecht, 3. Auflage, Düsseldorf: Werner Verlag, 2007, § 1 VOB/A

FRANKE/MERTENS (2007a)

FRANKE, H.; MERTENS, S.: Beschreibung der Leistung, in: Franke, H.; Kemper, R.; Zanner, C.; Grünhagen, M. (Hrsg.): VOB-Kommentar – Bauvergaberecht – Bauvertragsrecht – Bauprozessrecht, 3. Auflage, Düsseldorf: Werner Verlag, 2007, § 9 VOB/A

GEHBAUER (2006)

GEHBAUER, F.: Lean für den Baubetrieb – Ansätze zur Lean Construction, in: Newsletter des Lean Management Instituts, 4/2006, S. 3

GEHBAUER (2007)

GEHBAUER, F.: Lean Organization: Exploring Extended Potentials of the Last Planner System, in: Proceedings of the 16th annual conference of the International Group for Lean Construction, Manchester, 2007, S. 3-13

GEHBAUER (2008)

GEHBAUER, F.: Lean Management im Bauwesen, Vorlesungsskript, Universität Karlsruhe (TH), Institut für Technologie und Management im Baubetrieb, Karlsruhe, 2008

GEHBAUER/KIRSCH (2006)

GEHBAUER, F.; KIRSCH, J.: Lean Construction – Produktivitätssteigerung durch „schlanke“ Bauprozesse, in: Bauingenieur, Band 81, November 2006, S.504-509

GEHLE/WRONNA (2007)

GEHLE, B.; WRONNA, A.: Allianzvertrag – Neue Wege kooperativer Vertragsgestaltung, in: BauR 1/2007, S. 2-11

GEHRIG (2009)

GEHRIG, D.: Alternative Project Delivery Methods for Public Works Projects in California, 2009

GERRARD (2005)

GERRARD, R.: Relational Contract – NEC in Perspective, in: Lean Construction Journal 2005, Vol. 2 # 1 April 2005, S. 80-86

GRAF (1996)

GRAF, G.: Das Phänomen Lean Management – eine kritische Analyse, Wiesbaden: Deutscher Universitätsverlag, 1996

GRALLA (1997)

GRALLA, M.: Ist die VOB noch zeitgemäß?, in: Die Bauverwaltung + Bauamt & Gemeindebau, 1/1997, S. 30-35

GRALLA (1999)

GRALLA, M.: Neue Wettbewerbs- und Vertragsformen für die deutsche Bauwirtschaft – Produktivitätssteigerung und partnerschaftliche Zusammenarbeit durch den Einsatz innovativer Wettbewerbs- und Vertragsformen, Berlin, 1999

GRALLA/PALGEN (2007)

GRALLA, M., PALGEN, J.: Wettbewerblicher Dialog, in: Bundesbaublatt, 1/2007, S. 32-35

HAGHSHENO (2003)

HAGHSHENO, S.: Der „New Engineering Contract" – ein neues Vertragswerk in der englischen Bauwirtschaft, in: Motzko, C. (Hrsg.): Festschrift anlässlich des 65. Geburtstages von Univ.-Prof. Dr.-Ing. Eberhard Schubert, VDI-Verlag, Darmstadt 2003, S. 251-265

HAGHSHENO (2004)

HAGHSHENO, S.: Analyse der Chancen und Risiken des GMP-Vertrags bei der Abwicklung von Bauprojekten, Berlin: Mensch & Buch Verlag, 2004

HAGHSHENO/KABEN (2005)

HAGHSHENO, S., KABEN, T.: Konfliktursachen und Streitgegenstände bei der Abwicklung von Bauprojekten – Eine empirische Untersuchung, in: Jahrbuch Baurecht 2005, 8. Jahrgang 2005, Düsseldorf: Werner Verlag, 2005, S. 263-280

HEIERMANN

HEIERMANN, W.: Der wettbewerbliche Dialog, Sonderdruck

IVF (2007)

IVF Uppdragsrapport 07/12 (Hrsg.): Effektivt byggande – Utmana dina Processer! Resurseeffektiva tankesätt och principer – en introduktion till Lean i byggandet, Holmsberg i Malmö, 2007

JANITSCHKA (2003)

JANITSCHKA, C.: GMP-Bestimmungsmethoden – Chancen und Risiken, in: Motzko, C. (Hrsg.): Festschrift anlässlich des 65. Geburtstages von Univ.-Prof. Dr.-Ing. Eberhard Schubert, VDI-Verlag, Darmstadt 2003, S. 283-290

JUROWICH (2009)

JUROWICH, V.: Internationale Erfahrungen mit sogenannten Dispute Boards zur Streitvermeidung und Streitlösung, in: Positionspapier – VDI-Initiative „Partnerschaft am Bau“: Neue Formen der Zusammenarbeit und der Vertragsgestaltung bei Planung und Ausführung großer Bauprojekte, Fassung 13.10.2009

KAPELLMANN (2001)

KAPELLMANN, K.: Ein Construction Management Vertragsmodell – Probleme, Lösungen, in: NZBau, Heft 11, 2001, S. 592-598

KAPELLMANN/LANGEN (2008)

KAPELLMANN, K.; LANGEN, W.: Einführung in die VOB/B – Basiswissen für die Praxis, 17. Auflage, Darmstadt: betz-druck, 2008

KHANZODE/FISCHER/REED (2008)

KHANZODE, A.; FISCHER, M.; REED, D.: Benefits and Lessons Learned of Implementing Building Virtual Design and Construction (VDC) Technologies for Coordination of Mechanical, Electrical and Plumbing (MEP) Systems on Large Health Care Projects, März 2008

KIRSCH (2009)

KIRSCH, J.: Organisation der Bauproduktion nach dem Vorbild industrieller Produktionssysteme – Entwicklung eines Gestaltungsmodells eines Ganzheitlichen Produktionssystems für den Bauunternehmer, in: Gehbauer, F. (Hrsg.): Reihe F Forschung, Heft 63, Universitätsverlag Karlsruhe, 2009

KNAUFF (2004)

KNAUFF, M.: Dispositionsfreiheiten öffentlicher Auftraggeber nach der Ausschreibung öffentlicher Aufträge, Baden-Baden, 2004

KNAUFF (2005)

KNAUFF, M.: Im wettbewerblichen Dialog zur Public Private Partnership?, in: Neue Zeitschrift für Baurecht und Vergaberecht, 5/2005, S. 249-256

KORBION (2004)

KORBION, H.: Bauleistungen, in: Ingenstau, H.; Korbion, H. (Hrsg.): VOB, Teile A und B, 15. Auflage, Düsseldorf: Werner Verlag, 2004, A § 1, Rdn. 3-45

KOSKELA/HOWELL/BALLARD/TOMMELEIN (2002)

KOSKELA, L., HOWELL, G., BALLARD, G., TOMMELEIN, I.: The foundations of lean construction, in: Design and Construction – Building in Value, Kap. 14, S. 212 – 226, Elsevier Science Ltd., 2002

KRATZENBERG (2007)

KRATZENBERG, R.: Wertung der Angebote, in: Ingenstau, H., Korbion, H., Locher, H., Vygen, K. (Hrsg.): VOB Teile A und B Kommentar, Düsseldorf: Werner Verlag, 2007, § 25 VOB/A

KULLACK (2006)

KULLACK, M.: Der wettbewerbliche Dialog – eine neue Verfahrensart, in: Baumarkt und Bauwirtschaft, 3/2006, S. 16-17

KULLACK (2006a)

KULLACK, M.: Die neue VOB/A 2006, in: Baumarkt und Bauwirtschaft, 10/2006, S. 20-21

KUS (2006)

KUS, A.: Die richtige Verfahrensart bei PPP-Modellen, insbesondere Verhandlungsverfahren und wettbewerblicher Dialog [1], in: Zeitschrift für das gesamte Vergaberecht, 6/2006, S. 851-865

LAMNEK (2005)

LAMNEK, S.: Qualitative Sozialforschung, 4. Vollständig überarbeitete Ausgabe, Beltz Verlag, Weinheim, 2005

LATHAM (1994)

LATHAM, M.: Constructing the Team, Final Report of the Government / Industry Review of Procurement and Contractual Arrangements in the UK Construction Industry, HMSO, London, 1994

LEDERER (2003)

LEDERER, M.: § 1 Bauleistungen, in: Kapellmann, K.; Messerschmidt, B. (Hrsg.), VOB Teile A und B – Vergabe- und Vertragsordnung für Bauleistungen, München: Verlag C. H. Beck, 2003, § 1 VOB/A

LEHNE (2007)

LEHNE, M.: „Wir brauchen wirkliche Kooperation“ – Professor Gehbauer holt Lean Construction nach Deutschland, in: UniKaTH – Das Magazin der Universität Karlsruhe (TH), Nr. 2/2007, S. 22-23

LICHTIG (2005)

LICHTIG, W.: Sutter Health: Developing a Contracting Model to Support Lean Project Delivery, in: Lean Construction Journal 2005, Vol 2 # 1 April 2005, S. 105–112

LICHTIG (2005a)

LICHTIG, W.: Ten key decisions to a successful construction project – choosing something new: the integrated agreement for lean project delivery, American Bar Association, 2005

LIKER (2007)

LIKER, J.: Der Toyota Weg – 14 Managementprinzipien des weltweit erfolgreichsten Automobilkonzerns, 2., unveränderte Auflage, München: FinanzBuch Verlag, 2007

LÖGTERS (1998)

LÖGTERS, G.: Neue Kooperationsmodelle zwischen Bauherr und Bauindustrie – Garantierter Maximal-Preis (GMP) vorteilhaft für Auftraggeber, in: Industriebau Nr. 3, 1998, S. 171-172

MACAULAY (2003)

MACAULAY, S.: The Real and the Paper Deal: Empirical Pictures of Relationships, Complexity and the Urge for Transparent Simple Rules, in: Campbell, D., Collins, H., Wightman, J. (Hrsg.): Implicit Dimensions of Contract – Discrete, Relational and Network Contracts, Hart Publishing Oxford and Portland, Oregon, 2003, S. 51-102

MACNEIL (1974)

MACNEIL, I.: The many futures of contracts, University of Southern California, Southern California Law Review, Vol. 47:69, 1974

MACNEIL (1987)

MACNEIL, I.: Barriers to the Idea of Relational Contracts (Widerstände gegen die Idee des komplexen Langzeitvertrags), in: Nicklisch, F. (Hrsg.): Der komplexe Langzeitvertrag, C.F. Müller Juristischer Vertrag, Heidelberg 1987, S. 31-50

MANLEY (2004)

MANLEY, K.: The BRITE Project: Innovation Case Study no 3 – Motorway Alliance drives performance improvement, 2004

MELBOURNE WATER (2009)

MELBOURNE WATER (Hrsg.): Review of Melbourne Water´s Alliance Selection Process, Mai 2009

MILES/BALLARD (1997)

MILES, R., Ballard, G.: Contracting for Lean Performance: Contracts and the Lean Construction Team, in: Proceedings of the 5th annual conference of the International Group for Lean Construction, Gold Coast, 1997, S. 103-114

MORWOOD/SCOTT/PITCHER (2008)

MORWOOD, R., SCOTT, D., PITCHER, I.: Alliancing – a Participant´s Guide: Real Life Experiences for Constructors, Designers, Facilitators and Clients, Maunsell AECOM, Brisbane, 2008

MOSER (2005)

MOSER, D.: PPC 2000 – The ACA Standard Form Of Contractor for Project Partnering: Introduction And Explanatory Notes, April 2005

OHNO (1993)

OHNO, T.: Das Toyota-Produktionssystem, New York: Campus Verlag, 1993

OPPLER (2009)

OPPLER, P.: Zugang zum Recht und Streitbeilegung bei Partneringmodellen, in: Positionspapier – VDI-Initiative „Partnerschaft am Bau“: Neue Formen der

Zusammenarbeit und der Vertragsgestaltung bei Planung und Ausführung großer Bauprojekte, Fassung 13.10.2009

OSEBOLD/LOSKANT (2007)
OSEBOLD, R., LOSKANT, D.: Der Wettbewerbliche Dialog – Die Wiederentdeckung des öffentlichen Auftraggebers ?!, in: Baumanagement und Baurecht, 11/2007, S. 43-47

OSEBOLD/LOSKANT (2009)
OSEBOLD, R., LOSKANT, D.: Der Wettbewerbliche Dialog – Erste Praxiserfahrungen mit dem Partnerschaftsmodell für öffentliche Auftraggeber, in: Bauingenieur, Band 84, September 2009, S. 386-391

POST (2007)
POST, N.: Sutter Health unlocks the door to a new process – Team contract, with shared risk and reward, fosters „all-for-one, one-for-all" spirit, in: Engineering News-Record, November 26, 2007, S. 80-84

RACKY (1997)
RACKY, P.: Entwicklung einer Entscheidungshilfe zur Festlegung der Vergabeform, Düsseldorf: VDI Verlag GmbH, 1997

RACKY (2001)
RACKY, P.: Construction Management – eine alternative Projektorganisationsform zur zielorientierten Abwicklung komplexer Bauvorhaben, in: Bauingenieur, Band 76, Februar 2001, S. 79-85

RACKY (2003)
RACKY, P.: Construction Management und deutsches Vergaberecht, in: HANSA, Band 140, Heft 4, 2003, S. 55-59

RACKY (2007)
RACKY, P.: Effiziente Bauprojektabwicklung mit Partnerschaftsmodellen, in: Bauingenieur, Band 82, März 2007, S. 150-158

RACKY (2009)
RACKY, P.: Partnerschaftsmodelle der deutschen Bauindustrie, insbesondere für den Bereich des privaten schlüsselfertigen Hochbaus, in: Positionspapier – VDI-Initiative

„Partnerschaft am Bau“: Neue Formen der Zusammenarbeit und der Vertragsgestaltung bei Planung und Ausführung großer Bauprojekte, Fassung 13.10.2009

ROSS (2000)
ROSS, J.: Introduction to Project Alliancing, Presentation to Institution of Engineers, 17. August 2000, Brisbane, Australia

ROSS (2009)
ROSS, J.: Alliance Contracting: lessons from the Australian experience, in: Positionspapier – VDI-Initiative „Partnerschaft am Bau“: Neue Formen der Zusammenarbeit und der Vertragsgestaltung bei Planung und Ausführung großer Bauprojekte, Fassung 13.10.2009

ROWLINSON/CHEUNG (2004)
ROWLINSON, S; CHEUNG, F.: A Review of the Concepts and Definitions of the Various Forms of Relational Contracting, in: International Symposium of the CIB W92 on Procurement Systems “Project Procurement for Infrastructure Construction”, 7-10 January, 2004, Chennai, India

RUPPERT (2006)
RUPPERT, R.: Vorlesungsskript: Grundzüge der VOB – Teile A und B, Universität Karlsruhe (TH), Institut für Technologie und Management im Baubetrieb, Karlsruhe, 2006

SAKAL (2004)
SAKAL, M.: Constructing Projects in a Dynamic Environment: A Focus on Relational Contracting, Master of Engineering Report, University of California, 2004

SAKAL (2005)
SAKAL, M.: Project Alliancing: A Relational Contracting Mechanism for Dynamic Projects, in: Lean Construction Journal 2005, Vol. 2 # 1 April 2005, S. 67-79

SAUNDERS/MOSEY (2005)
SAUNDERS, K., MOSEY, D.: PPC 2000: Association of Consultant Architects Standard Form of Project Partnering Contract, in: Lean Construction Journal 2005, Vol. 2 # 1 April 2005, S. 62-66

SB 1953 (1994)

SB 1953 – Hospital facilities Seismic Safety Act, Fact Sheet, California Health Care Association, http://www.calhealth.org/public/press/Article%5C103%5CSB1953factsheet%20-%20Final.pdf, 08.02.09

SCHENKE/KLIMPEL (2006)

SCHENKE, R. P., KLIMPEL, S.: Verhandlungsverfahren versus wettbewerblicher Dialog: Neuere Entwicklungen im Vergaberecht Öffentlich Privater Partnerschaften (ÖPP)/Public Private Partnership (PPP), in: Deutsches Verwaltungsblatt, 23/2006, S. 1492-1497

SCHEUCH (1967)

SCHEUCH, E.: Das Interview in der Sozialforschung, in: König, R., Handbuch der empirischen Sozialforschung, Band 1, Stuttgart, 1967, S. 136-196

SCHLOZ (2008)

SCHLOZ, R.: Schlank aufgebaut, in: Caracho – Das Magazin von Porsche Consulting. Ausgabe 06 (Feb 08). Bietigheim-Bissingen: Raff GmbH (2008), S. 66-74

SCHMITT (2008)

SCHMITT, R.: Lean Construction Systems (LCS) bringen verbesserte Ergebnisse bei Qualität, Kosten und Termineinhaltung, in: Tiefbau 1/2008, S 28-30

SESTERHENN (2009)

SESTERHENN, C.: Erfolg durch Präqualifikation in Deutschland und Europa?, in: Seminarunterlagen zur 11. Interdisziplinären Tagung für Baubetriebswirtschaft und Baurecht am 08.+09. Mai 2009, in Hannover, Semina

SOBEK/SMALLEY (2008)

SOBEK, D., SMALLEY, A.: Understanding A3 thinking – a critical component of Toyota´s PDCA Management System, Boca Raton: Productivity Press, 2008

SUN (2009)

SUN, P.: Innovation, Sustainability, and Affordability Through Lean Processes: Providing Innovation, Sustainability, and Affordability for the Last Independent Hospital in San Francisco, in: Tagungsunterlagen zur International Conference on Health Facility Planning vom 08.-11.03.2009, in Phoenix, AZ, USA

SWEENEY (2009)

SWEENEY, S.: Addressing Market Failure: Using Transaction Cost Economics to Improve the Construction Industry´s Performance, Department of Civil and Environmental Engineering, The University of Melbourne, April 2009

TRAUTNER (2006)

TRAUTNER; W. E.: Wettbewerblicher Dialog: Chancen und Risiken für Contracting-Aufträge, in: Contracting und Recht, 3/2006, S. 88-92

TROWERS/HAMLINS (2008)

TROWERS & HAMLINS LLP: Projects and Construction – Partnering and PPC International, January 2008

ULMER (2009)

ULMER, D.: Konjunkturpaket II – vergaberechtliche Aspekte, in: Seminarunterlagen zur 11. Interdisziplinären Tagung für Baubetriebswirtschaft und Baurecht am 08.+09. Mai 2009, in Hannover, Semina

WILKE (2008)

WILKE, M.: Project Alliancing – Sharing Risks and Rewards Through a Collaborative Agreement, American Bar Association, Konferenz 11-12. September 2008, Chicago, USA

WOLFF/WERWIGK (2003)

WOLFF, H.-J., WERWIGK, U.: Alternative Streitbeilegung und neue Vertragsmodelle in der Bauabwicklung, in: Motzko, C. (Hrsg.): Festschrift anlässlich des 65. Geburtstages von Univ.-Prof. Dr.-Ing. Eberhard Schubert, VDI-Verlag, Darmstadt 2003, S. 227-250

WOMACK/JONES (2004)

WOMACK, J.; JONES, D.: Lean Thinking – Ballast abwerfen, Unternehmensgewinne steigern, Frankfurt: Campus Verlag, 2004

ZÜBLIN (2007)

Ed. Züblin AG (Hrsg.).: Das ZÜBLIN teamconcept – Bauen mit höchster Effizienz, Mai 2007

Anhang 1: Die 7W-Methode

Aus der nachfolgenden Abbildung werden die einzelnen Fragen der 7W-Methode mit den gesuchten Antworten ersichtlich:

Was?	(Ziel)	Was wird getan? Lässt sich die Arbeit vereinfachen?
Weshalb?	(Grund)	Warum ist die Arbeit erforderlich? Klären Sie den Arbeitszweck dieser Arbeit!
Wo?	(Ort)	Wo wird die Arbeit ausgeführt? Muss das dort sein?
Wann?	(Ablauf)	Wann ist der beste Zeitpunkt zur Ausführung? Muss das dann sein?
Wer?	(Mitarbeiter)	Wer führt die Arbeit aus? Wäre es besser, jemand anderen einzusetzen? Warum führe ich diese Arbeit aus?
Wie?	(Methode)	Wie wird diese Arbeit erledigt? Ist es der beste Weg, die Arbeit so und nicht anders zu tun? Gibt es andere Wege, die Arbeit auszuführen?
Wie viel?	(Kosten)	Wie viel kostet es? Wie viel wird die Verbesserung kosten?

Tab. 12: 7W-Methode[179]

[179] Vgl. KIRSCH (2009), S. 195.

Anhang 2: Wissenschaftliche Methodik

Zur Erhebung qualitativer Daten bieten sich verschiedene Methoden an, die von der Fragestellung abhängig sind. Im Rahmen der vorliegenden Fallstudien werden unterschiedliche Techniken miteinander verknüpft, um so eine umfassende Analyse zu erreichen. Die Methodentriangulation verknüpft verschiedene auf die Fragestellung abgestimmte Erhebungsmethoden miteinander und dient dazu, Fehler, die bei den einzelnen Datenerhebungen entstehen können, zu vermeiden bzw. zu eliminieren. Es gilt als unwahrscheinlich, dass fehlerhafte Informationen in verschiedenen Techniken gleichermaßen enthalten sind bzw. sich gegenseitig kompensieren.[180]

Für die im Rahmen dieser Arbeit zu erhebenden Daten bietet sich eine Inhaltsanalyse der IFOA bzw. der Allianzverträge an. Die Inhaltsanalyse dient dazu, die wesentlichen Merkmale und Kennzeichen der IFOA bzw. der Allianzverträge zu analysieren. Darauf aufbauend werden von Interviews durchgeführt und ergänzend dazu im Rahmen der Fallstudien teilnehmende Beobachtungen an einem konkreten Projekt gemacht.

Das Ziel einer Fallstudie ist es, einen einzelnen Fall oder eine einzelne Untersuchungseinheit zu beschreiben bzw. zu analysieren und daraus typische Handlungsmuster zu entwickeln. Die Vorteile der Fallstudie bestehen darin, dass eine einzelne Untersuchungseinheit mit verschiedenen Techniken untersucht werden kann, so dass die Ergebnisse der einzelnen Verfahren aufeinander abgestimmt und die in den einzelnen Methoden steckenden Fehler entdeckt werden können. Dabei können die Ergebnisse der ersten Methode mit einer zweiten abgesichert werden, oder aber die zweite Technik erweitert die Ergebnisse der ersten, so dass ein umfassenderes Bild von der Untersuchungseinheit erreicht werden kann. [181] Ziel der Auswertung der Fallstudie ist es, über die Reproduktion der Kommunikationsinhalte hinauszugehen, indem die Fallstudie interpretiert und typisiert wird.

Die Durchführung von Interviews gibt Experten die Möglichkeit, konkretes Wissen und Erfahrungen wieder- und weiterzugeben. Unter einem Interview wird „ein planmäßiges Vorgehen mit wissenschaftlicher Zielsetzung, bei dem die Versuchsperson durch eine Reihe gezielter Fragen oder mitgeteilter Stimuli zu verbalen Informationen veranlasst werden soll."[182] verstanden.

Da die Generierung nützlicher Informationen beim Interview im Vordergrund steht, ist es entscheidend, nachfolgend beschriebene Punkte an der Thematik und dem Forschungsschwerpunkt auszurichten:

---

[180] Vgl. LAMNEK (2005), S. 317.
[181] Vgl. LAMNEK (2005), S. 311 ff.
[182] Vgl. SCHEUCH (1967), S. 70.

- Die Interviewtechnik ist auf die geplanten Ziele und Schwerpunkte abzustimmen.
- Die Auswahl der Gesprächspartner ist bestmöglich auf die Themenschwerpunkte abzustimmen.
- Das Interpretationsverfahren ist auf den Forschungsschwerpunkt auszurichten.

Für die Durchführung von Interviews sind sowohl methodologische als auch methodisch-technische Aspekte zu beachten. Nachfolgend sind einige Prinzipien dargestellt, die die methodologischen Aspekte erfassen:

- Prinzip der Zurückhaltung: der Befragte dient als Datenlieferant und der Forscher lässt diesen zu Wort kommen.
- Prinzip der Relevanzsysteme der Betroffenen: die Wirklichkeitsdefinition erfolgt durch den Befragten und nicht durch den Forscher.
- Prinzip der Kommunikativität: der Interviewer hat sich an das kommunikative Regelsystem des Befragten anzupassen.
- Prinzip der Offenheit: das Interview ist für unerwartete Informationen zugänglich.
- Prinzip der Flexibilität: der Forscher reagiert variabel auf die Bedürfnisse des Befragten.

Unter Berücksichtigung der methodisch-technischen Aspekte ist zu beachten, dass das Interview möglichst im alltäglichen Milieu des Befragten durchzuführen ist. Darüber hinaus sind qualitative Interviews nicht standardisiert, die Fragen sind nicht vorab formuliert und folgen auch keiner spezifischen Reihenfolge. Vielmehr ergibt sich die Abfolge aus dem Gesprächsverlauf. Nichtsdestotrotz ist es sinnvoll, einen Leitfaden zur Orientierung des Interviews vorzubereiten. Kennzeichnend ist, dass in der Regel keine geschlossenen Fragen gestellt werden, vielmehr soll der Befragte den Forscher an seinen Erfahrungen und an seinem Wissen durch Erzählungen teilhaben lassen. Im Rahmen qualitativer Interviews geht es darum, einige typische Fälle, die durch Theoretical Sampling – eine gezielte Auswahl, die sich an den für die Forschungsfrage wichtigen Schwerpunkten orientiert – gewonnen werden, zu untersuchen. Aufgrund der Fülle an Informationen ist es unverzichtbar, dass die Interviews aufgezeichnet werden, um sie dann später komplett und systematisch auszuwerten.

Bei der Durchführung des Interviews ist darauf zu achten, dass dem Befragten zu Beginn des Interviews die spezifische Vorgehensweise erklärt wird. Das Interview orientiert sich an einem Leitfaden, der sich aus den Untersuchungen und Vorüberlegungen zu dem in den Interviews zu untersuchendem Themenbereich ergibt. Diese können während der Interviews abgehakt oder wenn sie nicht oder zu kurz behandelt wurden, angesprochen werden. Es liegt im Geschick des Interviewers den Leitfaden sinnvoll einzusetzen und dadurch das Gespräch insbesondere auch durch zielgerichtete Fragen zu lenken.

Die Auswahl der Befragten richtet sich nach folgenden Kriterien:

- Theoretical Sampling: da es im Rahmen der Interviews um typische Fälle geht, werden keine Zufallsstichproben gezogen, sondern die Befragten werden nach den Erkenntnisinteressen des Forschers ausgewählt.
- Bei der Auswahl der Befragten ist darauf zu achten, dass keine verzerrte und damit untypische Auswahl getroffen wird.
- Im Verlauf des Forschungsprozesses kann es notwendig sein, die Auswahl der Befragten sukzessive zu erweitern.
- Es kann erforderlich sein, die Inhalte und Fragen dem Forschungsprozess anzupassen und zu erweitern.[183]

Die Interviews werden mit der interpretativ-explikativen Form ausgewertet und analysiert. Die Auswertung erfolgt in vier Phasen:

- Transkription
- Einzelanalyse
- Generalisierende Analyse
- Kontrollphase

Im Rahmen der Transkription wird das meist sehr umfangreiche Material, das durch die Interviews gewonnen wurde und als Original auf einem Datenträger vorliegt, in eine schriftliche und lesbare Form gebracht. Hierbei sind auch eventuelle nonverbale Aspekte festzuhalten. In einem dritten Schritt wird das Transkript nochmals überprüft und gegebenenfalls verbessert. Weitere Daten und Informationen, die nicht aufgezeichnet wurden und sich ggf. aus dem Gespräch vor bzw. nach der Aufzeichnung ergeben haben, werden ebenfalls festgehalten. Darauf folgt die Einzelanalyse, die die zentralen Passagen hervorhebt, so dass in einem nächsten Schritt die wichtigsten Textteile berücksichtigt und einer inhaltsanalytischen Auswertung unterzogen werden. In der generalisierenden Analyse werden die Gemeinsamkeiten aus verschiedenen Interviews aufgezeigt und können bereits Grundlage für eine typisierende Generalisierung sein. Es ist notwendig, auch die inhaltlichen Differenzen der Interviews herauszuarbeiten, so dass aus Betrachtung der Gemeinsamkeiten und Differenzen gewisse Grundtendenzen entwickelt werden. In der Kontrollphase wird geprüft, ob durch das reduktive Vorgehen Fehlinterpretationen entstanden sind.

[183] Vgl. LAMNEK (2005), S. 386.

Anhang 3: Die Five Big Ideas

Zusammenarbeiten, wirklich zusammenarbeiten

Für den Erfolg des Projektes, insbesondere im Hinblick auf eine realisierbare und finanzierbare Planung, ist es unerlässlich, dass sämtliche Projektbeteiligte so früh wie möglich in die Planung bzw. das Projekt einbezogen werden. Die Planung ist ein iterativer Prozess, der ein Wechselspiel aus Zielen und Mitteln darstellt. Durch Zusammenarbeit in der Planung und im Entwurf können die positiven Iterationen maximiert und die negativen Iterationen minimiert werden.

Verstärkte Beziehungen zwischen den Projektbeteiligten

Herkömmlicherweise kennen sich die verschiedenen Projektbeteiligten nicht. Sie kommen auf ein Projekt und werden für die Dauer dieses Projekts zusammenarbeiten. Viele Projekte sind jedoch komplex und haben lange Bauzeiten, während derer die Beteiligten zusammen agieren werden. Hierfür ist es wichtig, dass sich das Team kennenlernt und respektiert. Für eine erfolgreiche Projektabwicklung ist es notwendig, dass die Beteiligten bereit sind, während der Zusammenarbeit kontinuierlich dazuzulernen. Es ist wichtig, dass die Projektbeteiligten ein Vertrauensverhältnis aufbauen und gemeinsam aus Fehlern lernen und darüber hinaus diese Lernerfahrung auch für zukünftige Projekte nutzen. Dafür ist eine bewusste Bereitschaft zur Weiterentwicklung von den einzelnen Beteiligten notwendig.

Projekte als ein Netzwerk aus Zusagen

Beim traditionellen Projektabwicklungsansatz beruht die Planung auf Voraussagen, das Management wird auf die Kontrolle und die Projektleitung auf Weisungserteilung beschränkt. Dahingegen geht es beim LPDS darum, fortlaufend Netzwerke, die auf zuverlässigen Zusagen beruhen, zu erarbeiten und zu bilden. Die Projektleiter und die Führungskräfte gestalten durch ein Netzwerk aus Zusagen die ungewisse Zukunft gemeinsam im Team.

Optimierung des Gesamtprojekts

Durch lokale Optimierungen auf verschiedenen Arbeitsebenen kann zwar die Produktivität vor Ort gesteigert werden, allerdings verringert sich dadurch die Vorhersehbarkeit freigegebener Arbeiten an den nächsten Verantwortlichen; die Koordinierung wird erschwert und das Vertrauen sinkt bei steigender Projektdauer. In der Planung entstehen durch lokale Optimierungen Nacharbeiten und Verspätungen, in der Ausführung kann das schwerwiegendere Folgen haben. Durch ganzheitliche Optimierungen kann sowohl das „Chaos“ auf den Baustellen beseitigt als auch die Unfallgefahr signifikant verringert und damit die Sicherheit auf der Baustelle erhöht werden.

Enge Verknüpfung von Erlerntem mit Handlungen

Eine kontinuierliche Verbesserung der Kosten, des Bauzeitenplans und des Wertes für das Projekt kann erreicht werden, wenn die Projektbeteiligten während des Arbeitens dazulernen. Das kann z.B. dadurch geschehen, dass der Ausführende unmittelbar eine Rückmeldung bekommt, inwieweit seine Arbeit zufriedenstellend ist. Indem die Arbeiten in einzelne Teilschritte zerlegt werden (single-piece flow), wird es vermieden, dass ganze Arbeitspakete nicht den Wünschen und Erwartungen des Kunden entsprechen. Die derzeitige Trennung zwischen Planung, Ausführung und Kontrolle führt zu schlechten Projektergebnissen und senkt die Erwartungen im Hinblick auf die tatsächlich erreichbaren Möglichkeiten.[184]

[184] Vgl. POST (2007), S. 84; LICHTIG (2005a); S. 10 ff.

Anhang 4: Target Value Design und Target Costing

Neun Prinzipien zur Generierung eines Zielwerts während der Planung:

1. Enge Zusammenarbeit mit dem Bauherrn zur Erreichung des Zielwerts. Dabei ist es Aufgabe des Bauherrn und des IPD-Teams, gemeinsam die Anforderungen zu definieren, Einschätzungen und Entscheidungen zu treffen und zu entscheiden, wie der Wert generiert werden kann. Oberstes Ziel in der Planungsphase ist es, die Bedenken des Bauherrn aus dem Weg zu räumen.
2. Die Planung soll Lern- und Innovationserfolge zulassen. Vom Team wird erwartet dazuzulernen und herausragende Ergebnisse zu liefern. Dafür sollen Standards entwickelt werden, die das Gelernte und die Innovationen aufzeigen und in Form von Standards umsetzen.
3. Die Planung erfolgt parallel zur detaillierten Kostenabschätzung. Es werden Mechanismen eingeführt, um die Planung bezüglich Kosten und Werten des Bauherrn zu kontrollieren.
4. Das Projekt wird gemeinschaftlich mit standardisierten Praktiken und Koordinationsaktionen geplant. Dadurch können Verspätungen, Nacharbeiten und unplanmäßiges Design vermieden werden.
5. Das Produkt und der Prozess werden gleichzeitig geplant. Die Details werden in kleinen Arbeitspaketen geplant und parallel mit dem Kunden abgestimmt. Es soll eine Routine entwickelt werden, die es ermöglicht, Lösungen von Details kleiner Arbeitspakete bereits parallel zum Planungsfortschritt zu genehmigen und nicht erst nach Abschluss der gesamten Planung.
6. Die Planung und Details sollen in der Reihenfolge, in der sie vom Kunden gebraucht werden, produziert werden. Das stellt sicher, dass die Wertung des Kunden geachtet wird. Um negative Iterationen zu vermeiden, soll die Planung mit Fokus darauf geschehen, was der Kunde oder andere Projektbeteiligte als nächstes brauchen und nicht darauf, was als nächstes am besten machbar wäre.
7. Arbeiten in kleinen und facettenreichen Gruppen. Lernen und Innovationen geschehen in der Gemeinschaft. Eine Gruppenanzahl von acht oder weniger Personen fördert das gemeinsame Lernen und Hervorbringen von Innovationen, da das Vertrauen zueinander schneller entsteht, Kommunikation und Koordination einfacher sind.
8. Arbeiten im Big Room: Es ist am effektivsten, wenn verschiedene Mitglieder aus einem Planungsteam an einem Ort, in einem Büro gemeinsam arbeiten, so dass sie sich absprechen und Besprechungen bei Bedarf spontan durchgeführt werden können.

9. Während des Prozesses immer auch zurückschauen. Es ist wichtig, nach jedem Planungsabschnitt (design cycle) die Phase zu reflektieren und daraus zu lernen. Dazu können der plus/delta-Prozess, der die Vorteile und die Verbesserungsmöglichkeiten erfasst, oder formalere Prozesse am Ende der Besprechung genutzt werden. Alle Team-Mitglieder sollen ermutigt werden, jederzeit – bereits bei der Vorahnung einer Möglichkeit zur Verbesserung – einen Rückblick zu verlangen.[185]

[185] Vgl. AIA (2004).

Anhang 5: Der 5S-Plan

Gemäß IFOA soll der 5S-Plan mindestens die nachfolgenden Aspekte umfassen:

Sortieren	Beseitigung von Unordnung und unnötigen Materialien vom Arbeitsplatz: Materialien werden zu dem Zeitpunkt beschafft, zu dem sie benötigt werden, und nur so lange gelagert, wie sie erforderlich sind. Danach werden sie direkt von der Baustelle entfernt; dies gilt auch für Papiere, Zeichnungen und andere Büromaterialien sowie für Bau- und Hilfsstoffe, Einbauteile etc.
Suchen vermeiden	Angabe des Orts, an dem die Komponenten verwendet werden und direktes Platzieren der Komponenten an diesem Ort, damit sie in Reichweite sind. Die Aufbewahrungsbereiche und Schränke sind entsprechend zu kennzeichnen.
Sauberkeit	Herstellung eines sauberen Arbeitsplatzes, der stets gereinigt wird; Kontrolle, ob Abfall regelmäßig entsorgt wird; Reinigungsplan, der ausgehängt wird.
Standardisierung	Aushängen von Standards für die Umsetzung des 5S-Plans und stetiges Streben nach Verbesserung.
Selbstdisziplin	Die ersten vier Anforderungen stellen einen Mindeststandard dar, der stets verbessert werden soll.

Tab. 13: Anforderungen an den 5S-Plan

Anhang 6: Grundlagen des CBA-Systems

Folgende neun Prinzipien sind für das CBA-System grundlegend:

1. Entscheidungsträger müssen stichhaltige Methoden lernen und diese geschickt bei der Entscheidungsfindung einsetzen.
2. Entscheidungen müssen anhand der Wichtigkeit der Vorteile getroffen werden.
3. Entscheidungen müssen in relevanten Fakten verankert werden.
4. Verschiedene Arten von Entscheidungen verlangen nach unterschiedlichen stichhaltigen Methoden.
5. Komplexe Entscheidungen lassen sich durch kleinere Schritte vereinfachen.
6. Einfache Entscheidungen lassen sich durch weniger Schritte vereinfachen.
7. Alle Entscheidungen lassen sich vereinfachen, indem die korrekten Daten richtig eingesetzt werden.
8. Entscheidungen, bei denen Geld im Spiel ist, verlangen besondere Methoden.
9. Verschiedene Entscheidungen finanzieller Art benötigen unterschiedliche Methoden.

Zur Benutzung des CBA-Systems ist die korrekte Terminologie entscheidend. Dazu sind im CBA-System folgende Ausdrücke definiert:

FAKTOR: Ein Faktor beinhaltet Merkmale, Eigenschaften, Vorteile und andere Daten. Ein Faktor ist ein Teil der Entscheidung.

MERKMAL: Ein Merkmal stellt eine Bedingung dar (muss oder kann). Ein Merkmal ist ein Standard, auf dem eine Entscheidung basiert.

EIGENSCHAFT: Eine Eigenschaft ist eine Charakteristik, eine Qualität oder die Folge einer Alternative.

VORTEIL: Ein Vorteil ist ein positiver (nutzbringender) Unterschied zwischen den Eigenschaften von zwei Alternativen.

ALTERNATIVEN: Alternativen sind zwei oder mehrere sich gegenseitig ausschließende Konzepte, Personen oder Dinge, von denen nur eine einzige ausgewählt werden kann.

VORSCHLÄGE: Vorschläge sind zwei oder mehrere sich nicht gegenseitig ausschließende Konzepte, Personen oder Dinge, von denen mehr als einer gewählt werden kann.

STICHHALTIGE ENTSCHEIDUNG: Eine stichhaltige Entscheidung ist eine Entscheidung, die umgesetzt werden soll, basierend auf den maßgeblichen Merkmalen, den relevanten Faktoren und den geeigneten Standpunkten.

Im CBA-System werden Entscheidungen getroffen, die unabhängig vom Geld sind bzw. die den gleichen Preis haben, so dass kein finanzieller Vorteil vorliegt oder Entscheidungen zwischen unterschiedlichen Alternativen mit verschiedenen Kosten.

Da im Rahmen dieser Arbeit nicht das gesamte CBA-System dargestellt werden kann, wird nachfolgend der beim CHH-Projekt verwendete Prozess näher erläutert. Dort werden die Entscheidungen in zwei Schritten getroffen. Der erste Schritt erfolgt ohne Betrachtung der monetären Seite und wird nachfolgend zuerst dargestellt. Zunächst wird überprüft, ob sich die Alternativen gegenseitig ausschließen. Ist dieses der Fall, so sind sie zuerst separat zu bewerten und dann auszuwählen. Erst nachdem sichergestellt ist, dass sich die vorliegenden Alternativen nicht gegenseitig ausschließen, werden diesen die Faktoren und die entsprechenden Merkmale, die nach Muss- oder Kann-Merkmalen eingeteilt werden, zugeordnet. Mit der Liste der Muss-Merkmale werden direkt Alternativen eliminiert. Für jeden Faktor werden die maßgebenden Eigenschaften bestimmt und die sich daraus ergebenden Vorteile aufgeschrieben. Dabei ist folgende Regel zu beachten:

Die Schlüsselworte sind eins und zwei:

- Eine Eigenschaft ist die Charakteristik von einer Alternative.
- Ein Vorteil ist die Differenz der Eigenschaften zwischen zwei Alternativen.

	Alternative 1		Alternative 2		Alternative 3	
	Firma A		Firma B		Firma C	
Faktor: durchschnittliches jährliches Volumen in den letzten 5 Jahren Merkmal: mind. 3 Millionen, mehr ist besser						
Eigenschaft:	4 Millionen €		10 Millionen €		8 Millionen €	
Vorteil:			6 Millionen mehr Umsatz	30	4 Millionen mehr Umsatz	20
Faktor: Projektrepräsentative Merkmal: mind. 5 Jahre Erfahrung als Projektleiter						
Eigenschaft:	8 Jahre Erfahrung in ähnlicher Tätigkeit		6 Jahre Erfahrung auf kleineren Projekten		5 Jahre Erfahrung auf ähnlichen Projekten	
Vorteil:	Viel mehr Erfahrung	60			Mehr Erfahrung	40
Faktor: Erfahrung mit Lean – Projekten Merkmal: Abwicklung LPDS						
Eigenschaft:	kein Projekt		1 Projekt		2 Projekte	
Vorteil:			Mehr Erfahrung	60	Viel mehr Erfahrung	85
Absolute Wichtigkeit	60		90		145	

Abb. 18: Bestimmung der absoluten Wichtigkeit der Alternativen

Anhand eines Beispiels soll die Vorgehensweise zur Bestimmung der absoluten Wichtigkeit der Alternativen dargestellt werden. Es stehen drei Firmen: A, B und C zur Auswahl, die anhand von drei Faktoren erfolgen soll, die ihrerseits durch Merkmale spezifiziert werden:

- durchschnittliches jährliches Volumen in den letzten 5 Jahren, Merkmal: mind. 3 Millionen, mehr ist besser
- Projektrepräsentative, Merkmal: mind. 5 Jahre Erfahrung als Projektleiter
- Erfahrung mit Lean-Projekten, Merkmal: Abwicklung im LPDS

Üblicherweise werden die für die Entscheidung einzubeziehenden Faktoren gemeinsam im Team ausgewählt und anhand von Merkmalen zusammen spezifiziert. Für jede Alternative werden die Eigenschaften den verschiedenen Faktoren zugeordnet.

Nachdem für alle Alternativen die Eigenschaften sämtlicher Faktoren in die Tabelle eingetragen worden sind, wird getrennt nach den einzelnen Faktoren die jeweils am wenigsten bevorzugte Eigenschaft unterstrichen. Im dargestellten Beispiel ist ein Faktor das durchschnittliche jährliche Volumen der Firma in den letzten 5 Jahren. Für Firma A sind das 4 Millionen €, für Firma B 10 Millionen € und für Firma C 8 Millionen €. Das Muss-Merkmal ist 3 Millionen € und wird von allen drei Alternativen erreicht. Firma A hat mit 4 Millionen € das geringste Volumen und daher die am wenigsten bevorzugte Eigenschaft. Daher wird 4 Millionen € unterstrichen.

Danach werden die Vorteile aller Alternativen im Vergleich zu der am wenigsten bevorzugten Alternative ermittelt und in die Tabelle eingetragen. In diesem Fall ist der Vorteil für Firma B 6 Millionen € und für Firma C 4 Millionen €. Für jeden Faktor wird der wichtigste Vorteil, z.B. durch Einkreisen, markiert. In diesem Fall der Vorteil der Firma B. Dieser Vorgang wird für alle Faktoren durchgeführt.

Anschließend werden die wichtigsten Vorteile jedes Faktors miteinander verglichen und gewertet. Der vorrangige Vorteil kennzeichnet sich durch die höchste Bewertungszahl. Kleine Unterschiede der Vorteile haben in der Regel eine geringe Wichtigkeit. Entscheidend ist, dass alle Vorteile auf derselben Skala gewichtet werden. Merkmale, Faktoren, Eigenschaften oder höhere Abstraktionen dürfen nicht gewichtet werden. Im dargestellten Beispiel sind die Vorteile „6 Millionen mehr Umsatz", „viel mehr Erfahrung des Projektleiters" und „viel mehr Erfahrung mit Lean Projekten" miteinander zu vergleichen. Das Team entscheidet gemeinsam, welcher Vorteil hier der vorrangige ist und die höchste Bewertungszahl erhält. Im Beispiel ist die Erfahrung mit Lean Projekten vorrangig vor der Erfahrung des Projektleiters und vor dem Umsatzvolumen. Es werden dementsprechend die Bewertungszahlen 85, 60 und 30 verteilt. Danach werden die Vorteile gleicher Faktoren gewichtet. Die „6 Millionen mehr Umsatz" sind mit 30 bewertet worden und werden nun mit den „4 Millionen mehr Umsatz" verglichen, denen eine 20 zugeordnet wird. Nachdem die Vorteile aller Faktoren für die verschiedenen Alternativen gewichtet worden sind, werden die Gesamtpunkte der einzelnen Alternativen ausgerechnet. In diesem Fall hat Firma C mit 145 Punkten die höchste Punktzahl und wäre ohne Betrachtung der monetären Seite gegenüber den anderen Alternativen zu wählen.

Bei der überwiegenden Anzahl der Entscheidungen spielt jedoch die monetäre Seite eine wichtige Rolle. In diesem Fall schließt sich an den oben dargestellten ersten Schritt der nicht-monetären Betrachtung ein weiterer an, bei dem die Kosten der verschiedenen Alternativen miteinbezogen werden. Dazu werden die berechneten Gesamtpunkte der einzelnen Alternativen zusammen mit den Kosten in ein Diagramm eingetragen. Auf der x-Achse werden die Geldeinheiten und auf der y-Achse die absolute Wichtigkeit der Vorteile aufgetragen. Hierbei ist zu beachten, dass die Achsen maßstäblich eingeteilt werden, da sonst die Steigung der Geraden, die zur Bemessung des Mehrertrags eingezeichnet wird, verfälscht ist. Zwei verschiedene Geraden verdeutlichen das Nutzen-Kosten-Verhältnis. Die Steigung der Referenzgeraden gibt das Verhältnis zwischen dem Mehrwert in Form von Wichtigkeit der Vorteile pro extra Geldeinheit an. Die Zuwachsgerade wird zwischen je zwei benachbarten Alternativen eingezeichnet, wobei benachbart bedeutet, dass sie finanziell den kleinsten Unterschied haben. Alternativen, die weit unterhalb der Referenzlinie liegen, können direkt eliminiert werden. Für die restlichen Alternativen gelten zwei grundlegende Regeln:

- Ist die Zuwachsgerade steiler als die Referenzgerade, so wird die rechte Alternative gewählt.
- Ist die Referenzgerade steiler als die Zuwachsgerade, so wird die linke Alternative gewählt.

Hat die Zuwachsgerade zwischen zwei Alternativen eine negative Steigung, existiert kein Zuwachs sondern eine Minderung, die rechte Alternative entfällt somit und wird eliminiert.

Die Vorgehensweise wird am nachfolgenden Beispiel verdeutlicht. Es zeigt vier sich gegenseitig ausschließende Alternativen, für die Kosten und absolute Wichtigkeiten der Vorteile berechnet worden sind:

	Alternative 1	**Alternative 2**	**Alternative 3**	**Alternative 4**
Absolute Wichtigkeit	20	160	125	170
Kosten €	850 €	900 €	1.100 €	1.375 €

Tab. 14: Übersicht der absoluten Wichtigkeit und der Kosten verschiedener Alternativen

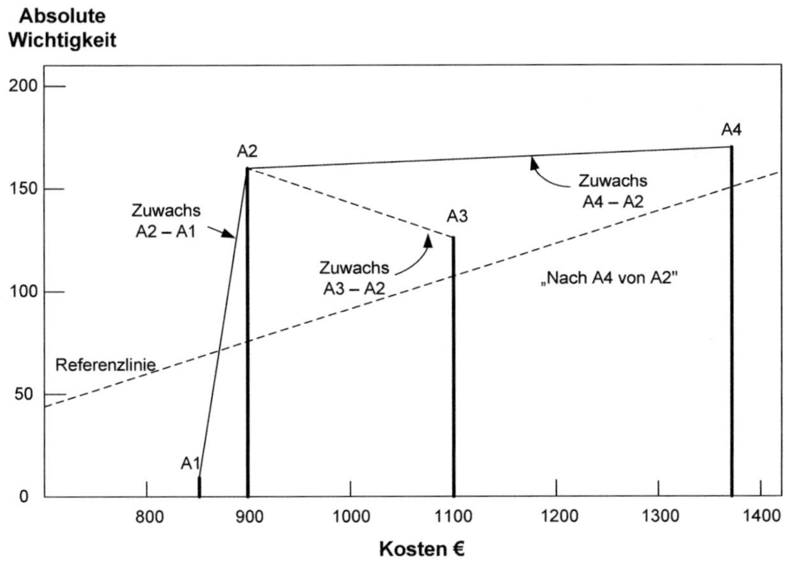

Abb. 19: Darstellung der Alternativen

An der Steigung der Referenzgeraden werden die Zuwachsgeraden gemessen. Zwischen Alternative 2 und 3 ist eine negative Steigung, das bedeutet, dass Alternative 3 teurer ist bei einer geringeren absoluten Wichtigkeit als Alternative 2. Damit scheidet Alternative 3 unmittelbar aus. Die Zuwachssteigung zwischen Alternative 1 und 2 ist größer als die Steigung der Referenzgeraden, so dass die rechte Alternative, also Alternative 2, gewählt wird. Alternative 1 scheidet aus. Die Zuwachsgerade zwischen den verbleibenden Alternativen 2 und 4 hat eine geringere Steigung als die Referenzgerade, so dass die linke Lösung gewählt wird. Damit entfällt Alternative 4 und Alternative 2 wird gewählt. Da die Steigung der Referenzgeraden größer ist als die der Zuwachsgeraden zwischen Alternative 2 und 4, bedeutet das, dass für den Betrag der Differenz zwischen Alternative 2 und 4 in Höhe von 475 € eine alternative Anschaffung lohnenswerter ist.

Anhang 7: Streitbeilegungsverfahren im Rahmen der IFOA

Die sechs Stufen des Streitbeilegungsverfahrens gemäß IFOA:

1. Ankündigung
   Ein potenzielles Claim muss der Kerngruppe schnellstmöglich, spätestens 14 Tage nachdem das Claim-auslösende Ereignis oder sieben Tage nachdem der Kläger erstmalig die Bedingungen für das Claim erkennt, schriftlich mitgeteilt werden. Hierbei ist der Kerngruppe der genaue Zeitpunkt des erstmaligen Auftretens mitzuteilen, der Grund zu erläutern und in Bezug zum Vertrag zu stellen. Die Konsequenzen für Kosten, Zeitplan und Fertigstellungstermin sind anzugeben.

2. Sondersitzung
   Der Bauherr, der Architekt und der GU sollen in einer Sondersitzung gemeinsam versuchen, das Claim zu lösen. Die Sondersitzung soll innerhalb von 14 Tagen nach schriftlicher Einladung auf dem Projekt erfolgen. Zu der Sondersitzung sollen nicht-juristisch Beteiligte der involvierten Vertragsparteien kommen, die auch die entsprechende Befugnis haben.

3. Einbindung der Kerngruppe
   Sind die Parteien nicht in der Lage, das Claim in der Sondersitzung zu lösen, so ist die Kerngruppe einzubinden. Die Kerngruppe wird das Claim entweder in ihrem nächsten Treffen besprechen oder ein Sondertreffen planen. Sie werden eine oder mehrere der folgenden Maßnahmen treffen:
   a. Anforderung zusätzlicher Daten und Informationen von Mitgliedern des IPD-Teams
   b. Anforderung einer technischen Analyse von Mitgliedern des IPD-Teams
   c. Fortsetzen des Versuchs, eine Einigung zu erreichen

4. Senior Executive Meeting
   Ist die Kerngruppe nicht in der Lage das Claim zu lösen, kann sie die Repräsentanten des Senior Managements (der in der Kerngruppe involvierten Firmen) zu einem „Executive Meeting“ einberufen. Das Treffen soll nach spätestens 14 Tagen, nachdem die Kerngruppe bekannt gegeben hat, dass sie keine Entscheidung treffen kann, stattfinden. Ziel dieses Treffens sind:
   a. Austausch und Prüfung aller relevanten Dokumente
   b. Diskussion der verschiedenen Standpunkte der Vertragsparteien
   c. Lösung des Claims

5. Einbindung von einem oder mehreren unabhängigen Experten
   Ist das Claim nicht innerhalb von sieben Tagen nach dem „Executive Meeting“ gelöst, so kann die Kerngruppe einen oder mehrere unabhängige Experten ernennen. Der bzw. die Experten sollen die technische Analyse des Problems sowie die Unterlagen der verschiedenen Vertragsparteien durchsehen und prüfen und sich mit den verschiedenen Vertragsparteien zum persönlichen Gespräch treffen. Innerhalb von 21 Tagen nach der Ernennung durch die Kerngruppe soll der unabhängige Experte eine Empfehlung an die Kerngruppe und die involvierten Vertragsparteien liefern.

6. Nicht bindende Mediation
   Ist es auch nach Einbindung von einem oder mehreren unabhängigen Experten nicht zu einer Einigung und Lösung gekommen, so steht es jeder Vertragspartei frei, einen Mediator vorzuschlagen, der von allen Vertragsparteien akzeptiert werden muss. Der Mediator muss Erfahrung in der Region und auch mit ähnlichen Projekten (in Bezug auf Größe und Art) vorweisen können. Der Mediator soll ein Treffen mit dem Bauherrn, dem Architekten, dem GU und weiteren in dem Claim eingebundenen Vertragsparteien vereinbaren. Die Anwesenden müssen autorisiert sein, das Claim lösen zu können. Der gesamte Prozess muss innerhalb von 30 Tagen beendet sein.

Sind alle diese sechs Schritte durchgeführt worden und konnte dennoch keine Einigung erzielt werden, so steht es den Beteiligten frei, rechtliche Schritte einzuleiten. Oberstes Ziel ist es allerdings, den sechs-stufigen Prozess – mit möglichst wenigen Stufen – zu nutzen, um den Streit bzw. die Unstimmigkeit ohne rechtliche Schritte beizulegen.

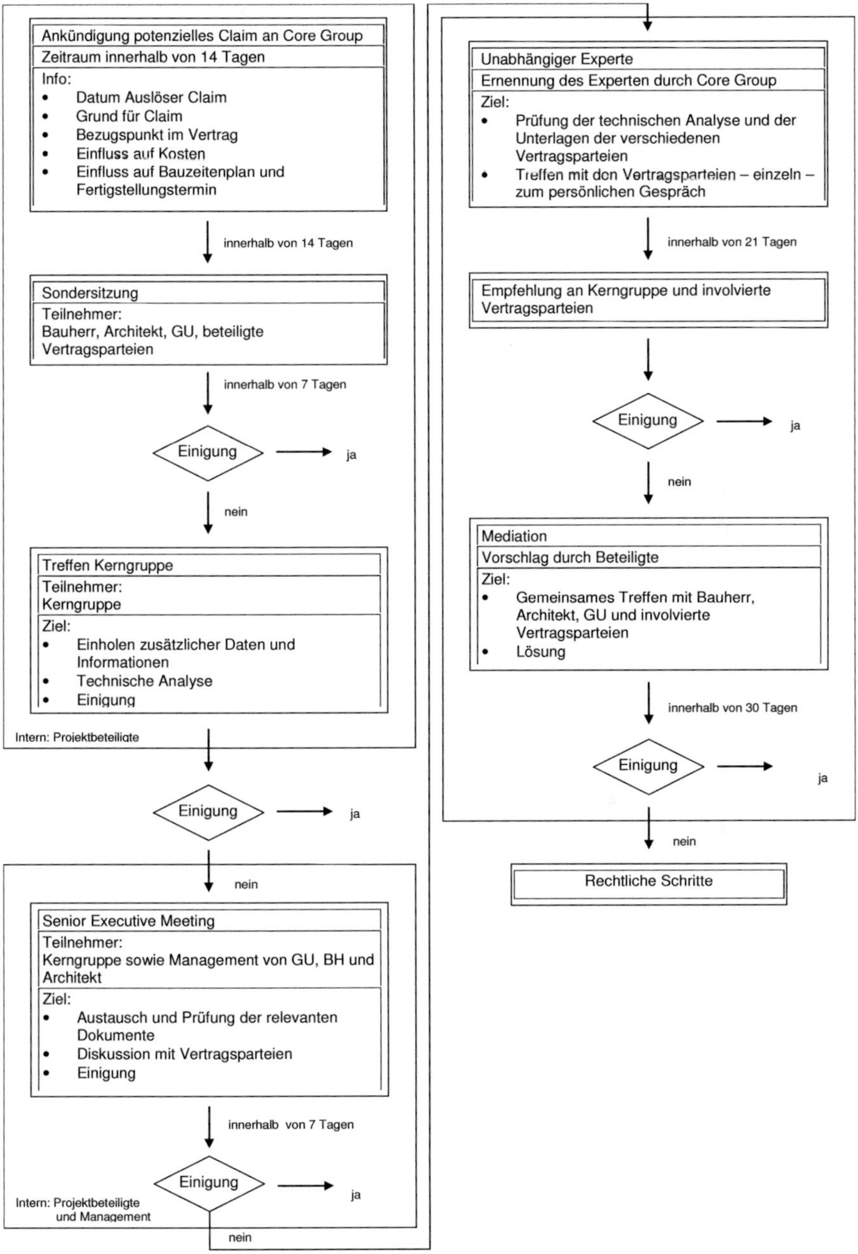

Abb. 20: Verfahren Streitbeilegung

Anhang 8: Genehmigungsprozess für den Bauherrn Melbourne Water

Vorgegebener Prozess für Melbourne Water im Staat Victoria zur Genehmigung eines Großprojektes:

- Das Projekt muss als Teil des GBE[186] Corporate Plan identifiziert werden und danach vom Department of Sustainability and Environment (DSE) und dem Departement of Treasury and Finance (DTF) genehmigt werden.

- Für Projekte mit einer Bausumme von mehr als 50 Millionen AUD muss ein strategischer Business Case eingereicht werden, der den Richtlinien der Regierung des Staates Victoria entspricht (Victorian Governments Business Case Guidelines).

- Der Business Case ist vom DSE und DTF zu prüfen, wobei der Schwerpunkt des DSE auf den wasserspezifischen Themen liegt, der des DTF auf den finanziellen und denen der Projektabwicklung.

- Normalerweise prüft zuerst das DSE den Business Case. Ist dieser von Seiten des DSE genehmigt, so wird der entsprechende Minister des DTF informiert und dieser prüft daraufhin den Business Case im Hinblick auf seine Schwerpunkte.

- Nach der Genehmigung des Business Case kann das Projekt ausgeführt werden.

- Ändert sich das Budget um mehr als 15%, so muss das neue Budget von DSE und DTF erneut geprüft und genehmigt werden.

[186] Die Abkürzung GBE steht für Government Business Enterprise.

Anhang 9: Auswahlkriterien für Allianzverträge

Die Auswahlkriterien der WGF-Allianz sind in zwei Bereiche unterteilt, die nachfolgend dargestellt werden:

Erfahrungen aus abgeschlossenen Projekten und Verständnis der Rollen in einer Allianz

a. Nachweis der Erfolge und Erfahrungen bei abgeschlossenen Projekten ähnlicher Natur

   i. Ausführung

   ii. Design

   Hierbei sind insbesondere die erreichten Ziele in den vom Bauherrn definierten Key Result Areas (KRA) darzustellen. Diese sind Sicherheit (für ausführende Firmen), Qualität/Funktionalität, Finanzen, Zeitplan, Ausführungsplanung und Verkehrsführung, Koordinierung der verschiedenen Stakeholder, Koordination mit angrenzenden Projekten und großen Veranstaltungen (für ausführende Firmen) und Umweltmanagement.

b. Nachweis der Verfügbarkeit sowie der Erfolge und Erfahrungen der nominierten Teammitglieder im Hinblick auf die Ausführung des Projektes und das Erzielen herausragender Ergebnisse

   i. APM

   ii. ALT

   iii. AMT

   iv. Umfang des WPT

   Dabei sind insbesondere die für die jeweilige Funktion notwendigen Kriterien und Eigenschaften zur Erfüllung der Rolle darzulegen und zu zeigen, inwieweit die nominierten Personen bzgl. ihrer Führungsqualitäten und persönlichen Eigenschaften die Rolle erfüllen.

Vorgeschlagene Vorgehensweise für dieses Projekt

a. Darstellung des Projekts mit den dazugehörigen Risiken und Möglichkeiten sowie der beabsichtigten Vorgehensweise bei der Ausführung aus technischer Sicht

   Hierbei geht es insbesondere darum, Maßnahmen im Rahmen der Projektabwicklung zu benennen, die die Baukosten und auch die Projektrisiken reduzieren, sowie die entscheidenden Möglichkeiten und

Innovationen darzustellen, die darüber hinaus die Kosten reduzieren würden und die dafür notwendigen Umsetzungsstrategien vorzustellen. Ein weiterer Bestandteil ist die Strategie für die Nachunternehmervergabe, aus der hervorgehen sollte, welche Arbeiten an Nachunternehmer bzw. in Form von Sub-Allianzen vergeben werden.

b. Darstellung der beabsichtigten Vorgehensweise in der Project Development Phase (PDP)

Hier sind als Mindestanforderungen Angaben zu folgenden Bereichen zu machen:

i. Organigramm für die PDP
ii. Hauptverantwortungsbereiche der verschiedenen AMT-Mitglieder in dieser Phase
iii. Festlegung eines Marktindexes für die verschiedenen KRAs sowie die Vorgehensweise zur Bestimmung und Messung der KRAs
iv. Kalkulation und Festlegung der Zielkosten, genannt Target Outturn Cost (TOC)
v. Umwelttechnische Genehmigungen während der Projektplanung
vi. Design und Innovationen (gemessen an den Anforderungen)
vii. Beziehungen zu Stakeholdern und zu involvierten Gemeinden
viii. Ausführungsplanung
ix. Vergabe (eingeschlossen der Strategie zum Einholen von Preisen und Angeboten, sowie die Bestellung von Elementen mit langen Lieferzeiten)
x. Aufstellen des Controllings und Berichtswesens
xi. Aufstellen und Implementieren von Managementplänen und Systemen
xii. Anwendung von Kommunikations- und IT-Systemen

c. Darstellung der beabsichtigten Herangehensweise zur Etablierung eines gemeinsamen Teams, der Entwicklung einer Projektkultur und der Strategie zur Erzielung eines herausragenden Projektergebnisses

i. Strategie zur Integration von Bauherr, Planer und ausführenden Firmen
ii. Darstellung der globalen Strategie zur Erzielung herausragender Projektergebnisse sowie der speziellen Strategie für jede einzelne KRA

iii. Herangehensweise für die Integration neuer Teammitglieder, der Personalbeschaffung und für Coaching und Training innerhalb der Allianz

Dem auf 40 Seiten begrenzten Angebots sind folgende Dokumente im Anhang beizufügen:

- Lebensläufe der vorgesehenen Projektbeteiligten (diese sind auf max. 2 Seiten pro Person begrenzt und sollen neben seiner Erfolgs- und Erfahrungsgeschichte den Charakter des Einzelnen beschreiben und darstellen, warum diese Person insbesondere für die vorgeschlagene Funktion geeignet ist)
- Referenzprojekte
- Kommentare zum Vertragsentwurf, der der Ausschreibung beigefügt ist
- Liste von mindestens zehn ähnlichen Projekten (in Bezug auf Größe und Bau-Soll) als Referenzprojekte für die Wirtschaftsprüfung
- Bewertung des angegebenen Budgets

Anhang 10: Allianzprinzipien der West Gate Freeway Allianz

Zu den Werten von VicRoads zählen Rechtschaffenheit, Ansprechbarkeit, Objektivität, Verantwortung, Respekt und Führung. Sie werden in den Ausschreibungsunterlagen näher beschrieben.

Aus den Auswahl-Workshops sind nachfolgende Allianzprinzipien hervorgegangen:

- Keine Unglücke
  Wir sind kompromisslos in unserer Verpflichtung in Bezug auf die Gesundheit und die Sicherheit unserer Arbeiter und der Öffentlichkeit, in der wir agieren.

- Großartige Erfahrung
  Wir entwickeln uns kontinuierlich in einer inspirierenden Umgebung weiter, in der wir unsere Erfolge feiern und Spaß haben.

- „Can Do" Einstellung
  Wir streben stets nach Innovationen und stellen uns unseren Herausforderungen, indem wir unsere Verantwortungen und Verpflichtungen akzeptieren.

- Inspirierende Führung
  Wir leben eine erkennbare Führung auf allen Ebenen, die die Motivation hervorbringt, neue Wege zu gehen, die wir nie zuvor gegangen sind.

- Offene Kommunikation
  Wir versuchen verschiedene Meinungen zu verstehen und zu respektieren und in einer offenen und ehrlichen Umgebung, die sich durch Vertrauen und nicht durch Vorwürfe kennzeichnet, zu handeln.

- „Boots to suit"
  Wir sind EIN Team, indem alle Stimmen – mit einer gemeinsamen Verpflichtung das Beste für das M1-Projekt[187] zu erreichen – zählen.

- Stolz und Mut
  Wir sind stolz in dem, was wir tun und haben den Mut, unsere Erwartungen zu übertreffen.

---

[187] Das M1-Projekt ist die Bezeichnung für das gesamte Monash-Citylink-West Gate Projekt.

Im Verlauf des Projektes ist noch ein achtes Allianzprinzip vom Team entwickelt worden:

- Vollkommene Zufriedenheit:
  Wir verpflichten uns gemeinsam als auch individuell, fortlaufend an der Fertigstellung des Projektes zu der Zufriedenheit des Bauherrn sowie unserer eigenen Zufriedenheit zu arbeiten.

Veröffentlichungen
des Instituts für Technologie und Management im Baubetrieb

Karlsruher Reihe Bauwirtschaft, Immobilien und Facility Management

KIT Scientific Publishing Karlsruhe, ISSN 1867-5867

Band 1	Jochen ABEL *Ein produktorientiertes Verrechnungssystem für Leistungen des Facility Management im Krankenhaus*	2009
Band 2	Carolin BAHR *Realdatenanalyse zum Instandhaltungsaufwand öffentlicher Hochbauten*	2008
Band 3	Karin DIEZ *Ein prozessorientiertes Modell zur Verrechnung von Facility Management Kosten am Beispiel der Funktionsstelle Operationsbereich im Krankenhaus*	2009
Band 4	Mandana BANEDJ-SCHAFII *System transferability of public hospital facility management between Germany and Iran*	2010

Die Bände sind unter www.ksp.kit.edu als PDF frei verfügbar oder als Druckausgabe bestellbar.

Reihe F – Forschung

Institutsintern verlegt bis einschließlich Heft 62, 2007

Heft 1	Hans PINNOW *Vergleichende Untersuchungen von Tiefbauprojekten in offener Bauweise*	1972
Heft 2	Heinrich MÜLLER *Rationalisierung des Stahlbetonbaus durch neue Schalverfahren und deren Optimierung beim Entwurf*	1972
Heft 3	Dieter KARLE *Einsatzdimensionierung langsam schlagender Rammbäre aufgrund von Rammsondierungen*	1972
Heft 4	Wilhelm REISMANN *Kostenerfassung im maschinellen Erdbau*	1973
Heft 5	Günther MALETON *Wechselwirkungen von Maschine und Fels beim Reißvorgang*	1973
Heft 6	Joachim HORNUNG *Verfahrenstechnische Analyse über den Ersatz schlagender Rammen durch die Anwendung lärmarmer Baumethoden*	1973
Heft 7	Thomas TRÜMPER / Jürgen WEID *Untersuchungen zur optimalen Gestaltung von Schneidköpfen bei Unterwasserbaggerungen*	1973
Heft 8	Georg OELRICHS *Die Vibrationsrammung mit einfacher Längsschwingwirkung – Untersuchungen über die Kraft- und Bewegungsgrößen des Systems Rammbär plus Rammstück im Boden*	1974
Heft 9	Peter BÖHMER *Verdichtung bituminösen Mischgutes beim Einbau mit Fertigern*	1974
Heft 10	Fritz GEHBAUER *Stochastische Einflußgrößen für Transportsimulationen im Erdbau*	1974

Heft 11	Emil MASSINGER *Das rheologische Verhalten von lockeren Erdstoffgemischen*	1976
Heft 12	Kawus SCHAYEGAN *Einfluß von Bodenkonsistenz und Reifeninnendruck auf die fahrdynamischen Grundwerte von EM-Reifen*	1975
Heft 13	Curt HEUMANN *Dynamische Einflüsse bei der Schnittkraftbestimmung in standfesten Böden*	1975
Heft 14	Hans-Josef KRÄMER *Untersuchung der bearbeitungstechnischen Bodenkennwerte mit schwerem Ramm-Druck-Sondiergerät zur Beurteilung des Maschineneinsatzes im Erdbau*	1976
Heft 15	Friedrich ULBRICHT *Baggerkraft bei Eimerkettenschwimmbaggern – Untersuchungen zur Einsatzdimensionierung*	1977
Heft 16	Bertold KETTERER *Einfluß der Geschwindigkeit auf den Schneidvorgang in rolligen Böden* **- vergriffen -**	1977
Heft 17	Joachim HORNUNG / Thomas TRÜMPER *Entwicklungstendenzen lärmarmer Tiefbauverfahren für den innerstädtischen Einsatz*	1977
Heft 18	Joachim HORNUNG *Geometrisch bedingte Einflüsse auf den Vorgang des maschinellen Reißens von Fels – untersucht an Modellen*	1978
Heft 19	Thomas TRÜMPER *Einsatzoptimierung von Tunnelvortriebsmaschinen*	1978
Heft 20	Günther GUTH *Optimierung von Bauverfahren – dargestellt an Beispielen aus dem Seehafenbau*	1978

Heft 21	Klaus LAUFER *Gesetzmäßigkeiten in der Mechanik des drehenden Bohrens im Grenzbereich zwischen Locker- und Festgestein* **- vergriffen -**	1978
Heft 22	Urs BRUNNER *Submarines Bauen – Entwicklung eines Bausystems für den Einsatz auf dem Meeresboden* **- vergriffen -**	1979
Heft 23	Volker SCHULER *Drehendes Bohren in Lockergestein – Gesetzmäßigkeiten und Nutzanwendung* **- vergriffen -**	1979
Heft 24	Christian BENOIT *Die Systemtechnik der Unterwasserbaustelle im Offshore-Bereich*	1980
Heft 25	Bernhard WÜST *Verbesserung der Umweltfreundlichkeit von Maschinen, insbesondere von Baumaschinen-Antrieben*	1980
Heft 26	Hans-Josef KRÄMER *Geräteseitige Einflussparameter bei Ramm- und Drucksondierungen und ihre Auswirkungen auf den Eindringwiderstand*	1981
Heft 27	Bertold KETTERER *Modelluntersuchungen zur Prognose von Schneid- und Planierkräften im Erdbau*	1981
Heft 28	Harald BEITZEL *Gesetzmäßigkeiten zur Optimierung von Betonmischern*	1981
Heft 29	Bernhard WÜST *Einfluß der Baustellenarbeit auf die Lebensdauer von Turmdrehkranen*	1982
Heft 30	Hans PINNOW *Einsatz großer Baumaschinen und bisher nicht erfasster Sonderbauformen in lärmempfindlichen Gebieten*	1982

Heft 31	Walter BAUMGÄRTNER *Traktionsoptimierung von EM-Reifen in Abhängigkeit von Profilierung und Innendruck*	1982
Heft 32	Karlheinz HILLENBRAND *Wechselwirkung zwischen Beton und Vibration bei der Herstellung von Stahlbetonrohren im Gleitverfahren*	1983
Heft 33	Christian BENOIT *Ermittlung der Antriebsleistung bei Unterwasserschaufelrädern*	1985
Heft 34	Norbert WARDECKI *Strömungsverhalten im Boden-/Werkzeugsystem*	1986
Heft 35	Christian BENOIT *Meeresbergbau – Bestimmung der erforderlichen Antriebskraft von Unterwasserbaggern*	1986
Heft 36	Rolf Victor SCHMÖGER *Automatisierung des Füllvorgangs bei Scrapern*	1987
Heft 37	Alexander L. MAY *Analyse der dreidimensionalen Schnittverhältnisse beim Schaufelradbagger*	1987
Heft 38	Michael HELD *Hubschraubereinsatz im Baubetrieb*	1989
Heft 39	Gunter SCHLICK *Adhäsion im Boden-Werkzeug-System*	1989
Heft 40	Franz SAUTER *Optimierungskriterien für das Unterwasserschaufelrad (UWS) mittels Modellsimulation* **- vergriffen -**	1991
Heft 41	Stefan BERETITSCH *Kräftespiel im System Schneidwerkzeug-Boden*	1992

Heft 42	Heinrich SCHLICK *Belastungs- und Fließverhältnisse in Silos mit zentralen Einbauten und Räumarmaustrag*	1994
Heft 43	Günther DÖRFLER *Untersuchungen der Fahrwerkbodeninteraktion zur Gestaltung von Raupenfahrzeugen für die Befahrung weicher Tiefseeböden*	1995
Heft 44	Axel OLEFF *Auslegung von Stellelementen für Schwingungserregerzellen mit geregelter Parameterverstellung und adaptive Regelungskonzepte für den Vibrationsrammprozeß*	1996
Heft 45	Kunibert LENNERTS *Stand der Forschung auf den Gebieten der Facility- und Baustellen-Layoutplanung*	1997
Heft 46	Kunibert LENNERTS *Ein hybrides, objektorientiertes System zur Planung optimierter Baustellen-Layouts*	1997
Heft 47	Uwe RICKERS *Modellbasiertes Ressourcenmanagement für die Rettungsphase in Erdbebengebieten*	1998
Heft 48	Ulrich-Peter REHM *Ermittlung des Antriebsdrehmomentes von Räumarmen in Silos mit Einbaukörper und kohäsivem Schüttgut*	1998
Heft 49	Dirk REUSCH *Modellierung, Parameterschätzung und automatische Regelung mit Erschütterungsbegrenzung für das langsame Vibrationsrammen*	2001
Heft 50	Franz DIEMAND *Strategisches und operatives Controlling im Bauunternehmen*	2001
Heft 51	Karsten SCHÖNBERGER *Entwicklung eines Workflow-Management-Systems zur Steuerung von Bauprozessen in Handwerkernetzwerken*	2002

Heft 62 Jochen ABEL 2007
Ein produktorientiertes Verrechnungssystem für Leistungen des Facility Management im Krankenhaus

Ab Heft 63 bei KIT Scientific Publishing Karlsruhe verlegt, ISSN 1868-5951

Heft 63 Jürgen KIRSCH 2009
Organisation der Bauproduktion nach dem Vorbild industrieller Produktionssysteme – Entwicklung eines Gestaltungsmodells eines ganzheitlichen Produktionssystems für den Bauunternehmer

Heft 64 Marco ZEIHER 2009
Ein Entscheidungsunterstützungsmodell für den Rückbau massiver Betonstrukturen in kerntechnischen Anlagen

Heft 65 Markus SCHÖNIT 2009
Online-Abschätzung der Rammguttragfähigkeit beim langsamen Vibrationsrammen in nichtbindigen Böden

Heft 66 Johannes Karl WESTERMANN 2009
Betonbearbeitung mit hydraulischen Anbaufräsen

Heft 67 Fabian KOHLBECKER 2010
„Projektbegleitendes Öko-Controlling“ Ein Beitrag zur ausgewogenen Bauprojektrealisierung beispielhaft dargestellt anhand von Tunnelbauprojekten

Heft 68 Ailke HEIDEMANN 2011
Kooperative Projektabwicklung im Bauwesen unter der Berücksichtigung von Lean-Prinzipien - Entwicklung eines Lean-Projektabwicklungssystems: Internationale Untersuchungen im Hinblick auf die Umsetzung und Anwendbarkeit in Deutschland

Die bei KIT Scientific Publishing verlegten Hefte (ab Heft 63) sind unter www.ksp.kit.edu als PDF frei verfügbar oder als Druckausgabe bestellbar.

Sonderhefte Reihe F – Forschung

Institutsintern verlegt

Heft 1	Vorträge anlässlich der Tagung *Forschung für den Baubetrieb* (15. / 16. Juni 1972)	1972
Heft 2	Vorträge anlässlich der Tagung *Forschung für den Baubetrieb* (11. / 12. Juni 1974)	1974
Heft 3	Vorträge anlässlich der Tagung *Forschung für den Baubetrieb* (12. / 13. Juni 1979)	1979
Heft 4	Vorträge anlässlich der Tagung *Forschung für die Praxis* (15. / 16. Juni 1983)	1983
Heft 5	Vorträge anlässlich der Tagung *Baumaschinen für die Praxis* (04. / 05. Juni 1987)	1987
Heft 6	Vorträge anlässlich der Tagung *Forschung und Entwicklung für die maschinelle Bauausführung* (26. Juni 1992) **- vergriffen -**	1992

Bei KIT Scientific Publishing Karlsruhe verlegt

Heft 7	Stefan SENITZ *Abschlusssymposium 2007 Graduiertenkolleg „Naturkatastrophen"* *– Verständnis, Vorsorge und Bewältigung von Naturkatastrophen*	2007

Heft 7 ist unter www.ksp.kit.edu als PDF frei verfügbar oder als Druckausgabe bestellbar (ISBN 978-3-86644-145-3).

Reihe G – Gäste

Institutsintern verlegt

Heft 1 Zbigniew KORZEN 1981
Ähnlichkeitsbetrachtungen der Bodenbearbeitungsvorgänge

Heft 2 Yoshinori TAKADA 1983
Untersuchungen zur Abschätzung der Aufreißleistung von Reißraupen – Wechselwirkung von Maschine und Fels beim Reißen

Heft 3 Geza JANDY 1986
Systemtechnik (Systems Engineering)

Günter KÜHN
Was ist Systemtechnik, und was nützt sie dem Bauingenieur?

Heft 4 Piotr DUDZINSKI 1987
Konstruktionsmerkmale bei Lenksystemen an mobilen Erdbaumaschinen mit Reifenfahrwerken

Heft 5 Yoshitaka OJIRO 1988
Impact-Reißen – Untersuchungen über die Optimierung der Betriebsparameter mit Hilfe der Modellsimulation

Reihe G wird künftig in Reihe F fortgesetzt.

Reihe L – Lehre und Allgemeines

Institutsintern verlegt

Heft 1	Günter KÜHN *Baubetrieb in Karlsruhe* **- vergriffen -**	1972
Heft 2	Dieter KARLE *Afrika-Exkursion Gabun – Kamerun* **- vergriffen -**	1971
Heft 3	Gabrielle und Uwe GRIESBACH *Studenten berichten: 52.000 km Afrika – Asien*	1975
Heft 4	Günter KÜHN *Letzte Fragen und ihre Antworten – auch für das Leben auf der Baustelle* **- vergriffen -**	1976
Heft 5	Festschrift 1967 – 1977 zum 10jährigen Bestehen des Instituts für Maschinenwesen im Baubetrieb	1977
Heft 6	Günter KÜHN *Baumaschinenforschung in Karlsruhe – Rückblick auf eine zehnjährige Institutstätigkeit*	1978
Heft 7	Günter KÜHN *Baubetriebsausbildung in Karlsruhe*	1979
Heft 8	Bertold KETTERER/Hans-Josef KRÄMER *Studenten-Exkursionen Saudi-Arabien 1978/79*	1980
Heft 9	Hans-Josef KRÄMER *Baubetrieb – Studium und Berufserfahrung – Referate bei Seminaren für Bauingenieursstudenten*	1980
Heft 10	Christian BENOIT *Studenten-Exkursion Brasilien 1980*	1980

Heft 11	Christian BENOIT *Studenten-Exkursion Holland 1981*	1982
Heft 12	Günter KÜHN *Bauen mit Maschinen*	1983
Heft 13	Günter KÜHN *Aus dem Leben eines Bauleiters* **- vergriffen -**	1984
Heft 14	Günter KÜHN *Was ist Systemtechnik, und was nutzt sie dem Bauingenieur?*	1984
Heft 15	Günter KÜHN *Baumaschinenforschung am IMB 1967 – 1987*	1987
Heft 16	Franz FURGER *Ethik und Management*	1987

Reihe L wird künftig in Reihe V fortgesetzt.

Reihe U – Untersuchungen

Institutsintern verlegt

Heft 1	Günter KÜHN *Monoblock- oder Verstellausleger* **- vergriffen -**	1973
Heft 2	Roland HERR *Untersuchungen der Ladeleistung von Hydraulikbaggern im Feldeinsatz*	1974
Heft 3	Thomas TRÜMPER *Einsatzstudie hydraulischer Schaufelradbagger SH 400*	1975

Reihe U wird künftig in Reihe F fortgesetzt.

Reihe V – Vorlesungen und Mitteilungen

Institutsintern verlegt

Heft 1	Heinrich MÜLLER *Management im Baubetrieb*	1974
Heft 2	Erwin RICKEN *Baubetriebswirtschaft B* **- vergriffen -**	1974
Heft 3	Thomas TRÜMPER *Elektrotechnik* **- vergriffen -**	1975
Heft 4	Albrecht GÖHRING *Zusammenfassung des Seminars Anorganische Chemie*	1975
Heft 5	Joachim HORNUNG *Netzplantechnik* **- vergriffen -**	1975
Heft 6	Günter KÜHN *Baubetriebstechnik I* *Teil A: Baubetrieb* *Teil B: Hochbautechnik* **- vergriffen -**	1988
Heft 7	Günter KÜHN *Baubetriebstechnik II* *Teil A: Tiefbau* *Teil B: Erdbau*	1985
Heft 8	Bernhard WÜST *Maschinentechnik I*	1982
Heft 9	Norbert WARDECKI *Maschinentechnik II*	1983
Heft 10	Fritz HEINEMANN *Einführung in die Baubetriebswirtschaftslehre* **- vergriffen -**	1991

Heft 11	Fritz GEHBAUER *Wer soll die Zukunft gestalten, wenn nicht wir?*	1989
Heft 12	Die Studenten *Studenten-Exkursion 1989 Chile – Argentinien - Brasilien*	1989
Heft 13	Mitgliederverzeichnis – Gesellschaft der Freunde des Instituts	1996
Heft 14	*Das Institut*	1996
Heft 15	Die Studenten *Studenten-Exkursion 1990 Deutschland – Dänemark – Norwegen – Belgien*	1990
Heft 16	Fritz GEHBAUER *Baubetriebstechnik I* *Teil A: Baubetrieb* *Teil B: Hochbau* *Teil C: Schlüsselfertigbau*	1990
Heft 17	Fritz GEHBAUER *Baubetriebstechnik II* *Teil A: Erdbau* *Teil B: Tiefbau*	1994
Heft 18	Die Studenten *Studenten-Exkursion 1991 Deutschland – Polen*	1991
Heft 19	Die Studenten *Studenten-Exkursion 1992 Südostasien – Bangkok – Hongkong – Taipeh*	1992
Heft 20	Alfred WELTE *Naßbaggertechnik – Ein Sondergebiet des Baubetriebs*	2001
Heft 21	Die Studenten *Studenten-Exkursion 1993 Großbritannien*	1993
Heft 22	Die Studenten *Studenten-Exkursion 1994 Österreich*	1994

Heft 23	Die Studenten *Studenten-Exkursion 1995 Deutschland* **- vergriffen -**	1995
Heft 24	Die Studenten *Studenten-Exkursion 1996 Neue Bundesländer*	1996
Heft 25	Herbert FEGER *Betonbereitung* *Teil 1 der Vorlesung Betonbereitung und -transport*	1997
Heft 26	Herbert FEGER *Betontransport* *Teil 2 der Vorlesung Betonbereitung und -transport*	1997
Heft 27	Die Studenten *Studenten-Exkursion 1997 Deutschland – Tschechien*	1997
Heft 27	Fritz GEHBAUER *Baubetriebsplanung und Grundlagen der Verfahrenstechnik im Hoch-, Tief- und Erdbau Band I* *Teil A: Baubetrieb* *Teil B: Hochbau* *Teil C: Schlüsselfertigbau*	2004
	überarbeitete Neuauflage	2009
Heft 28	Die Studenten *Studenten-Exkursion 1998 Deutschland*	1998
Heft 28	Fritz GEHBAUER *Baubetriebsplanung und Grundlagen der Verfahrenstechnik im Hoch-, Tief- und Erdbau Band II* *Teil A: Erdbau* *Teil B: Tiefbau*	2004
	überarbeitete Neuauflage	2009
Heft 29	Die Studenten *Studenten-Exkursion 1999 Deutschland – Schweiz – Frankreich*	1999

Heft 30 Fritz GEHBAUER 2001
Baubetriebswirtschaftslehre
- vergriffen -

Heft 31 Die Studenten 2000
Studenten-Exkursion 2000 Deutschland – Rhein/Main – Ruhr

Heft 32 Die Studenten 2001
Studenten-Exkursion 2001 Goldisthal – Berlin – Hannover

Heft 33 Die Studenten 2002
Studenten-Exkursion 2002 Essen – Hamburg – Hannover

Heft 34 Die Studenten 2003
Studenten-Exkursion 2003 Zürich – Luzern – München

Heft 35 Die Studenten 2004
Studenten-Exkursion 2004 Köln – Hamburg – Hannover

Heft 36 Die Studenten 2005
Studenten-Exkursion 2005 Schweiz – Österreich – Deutschland

Heft 37 Die Studenten 2006
Studenten-Exkursion 2006 Innsbruck – Wien

Heft 38 Die Studenten 2007
Studenten-Exkursion 2007 Köln – Amsterdam

Heft 39 Die Studenten 2008
Studenten-Exkursion 2008 – Dubai

Heft 40 Die Studenten 2009
Studenten-Exkursion 2009 – Japan

Heft 41 Die Studenten 2010
Studenten-Exkursion 2010 Erfurt – Hamburg – Windhagen